砌体结构检测鉴定及工程案例分析

吕　刚　代建波　王　枫　张义九　著

U0264366

中国石化出版社

内 容 提 要

　　本书内容包括介绍砌体结构的应用、特点及检测鉴定的主要内容和方法；砌体结构的现场检测，介绍既有砌体结构的材料强度，混凝土构件、尺寸、位置、裂缝及变形检测；砌体结构的可靠性鉴定，介绍既有砌体结构可靠性鉴定的内容、分析方法、鉴定评级及工程案例；砌体结构的抗震鉴定，介绍既有砌体结构抗震鉴定的原则、分析方法、评级中遇到的问题及处理方法、工程案例；危险房屋鉴定，介绍危房鉴定的基本原则、房屋危险性鉴定评级及工程案例；砌体结构火灾后鉴定，介绍既有砌体结构火灾后鉴定的原则、检测分析、鉴定评级及工程案例。

　　本书可作为从事建筑结构检测、鉴定与加固工作的基层建筑工程技术人员的实用参考书，也可作为高等学校土建类师生的教学参考书及职业培训教材。

图书在版编目(CIP)数据

砌体结构检测鉴定及工程案例分析／吕刚等著．——
北京：中国石化出版社，2021.5
　ISBN 978-7-5114-6292-3

Ⅰ．①砌… Ⅱ．①吕… Ⅲ．①砌体结构-检测②砌体
结构-建筑工程-案例 Ⅳ．①TU209

中国版本图书馆 CIP 数据核字(2021)第 093355 号

中国石化出版社出版发行
地址:北京市东城区安定门外大街 58 号
邮编:100011　电话:(010)57512500
发行部电话:(010)57512575
http://www.sinopec-press.com
E-mail:press@sinopec.com
北京柏力行彩印有限公司印刷
全国各地新华书店经销
＊
710×1000 毫米 16 开本 18.25 印张 304 千字
2021 年 9 月第 1 版　2021 年 9 月第 1 次印刷
定价:95.00 元

前　言

近年来，随着我国建筑结构技术的迅速发展，各种新材料、新技术、新工艺的应用层出不穷，建筑业发展十分迅速。随着新建建筑的日趋饱和，既有建筑虽然服役时间较长，但由于种种原因不能推倒重建，为掌握既有建筑结构的潜在危险，避免事故发生，延长其使用寿命，需要对现有的结构作用效应、结构抗力以及相互关系进行检测、鉴定，并在科学鉴定的基础上对结构进行加固设计，以确保建筑物后续的安全和正常使用。

砌体结构是一种历史悠久的建筑结构，在20世纪90年代以前，我国民用建筑几乎全部采用砌体结构，但砌体结构材料延性差，刚度大，抗拉、抗弯、抗剪强度低，抗震性能较差的特点给长期使用的人们带来一定的安全隐患。因此，对既有砌体结构进行实时的健康检测、定期定点检测与结构状态或性能评估便显得尤为重要。

为适应我国建筑结构工程检测鉴定工作深入开展的需要，满足结构工程师查阅工程实践中常见砌体结构检测鉴定的需求，根据建筑结构检测鉴定与加固程序，我们撰写了这本《砌体结构检测鉴定及工程案例分析》，对砌体结构检测鉴定的相关内容进行了系统介绍。第1章为绪论，介绍砌体结构的应用、特点及检测鉴定的主要内容和方法；第2章为砌体结构的现场检测，介绍既有砌体结构的材料强度，混凝土构件、尺寸、位置、裂缝及变形检测；第3章为砌体结构的可靠性鉴定，介绍既有砌体结构可靠性鉴定的内容、分析方法、鉴定评级及工程案例；第4章为砌体结构的抗震鉴定，介绍既有砌体结构抗震鉴定的原则、分析方法、评级中遇到的问题及处理方法、工程案例；第 5 章为危险房屋鉴定，介绍危房鉴定的基本原则、房屋危险性鉴定评级及工程案例；第 6 章为砌体结构火灾后鉴定，介绍既有砌体结构火灾后鉴定的原则、检测分析、鉴定评级及工程案例。本书紧密结合最新的相关规范及技术标准，其中介绍的砌体结构检测、鉴定方法及工程案例包含了作者多年的砌体结构检测鉴定实践总结，兼具理论性和实用性，可为高校课堂以及相关专业教育提供指导，也可供相关专业技术人员参考。

本书共 6 章，西安石油大学吕刚编著第 1 章和第 4 章，代建波编著第 5 章，陕西中立检测鉴定有限公司王枫编著第 3 章，张义九编著第 2 章和第 6 章，全书由吕刚统稿。本书的出版得到西安石油大学优秀学术著作出版基金资助，在此表示由衷的感谢！

由于作者水平有限，书中疏漏和不妥之处在所难免，恳请广大读者批评指正。

目　　录

第1章 绪 论

1.1 砌体结构的应用及特点

1.1.1 砌体结构的发展

砌体结构是指以砖、石或砌块为块材，然后用砂浆为黏结材料砌筑的结构。砌体根据所采用块材的不同，可分为砖砌体、石砌体和砌块砌体三大类。它的主要承重构件是由块体和砂浆砌筑而成的墙和柱。众所周知，采用砌体结构建造房屋符合"因地制宜，就地取材"的原则。

在我国的城市建筑以及乡村建筑中，砌体结构建筑的数量占据很大比重。随着科技的不断发展，虽然出现了许多新型的材料，但是在今后的一定阶段内，砌体结构建筑仍旧是我国众多城乡建筑中重要的结构形式之一。砌体结构发展历史悠久，石砌体和砖砌体更是源远流长，构成了我国独特体系文化的一部分。

大量资料表明，我国早在5000年前就建造有石砌体祭坛和石砌围墙。在秦代，用乱石和土，将秦、燕、赵北面的城墙连成一体并增筑新的城墙，建成闻名于世的万里长城。烧结砖的生产和使用也有3000年以上的历史。建于公元523年的河南登封嵩岳寺塔为砖砌单筒体结构，是中国最早建造的古密檐式砖塔。砌块中以混凝土砌块的应用问世最早，第二次世界大战后，混凝土砌块的生产和应用技术逐渐传至亚洲。

新中国成立以来，我国砌体结构发展迅速。以砖作为砌体结构的主要材料，我国已从过去用砖石建造低矮的民房，发展到现在建造大量的多层住宅、办公楼等民用建筑和中小型单层工业厂房、多层轻工业厂房以及影剧院、食堂等建筑。

20世纪60年代以来，我国小型空心砌块和多孔砖生产及应用有较大发展，近十年砌块建筑的年递增量均在20%左右。

2000年前后，我国新型墙体材料占墙体材料总量的28%。20世纪90年代以来，在吸收和消化国外配筋砌体结构成果的基础上，建立了具有我国特点的钢筋混凝土砌块砌体剪力墙结构体系，大大拓宽了砌体结构在高层房屋和抗震设防地区的应用。

1.1.2 砌体结构的特点

从古至今，砌体结构之所以在国内外获得广泛应用，与这种建筑材料所具有的优点密不可分。砌体结构的优点主要有：

（1）容易就地取材。砖主要用黏土烧制；石材的原料是天然石；砌块可以用工业废料和矿渣制作，来源方便，价格低廉。

（2）砖、石或砌块砌体具有良好的耐火性和较好的耐久性。这使得砌体结构的构件能够长时间使用，应用也较广。

（3）砌体结构在砌筑时不需要采用模板和复杂的技术设备，施工起来比较方便，在寒冷的地区，冬季可用冻结法砌筑，不需要什么特殊的保温措施。

（4）砖墙和砌块墙体具有良好的隔声、隔热和保温性能。

（5）造价低，与钢筋混凝土结构比较，可以节约水泥和钢材；和钢结构比较，更节约钢材。

但是，和其他建筑结构形式相比，砌体结构也有不足之处。和混凝土结构相比，砌体结构的缺点主要有：

（1）相较于钢筋混凝土结构来说强度较低，砌体结构的构件截面尺寸相对较大，需要材料较多，自重大。

（2）砌体砌筑砂浆和砖石砌块之间的黏结力较弱，无筋砌体的抗拉抗弯及抗剪强度低，整体性较差，从而导致抗震和抗裂性能较差。

（3）砌筑工作需要人工进行，施工劳动量较大。

砌体结构材料延性差、刚度大、材料本身的抗拉、抗弯、抗剪强度低，属脆性材料，抗震性能相对较差。而我国位于两大地震带的交汇处，70%的大中城市在7度以上地震区，如北京、西安、兰州等一批重要城市均位于地震基本烈度为8度的高烈度地震区，且风灾、水灾连年不断，导致建筑结构不安全；随着国民经济实力的不断提高、规范的不断修订，既有建筑结构不能满足现行规范；施工作业不规范，对建筑结构造成质量缺陷；温度、湿度、荷载等不利外部环境因素的长期作用，维护不善，使得可靠度降低。在实际应用中，常见的质量问题主要表现在以下几个方面：

（1）砌体结构容易产生裂缝（图1.1.2-1）。砌体的强度不足、变形、

图 1.1.2-1　砌体结构裂缝现状

失稳、损伤和可能出现的局部倒塌等情况均可通过出现的裂缝形态来分析和辨别。砌体的裂缝类型及原因主要有：温度、地基不均匀沉降、结构荷载过大或砌体截面较小、设计构造不当等。

（2）砌体结构强度不足。由于设计截面太小，承载力不够；水电暖卫设备留洞留槽削弱墙截面太多；材料质量不合格，如砌体用砖和砂浆强度等级不符合设计要求，采用不符合标准的水泥、掺和料等；施工时砖没有浸水，引起灰缝强度不足等原因均会引起砌体结构强度不足，如图 1.1.2-2、图 1.1.2-3 所示。

图 1.1.2-2　砌墙砖酥碎现状

图 1.1.2-3　砂浆粉化现状

（3）砌体结构容易造成局部损伤或倒塌。墙体由于施工或使用中的碰撞冲击而掉角穿洞甚至局部倒塌。墙体在使用过程中受到酥碱腐蚀，使得部分墙体严重损伤。砌体墙体倒塌或局部损伤，导致砌体结构承载力不足。如图 1.1.2-4 所示。

（4）施工质量不满足规范要求。砌筑块材采用断砖，施工工艺不当，墙中通缝重缝较多，砌体水平灰缝及竖向灰缝砂浆不饱满，灰缝厚度厚薄不均匀，不满足规范要求，有明显透明缝及假缝，墙体表面不平整。如图 1.1.2-5 所示。

图 1.1.2-4　墙体开洞损伤

图 1.1.2-5　墙体施工质量较差

(5) 不均匀沉降。由于填土地基或湿陷黄土地基局部浸水后产生不均匀沉降，原有建筑物附近新建高大建筑物造成原有建筑产生附加沉降等原因，均使得墙体出现斜向裂缝。如图 1.1.2-6 所示。

(6) 受外部环境因素影响（如爆破振动）墙体开裂。砌体结构附近爆破振动，使得墙体出现明显裂缝和歪闪，导致砌体结构承载力不足。如图 1.1.2-7 所示。

图 1.1.2-6　不均匀沉降引起的墙体开裂　　　图 1.1.2-7　受外界因素影响墙体开裂

1.1.3　砌体结构检测鉴定的目的和意义

随着时间的推移，新建建筑日趋饱和，而原有的建筑虽然服役时间较长，但限于我国的基本国情，目前还没有足够资金对不满足要求的所有建筑拆除重建；即使有足够的资金来拆除重建，也会带来建筑物剩余价值评估、居民安置、建筑垃圾的回收利用和城市环境等问题。所以，对既有砌体结构进行全面的检测、鉴定和加固很有必要。为了揭示既有建筑结构的潜在危险，避免事故发生，延长其使用寿命，故需要对现有的结构作用效应、结构抗力以及相互关系进行检测、鉴定，并在科学鉴定的基础上对结构进行加固设计。

砌体结构的检测鉴定，是通过科学分析并利用检测手段，按照结构设计规范和相应标准的要求，评估其继续使用的寿命。砌体结构检测在结构的可靠性鉴定中起着至关重要的作用，其检测结果是可靠性鉴定的关键参考因素之一，也是结构加固的重要借鉴。要根据鉴定要求制定完备的检测方案并合理地选用检测方法，检测砌体结构的方法可分为直接法和间接法。直接法能够直接测试砌体的强度参数，反映被检测工程的材料质量以及施工质量，缺点是试验的工作量过大；间接法测试和砂浆强度有关的物理参数，操作方便且对砌体无损伤，但是使用时的局限性很大，故块材、砂浆的强度检测在检测技术方面也做了大量的引进、研发和应用，做到既减少对既有砌体结构的破坏，又能全面反映块材、砂浆的质量。检测鉴定过程中尚应注意合理选择布置测区测点，使得数

4

据具有代表性；确保所使用的仪器设备在检定或校准周期内，仔细阅读使用说明书及注意事项，正确使用仪器；对可疑数据不能随意删弃，应分析其原因并补充检测。

如今，国家对砌体结构的检测鉴定已经变得非常重视，对已有建筑结构安全的重视程度与日俱增，它不仅利于技术和经济的发展，更利于社会的安宁与稳定。总之，其意义大体在于：

（1）为建筑结构的围护、加固改造提供设计依据。

（2）从一定程度上，可以减轻由于自然灾害而造成的危及人类生命安全的次生灾害。

（3）检测鉴定可以为国家或是个人节约大量资金。为了熟悉建筑物的安全性，必须进行检测，一旦出现问题应及时处理，重建或者采取合理的加固改造措施。

1.2 砌体结构检测鉴定的主要内容和方法

1.2.1 砌体结构检测鉴定的分类

砌体结构检测鉴定主要分为以下几类：工程施工质量评价，危险房屋鉴定，结构安全性与可靠性评价，结构抗震性能鉴定，火灾后鉴定。

（1）工程施工质量评价：砌体结构工程质量在民生中起着很重要的作用，直接影响着工程的投资收益问题，还对其所在地区的人民安全起着重要作用。所以，为保证建筑工程的质量，对砌体结构工程的施工质量进行正确的评价就显得尤为重要。

（2）危险房屋鉴定：房屋在长期的使用过程中，由于自然老化、拆改房屋、超重使用、相邻建筑工地施工等因素影响，会出现损坏，严重的可能倒塌。因此，要定期对房屋进行检查，判定被鉴定房屋的危险性程度，促进既有房屋的有效利用，准确判断房屋结构的危险程度，及时处理危险房屋，确保房屋结构的安全。

（3）结构安全性与可靠性评价：为了适应既有建筑安全使用和维修改造的需要，加强对既有建筑的安全管理，不仅要进行经常性的管理和围护，而且还要进行定期或应急的可靠性鉴定，对存在的缺陷和损伤、遭受事故或灾害、达到设计使用年限、改变用途和使用条件等问题，通过调查、检测、分析和评定等一系列活动进行鉴定，来保证既有建筑的安全性、使用性及耐久性。

（4）抗震性能评价：房屋建造过程中、停工续建时或使用过程中，若需要加层、插层、扩建，在较大范围的结构体系或使用功能改变等房屋改建时，为减轻地震破坏，减少损失，应对现有建筑的抗震能力进行鉴定，并为抗震加固或采取其他抗震减灾对策提供依据。通过检查和检测现有建筑的设计、施工质量和现状，按规定的抗震设防要求，对其在地震作用下的安全性进行评估。

（5）火灾后鉴定：由于火灾对建筑物造成的影响具有一定的不确定性，与普通建筑物的检测鉴定工作相比，对受火灾损伤的建筑物结构安全性更难以直接准确的进行评估。近几年，砌体建筑发生火灾的频率居高不下，火灾的频繁发生给人类带来了极大的危害，造成了巨大的经济损失和人员伤亡，甚至是更为严重的社会影响，因此开展砌体结构检测鉴定在火灾中的损伤测评和加固修复研究具有重大的现实意义和经济意义。

1.2.2 砌体结构检测鉴定的主要项目

砌体结构检测鉴定的目的、范围和内容，应根据委托方提出的检测及鉴定原因和要求，根据实际需要，包括以下工作内容：

1）技术档案调查

调查包括工程地质勘查报告、设计图、原材进场报告单、工程洽商记录、工程质量验收记录、检查观测记录、隐蔽工程记录及验收记录、历次加固和改造图纸和资料、事故处理报告等。

2）荷载作用及使用条件确定

（1）荷载调查确定

① 结构构件、建筑配件、固定设备等的自重；

② 楼屋面活荷载；

③ 楼屋面、平台积灰荷载；

④ 雪荷载、风荷载；

⑤ 物料和设备堆积荷载；

⑥ 动力荷载。

（2）作用调查

① 基础不均匀下沉；

② 温度作用；

③ 腐蚀作用；

④ 地震作用；

⑤ 损伤磨损。

（3）使用环境调查

① 气象条件；

② 地理环境；

③ 结构工作环境。

（4）使用历史调查

包括改扩建建筑的设计与施工、用途和使用时间、维修与加固、用途变更与改扩建、超载历史、动荷载作用历史以及灾害和事故等情况。

3）结构现状检查

根据房屋的使用情况，分地基基础、上部承重结构和围护结构三个部分对委托检测范围结构现状进行检查。

（1）地基基础检查

① 场地类别与地基土；

② 地基变形、不均匀沉降，或其在上部结构中的反应；

③ 其他因素(如地下水抽降、地基浸水等)的影响或作用。

（2）上部承重结构检查

① 检查结构布置、支撑系统，圈梁和构造柱，结构单元的连接构造。

② 检查制作和安装偏差，材料和施工缺陷，构件及其节点的裂缝、损伤和腐蚀。

（3）围护结构检查

核查围护结构系统的布置，调查该系统中围护构件和非承重墙体及其构造连接的实际状况、对主体结构的不利影响，以及围护系统的使用功能、老化损伤、破坏失效等情况。

4）结构现场检测

（1）砌筑砂浆抗压强度检测

依据《砌体工程现场检测技术标准》(GB/T 50315—2011)、《贯入法检测砌筑砂浆抗压强度技术规程》(JGJ/T 136—2017)中的相关规定，采用贯入法对该建筑现状态下砌筑用砂浆抗压强度进行随机检测。

（2）砌筑块材抗压强度检测

依据《砌体工程现场检测技术标准》(GB/T 50315—2011)中的相关规定，采用回弹法对该建筑砌筑块材强度进行随机检测。

（3）混凝土强度检测

依据《建筑结构检测技术标准》(GB/T 50344—2019)、《混凝土结构现场检测技术标准》(GB/T 50784—2013)、《回弹法检测混凝土抗压强度技术规程》(JGJ/T 23—2011)中的相关规定，利用混凝土回弹仪或钻芯机，采用回弹法或钻芯取样法对抽检的混凝土梁、柱等构件的混凝土抗压强度进行检测。

（4）混凝土碳化深度检测

根据《回弹法检测混凝土抗压强度技术规程》(JGJ/T 23—2011)的规定，配合回弹法在测区表面钻孔，在有代表性的测区上测量碳化深度值，应用酚酞酒精及深度测量工具进行混凝土碳化深度的检测。

（5）钢筋位置及数量检测

依据《混凝土中钢筋检测技术标准》（JGJ/T 152—2019）的规定，采用一体式钢筋扫描仪对抽检梁、柱等构件的主筋数量、箍筋间距进行检测，破凿部分混凝土保护层，用游标卡尺测量钢筋直径。

（6）混凝土保护层厚度强度检测

依据《建筑结构检测技术标准》（GB/T 50344—2019）、《混凝土中钢筋检测技术标准》（JGJ/T 152—2019）的规定，采用电磁感应法对混凝土构件的钢筋保护层厚度进行检测并通过剔凿原位检测法进行验证。

（7）结构布置与构件尺寸复核

对检测区域的结构平面尺寸，竖向标高系统进行检测，并与设计图纸复核，对重要的有代表性的结构或构件进行现场详细测量。

（8）构件变形检测

依据《建筑变形测量规范》（JGJ 8—2016）中的规定，在对结构或构件变形状况普遍观察的基础上，对其中有明显变形的结构或构件，如柱倾斜、受弯构件的挠度等按照国家现行有关检测技术标准的规定进行检测。

（9）计算分析与鉴定评级

根据构件的实际检测数据，结合结构实际的变形、施工偏差、缺陷及损伤、腐蚀等的影响确定结构计算模型，确定结构构件、节点及其连接的应力应变状态，验算复核结构构件及其连接的强度、稳定性、刚度、疲劳强度等。结合现场检查、检测结果及在结构检查时所查明的结构承载潜力，得出结构构件的现有实际安全富裕度。

按照《民用建筑可靠性鉴定标准》（GB 50292—2015）及国家有关规范要求，依据现场检查、检测结果及结构计算分析结果，对该砌体结构的可靠性进行综合鉴定评级，并提出建议。

1.2.3 检测鉴定的标准、方法和技术

砌体结构作为一种重要的建筑结构形式，随着时间的流逝，大多数建筑会因劣化、损伤等造成使用功能下降；随着生产和高速发展的需要，既有砌体结构已经产生不相适应的问题，有的甚至造成严重的危害。近年来，一些学者采用对既有建筑修复、防护及加固等技术提高建筑物的可靠性。

为了统一技术要求，制定统一的管理标准，中华人民共和国住房和城乡建设部已经编制了多个本领域规范体系，包括材料检验、现场抽样方法、构件实测、结构可靠性鉴定、加固改造设计及施工、验收等。砌体结构检测鉴定过程包含的标准主要有《民用建筑可靠性鉴定标准》（GB 50292—2015）、《建筑抗震

设计规范（2016 年版）》（GB 50011—2010）、《砌体结构设计规范》（GB 50003—2011）、《建筑结构荷载规范》（GB 50009—2012）、《建筑结构检测技术标准》（GB 50344—2019）、《砌体工程现场检测技术标准》（GB/T 50315—2011）、《砌体结构工程施工质量验收规范》（GB 50203—2011）、《贯入法检测砌筑砂浆抗压强度技术规程》（JGJ/T 136—2017）、《火灾后建筑结构鉴定标准》（T/CECS 252—2019）。

第2章　砌体结构的现场检测

2.1　砌体材料强度(性能)检测

2.1.1　检测单元和检测批的划分及抽样

1) 检测单元

(1) 定义：每一楼层且总量不大于250m³的材料品种和设计强度等级均相同的砌体。

(2) 当检测对象为整栋建筑物或建筑物的一部分时，应将其划分为一个或若干个可以独立进行分析的结构单元，每一个结构单元应划分为若干个检测单元。

2) 检测批

(1) 定义：检测项目相同、质量要求和生产工艺等基本相同，由一定数量构件等构成的检测对象。

(2) 检测批的计数检测项目宜按表2.1.1-1规定的数量进行一次或两次随机抽样。

表2.1.1-1　建筑结构抽样检测的最小样本容量

检测批的容量	检测类别和样本最小容量			检测批的容量	检测类别和样本最小容量		
	A	B	C		A	B	C
3~8	2	2	3	281~500	20	50	80
9~15	2	3	5	501~1200	32	80	125
16~25	3	5	8	1201~3200	50	125	200
26~50	5	8	13	3201~10000	80	200	315
51~90	5	13	20	10001~35000	125	315	500
91~150	8	20	32	35001~150000	200	500	800
151~280	13	32	50	150001~500000	315	800	1250

注：1. 检测类别A适用于一般项目施工质量的检测；可用于既有结构的一般项目检测；

　　2. 检测类别B适用于主控项目施工质量的检测；可用于既有结构的重要项目检测；

　　3. 检测类别C适用于结构工程施工的质量检测或复检；可用于存在问题较多的既有结构的检测。

2.1.2 砌筑块材抗压强度的检测

1）一般检测方法

详见表 2.1.2-1。

表 2.1.2-1 砌筑块材抗压强度检测方法

序号	检测方法	特 点	用 途	限制条件
1	原位轴压法	1. 属原位检测，直接在墙体上测试，检测结果综合反映了材料质量和施工质量； 2. 直观性、可比性较强； 3. 设备较重； 4. 检测部位有较大局部破损	1. 检测普通砖和多孔砖砌体的抗压强度； 2. 火灾、环境侵蚀后的砌体剩余抗压强度	1. 槽间砌体每侧的墙体宽度不应小于1.5m；测点宜选在墙体长度方向的中部； 2. 限用于240mm厚砖墙
2	扁顶法	1. 属原位检测，直接在墙体上测试，检测结果综合反映了材料质量和施工质量； 2. 直观性、可比性较强； 3. 扁顶重复使用率较低； 4. 砌体强度较高或轴向变形较大时，难以测出抗压强度； 5. 设备较轻； 6. 检测部位有较大局部破损	1. 检测普通砖和多孔砖砌体的抗压强度； 2. 检测古建筑和重要建筑的受压工作应力； 3. 检测砌体弹性模量； 4. 火灾、环境侵蚀后的砌体剩余抗压强度	1. 槽间砌体每侧的墙体宽度不应小于1.5m；测点宜选在墙体长度方向的中部； 2. 不适用于测试墙体破坏荷载大于400kN的墙体
3	切制抗压试件法	1. 属取样检测，检测结果综合反映了材料质量和施工质量； 2. 试件尺寸与标准抗压试件相同；直观性、可比性强； 3. 设备较重，现场取样时有水污染； 4. 取样部位有较大局部破损，需切割、搬运试件； 5. 检测结果不需要换算	1. 检测普通砖和多孔砖砌体的抗压强度； 2. 火灾、环境侵蚀后的砌体剩余抗压强度	取样部位每侧的墙体宽度不应小于1.5m，且应为墙体长度方向的中部或受力较小处
4	烧结砖回弹法	1. 属原位无损检测，测区选择不受限制； 2. 回弹仪有定型产品，性能较稳定，操作简便； 3. 检测部位的装修面层仅局部损伤	检测烧结普通砖和烧结多孔砖墙体中的砖强度	适用范围限于：6~30MPa

2）烧结砖回弹法

（1）一般规定

① 烧结砖回弹法适用于推定烧结普通砖砌体或烧结多孔砖砌体中砖的抗压强度，不适用于推定表面已风化或遭受冻害、环境侵蚀的烧结普通砖砌体或烧结多孔砖砌体中砖的抗压强度。检测时，应用回弹仪测试砖表面硬度，并应将砖回弹值换算成砖抗压强度。

② 每个检测单元中应随机选择 10 个测区。每个测区的面积不宜小于 1.0m²，应在其中随机选择 10 块条面向外的砖作为 10 个测位供回弹测试。选择的砖与砖墙边缘的距离应大于 250mm。

（2）测试步骤

被检测砖应为外观质量合格的完整砖。砖的条面应干燥、清洁、平整，不应有饰面层、粉刷层，必要时可用砂轮清除表面的杂物，并应磨平测面，同时应用毛刷刷去粉尘。

在每块砖的测面上应均匀布置 5 个弹击点。选定弹击点时应避开砖表面的缺陷。相邻两弹击点的间距不应小于 20mm，弹击点离砖边缘不应小于 20mm，每一弹击点应只能弹击一次，回弹值读数应估读至 1。测试时，回弹仪应处于水平状态，其轴线应垂直于砖的测面。

2.1.3 砌筑砂浆抗压强度的检测

1）一般检测方法

详见表 2.1.3-1。

表 2.1.3-1　砌筑砂浆抗压强度检测方法

序号	检测方法	特　点	用　途	限制条件
1	推出法	1. 属原位检测，直接在墙体上测试，检测结果综合反映了材料质量和施工质量； 2. 设备较轻便； 3. 检测部位局部破损	检测烧结普通砖、烧结多孔砖、蒸压灰砂砖或蒸压粉煤灰砖墙体的砂浆强度	当水平灰缝的砂浆饱满度低于 65% 时，不宜选用
2	筒压法	1. 属取样测试； 2. 仅需利用一般混凝土试验室的常用设备； 3. 取样部位局部损伤	检测烧结普通砖和烧结多孔砖墙体中的砂浆强度	——
3	砂浆片剪切法	1. 属取样检测； 2. 专用的砂浆测强仪及其标定仪，较为轻便； 3. 测试工作较简便； 4. 取样部位局部损伤	检测烧结普通砖和烧结多孔砖墙体中的砂浆强度	——

序号	检测方法	特　点	用　途	限制条件
4	砂浆回弹法	1. 属原位无损检测，测区选择不受限制； 2. 回弹仪有定型产品，性能较稳定，操作简便； 3. 检测部位的装修面层仅局部损伤	1. 检测烧结普通砖和烧结多孔砖墙体中的砂浆强度； 2. 主要用于砂浆强度均质性检查	1. 不适用于砂浆强度小于2MPa的墙体； 2. 水平灰缝表面粗糙且难以磨平时，不得采用
5	点荷法	1. 属取样检测； 2. 仅需利用一般混凝土试验室的常用设备； 3. 取样部位局部损伤	检测烧结普通砖和烧结多孔砖墙体中的砂浆强度	不适用于砂浆强度小于2MPa的墙体
6	砂浆片局压法	1. 属取样检测； 2. 局压仪有定型产品，性能较稳定，操作简便； 3. 取样部位局部损伤	检测烧结普通砖和烧结多孔砖墙体中的砂浆强度	适用范围限于： 1. 水泥石灰砂浆强度1~10MPa； 2. 水泥砂浆强度1~20MPa

2）常用检测方法（贯入法）

（1）采用贯入法检测的砌筑砂浆应符合下列规定：自然养护；龄期为28d或28d以上；风干状态；抗压强度为0.4~16.0MPa。

（2）检测砌筑砂浆抗压强度时，应以面积不大于 $25m^2$ 的砌体构件或构筑物为一个构件。

（3）按批抽样检测时，应取龄期相近的同楼层、同来源、同种类、同品种和同强度等级的砌筑砂浆且不大于 $250m^3$ 砌体为一批，抽检数量不应少于砌体总构件数的30%，且不应少于6个构件。基础砌体可按一个楼层计。

（4）被检测灰缝应饱满，其厚度不应小于7mm，并应避开竖缝位置、门窗洞口、后砌洞口和预埋件的边缘。检测加气混凝土砌块砌体时，其灰缝厚度应大于测钉直径。

（5）多孔砖砌体和空斗墙砌体的水平灰缝深度不应小于30mm。

（6）检测范围内的饰面层、粉刷层、勾缝砂浆、浮浆以及表面损伤层等，应清除干净；应使待测灰缝砂浆暴露并经打磨平整后再进行检测。

（7）每一构件应测试16点。测点应均匀分布在构件的水平灰缝上，相邻测点水平间距不宜小于240mm，每条灰缝测点不宜多于2点。

（8）贯入检测应按下列程序操作：

① 将测钉插入贯入杆的测钉座中，测钉尖端朝外，固定好测钉；

② 当用加力杠杆时，将加力杠杆插入贯入杆外端，施加外力使挂钩挂上；

③ 当用旋紧螺母加力时，用摇柄旋紧螺母，直至挂钩挂上为止，然后将螺母退至贯入杆顶端；

④ 将贯入仪扁头对准灰缝中间，并垂直贴在被测砌体灰缝砂浆的表面，握住贯入仪把手，扳动扳机，将测钉贯入被测砂浆中。

（9）每次贯入检测前，应清除测钉上附着的水泥灰渣等杂物，同时用测钉量规核查测钉的长度，当测钉长度小于测钉量规槽时，应重新选用新的测钉。

（10）操作过程中，当测点处的灰缝砂浆存在空洞或测孔周围砂浆有缺损时，该测点应作废，另选测点补测。

（11）贯入深度的测量应按下列程序操作：

① 开启贯入深度测量表，将其置于钢制平整量块上，直至扁头端面和量块表面重合，使贯入深度测量表的读数为零(图 2.1.3-1)。

② 将测钉从灰缝中拔出，用橡皮吹风器将测孔中的粉尘吹干净。

③ 将贯入深度测量表的测头插入测孔中，扁头紧贴灰缝砂浆，并垂直于被测砌体灰缝砂浆的表面，从测量表中直接读取显示值 d_i 并记录。记录格式可采用《贯入法检测砌筑砂浆抗压强度技术规程》(JGJ/T 136—2017)附录 C 的记录表。

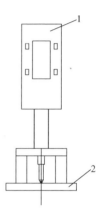

图 2.1.3-1 贯入深度
测量表清零示意
1—数字式百分表；
2—钢制平整量块

④ 直接读数不方便时，可按一下贯入深度测量表中的"保持"键，显示屏会记录当时的示值，然后取下贯入深度测量表读数。

（12）当砌体的灰缝经打磨仍难以达到平整时，可在测点处标记，贯入检测前用贯入深度测量表测读测点处的砂浆表面不平整度读数 d_i^0，然后再在测点处进行贯入检测，读取 d'_i，贯入深度应按下式计算：

$$d_i = d'_i - d_i^0 \qquad (2.1.3-1)$$

式中 d_i——第 i 个测点贯入深度值，mm，精确至 0.01mm；

  d_i^0——第 i 个测点贯入深度测量表的不平整度读数，mm，精确至 0.01mm；

  d'_i——第 i 个测点贯入深度测量表读数，mm，精确至 0.01mm。

（13）检测数值中，应将 16 个贯入深度值中的 3 个较大值和 3 个较小值剔除，余下的 10 个贯入深度值应按下式取平均值：

$$m_{dj} = \frac{1}{10} \sum_{i=1}^{10} d_i \qquad (2.1.3-2)$$

式中 m_{dj}——第 j 个构件的砂浆贯入深度代表值，mm，精确至 0.01mm；

  d_i——第 i 个测点的贯入深度值，mm，精确至 0.01mm。

（14）将构件的贯入深度代表值 m_{dj} 按不同的测强曲线计算其砂浆抗压强度换算值 $f_{2,j}^c$。有专用测强曲线或地区曲线时，应按专用测强曲线、地区测强曲线、

14

《贯入法检测砌筑砂浆抗压强度技术规程》(JGJ/T 136—2017)中测强曲线顺序使用。

(15) 当所检测砂浆与《贯入法检测砌筑砂浆抗压强度技术规程》(JGJ/T 136—2017)建立测强曲线所用砂浆有较大差异时,在使用 JGJ/T 136—2017 测强曲线前,宜进行检测误差验证试验,试验方法可按该规范附录 E 的要求进行,试验数量和范围应按检测的对象确定,其检测误差应满足该规范第 E.0.10 条的规定,否则应按该规范附录 E 的要求建立专用测强曲线。

(16) 按批抽检时,同批构件砂浆应按下列公式计算其平均值、标准差和变异系数:

$$m_{f_2^c} = \frac{1}{n} \sum_{j=1}^{n} f_{2,j}^c \qquad (2.1.3-3)$$

$$s_{f_2^c} = \sqrt{\frac{\sum_{j=1}^{n} \left(m_{f_2^c} - f_{2,j}^c \right)^2}{n-1}} \qquad (2.1.3-4)$$

$$\eta_{f_2^c} = s_{f_2^c} / m_{f_2^c} \qquad (2.1.3-5)$$

式中　$m_{f_2^c}$——同批构件砂浆抗压强度换算值的平均值,MPa,精确至 0.1MPa;

　　　$f_{2,j}^c$——第 j 个构件的砂浆抗压强度换算值,MPa,精确至 0.1MPa;

　　　$s_{f_2^c}$——同批构件砂浆抗压强度换算值的标准差,MPa,精确至 0.01MPa;

　　　$\eta_{f_2^c}$——同批构件砂浆抗压强度换算值的变异系数,精确至 0.01。

(17) 砌筑砂浆抗压强度推定值 $f_{2,e}^c$,应按下列规定确定:

① 当按单个构件检测时,该构件的砌筑砂浆抗压强度推定值应按下式计算:

$$f_{2,e}^c = 0.91 f_{2,j}^c \qquad (2.1.3-6)$$

式中　$f_{2,e}^c$——砂浆抗压强度推定值,MPa,精确至 0.1MPa;

　　　$f_{2,j}^c$——第 j 个构件的砂浆抗压强度换算值,MPa,精确至 0.1MPa。

② 当按批抽检时,应按下列公式计算,并取 $f_{2,e1}^c$ 和 $f_{2,e2}^c$ 中的较小值作为该批构件的砌筑砂浆抗压强度推定值 $f_{2,e}^c$:

$$f_{2,e1}^c = 0.91 m_{f_2^c} \qquad (2.1.3-7)$$

$$f_{2,e2}^c = 1.18 f_{2,min}^c \qquad (2.1.3-8)$$

式中　$f_{2,e1}^c$——砂浆抗压强度推定值之一,MPa,精确至 0.1MPa;

　　　$f_{2,e2}^c$——砂浆抗压强度推定值之二,MPa,精确至 0.1MPa;

　　　$m_{f_2^c}$——同批构件砂浆抗压强度换算值的平均值,MPa,精确至 0.1MPa;

　　　$f_{2,min}^c$——同批构件中砂浆抗压强度换算值的最小值,MPa,精确至 0.1MPa。

（18）对于按批抽检的砌体，当该批构件砌筑砂浆抗压强度换算值变异系数不小于0.30时，则该批构件应全部按单个构件检测。

3）常用检测方法（回弹法）

（1）一般规定

① 砂浆回弹法适用于推定烧结普通砖或烧结多孔砖砌体中砌筑砂浆的强度，不适用于推定高温、长期浸水、遭受火灾、环境侵蚀等砌筑砂浆的强度。检测时，应用回弹仪测试砂浆表面硬度，并应用浓度为1%~2%的酚酞酒精溶液测试砂浆碳化深度，应以回弹值和碳化深度两项指标换算为砂浆强度。

② 检测前，应宏观检查砌筑砂浆质量，水平灰缝内部的砂浆与其表面的砂浆质量应基本一致。

③ 测位宜选在承重墙的可测面上，并应避开门窗洞口及预埋件等附近的墙体。墙面上每个测位的面积宜大于0.3m²。

④ 墙体水平灰缝砌筑不饱满或表面粗糙且无法磨平时，不得采用砂浆回弹法检测砂浆强度。

（2）测试设备的技术指标

① 砂浆回弹仪的主要技术性能指标应符合表2.1.3-2的要求，其示值系统宜为指针直读式。

表 2.1.3-2　砂浆回弹仪主要技术性能指标

项目	指标
标称动能/J	0.196
指标摩擦力/N	0.5±0.1
弹击杆端部球面半径/mm	25±1.0
钢砧率定值/R	74±2

② 砂浆回弹仪的检定和保养，应按国家现行有关回弹仪的检定标准执行。

③ 砂浆回弹仪在工程检测前后，均应在钢砧上进行率定测试。

（3）测试步骤

① 测位处应按下列要求进行处理：

a. 粉刷层、勾缝砂浆、污物等应清除干净。

b. 弹击点处的砂浆表面，应仔细打磨平整，并应除去浮灰。

c. 磨掉表面砂浆的深度应为5~10mm，且不应小于5mm。

② 每个测位内应均匀布置12个弹击点。选定弹击点应避开砖的边缘、灰缝中的气孔或松动的砂浆。相邻两弹击点的间距不应小于20mm。

③ 在每个弹击点上，应使用回弹仪连续弹击3次，第1、2次不应读数，应仅记读第3次回弹值，回弹值读数应估读至1。测试过程中，回弹仪应始终处于水平状态，其轴线应垂直于砂浆表面，且不得移位。

④ 在每一测位内，应选择3处灰缝，并应采用工具在测区表面打凿出直径约10mm的孔洞，其深度应大于砌筑砂浆的碳化深度，应清除孔洞中的粉末和碎屑，且不得用水擦洗，然后采用浓度为1%~2%的酚酞酒精溶液滴在孔洞内壁边缘处，当已碳化与未碳化界限清晰时，应采用碳化深度测定仪或游标卡尺测量已碳化与未碳化砂浆交界面到灰缝表面的垂直距离。

（4）数据分析

① 从每个测位的12个回弹值中，应分别剔除最大值、最小值，将余下的10个回弹值计算算术平均值，应以 R 表示，并应精确至0.1。

② 每个测位的平均碳化深度，应取该测位各次测量值的算术平均值，应以 d 表示，并应精确至0.5mm。

③ 第 i 个测区第 j 个测位的砂浆强度换算值，应根据该侧位的平均回弹值和平均碳化深度值，分别按下列公式计算：

$d \leqslant 1.0$mm 时：

$$f_{2ij} = 13.97 \times 10^{-5} R^{3.57} \qquad (2.1.3-9)$$

1.0mm $\leqslant d \leqslant 3.0$mm 时：

$$f_{2ij} = 4.85 \times 10^{-4} R^{3.04} \qquad (2.1.3-10)$$

$d \geqslant 3.0$mm 时：

$$f_{2ij} = 6.34 \times 10^{-5} R^{3.60} \qquad (2.1.3-11)$$

式中　f_{2ij}——第 i 个测区第 j 个测位的砂浆强度值，MPa；

d ——第 i 个测区第 j 个测位的平均碳化深度，mm；

R ——第 i 个测区第 j 个测位的平均回弹值。

④ 测区的砂浆抗压强度平均值，应按下式计算：

$$f_{2i} = \frac{1}{n_1} \sum_{j=1}^{n_1} f_{2ij} \qquad (2.1.3-12)$$

2.2 砌体结构中混凝土构件的检测

2.2.1 混凝土构件抗压强度检测

1）回弹法检测混凝土构件抗压强度

（1）检测技术一般规定

① 采用回弹法检测混凝土强度时，宜具有下列资料：

工程名称、设计单位、施工单位；

构件名称、数量及混凝土类型、强度等级；

水泥安定性、外加剂、掺合料品种、混凝土配合比等；

施工模板、混凝土浇筑、养护情况及浇筑日期等；

必要的设计图纸和施工记录；

检测原因。

② 回弹仪在检测前后，均应在钢砧上做率定试验，并应符合《回弹仪》（GB/T 9138）的规定外，尚应符合下列规定：

a. 水平弹击时，在弹击锤脱钩瞬间，回弹仪的标称能量应为 2.207J；

b. 在弹击锤与弹击杆碰撞的瞬间，弹击拉簧应处于自由状态，且弹击锤起跳点应位于指针指示刻度尺上的"0"处；

c. 在洛氏硬度 HRC 为 60±2 的钢砧上，回弹仪的率定值应为 80±2；

d. 数字式回弹仪应带有指针直读示值系统；数字显示的回弹值与指针直读示值相差不应超过 1。

注：回弹仪的率定试验应符合下列规定：

1. 率定试验应在室温为 5~35℃ 的条件下进行；

2. 钢砧表面应干燥、清洁，并应稳固地平放在刚度大的物体上；

3. 回弹值应取连续向下弹击三次的稳定回弹结果的平均值；

4. 率定试验应分四个方向进行，且每个方向弹击前，弹击杆应旋转 90°，每个方向的回弹平均值均应为 80±2。

③ 混凝土强度可按单个构件或按批量进行检测，并应符合下列规定：

a. 单个构件的检测应符合以下对单个构件的检测规定；

b. 对于混凝土生产工艺、强度等级相同，原材料、配合比、养护条件基本一致且龄期相近的一批同类构件的检测应采用批量检测。按批量进行检测时，应随机抽取构件，抽检数量不宜少于同批构件总数的 30% 且不宜少于 10 件。当检验批构件数量大于 30 个时，抽样构件数量可适当调整，并不得少于国家现行有关标准规定的最少抽样数量。

④ 单个构件的检测应符合下列规定：

a. 对于一般构件，测区数不宜少于 10 个。当受检构件数量大于 30 个且不需提供单个构件推定强度，或受检构件某一方向尺寸不大于 4.5m 且另一方向尺寸不大于 0.3m 时，每个构件的测区数量可适当减少，但不应少于 5 个。

注：当回弹仪存在下列情况之一时，应进行保养：

1. 回弹仪弹击超过 2000 次；

2. 在钢砧上的率定值不合格；

3. 对检测值有怀疑。

b. 相邻两测区的间距不应大于 2m，测区离构件端部或施工缝边缘的距离不宜大于 0.5m，且不宜小于 0.2m。

c. 测区宜选在能使回弹仪处于水平方向的混凝土浇筑侧面。当不能满足这一要求时，也可选在使回弹仪处于非水平方向的混凝土浇筑表面或底面。

d. 测区宜布置在构件的两个对称的可测面上，当不能布置在对称的可测面上时，也可布置在同一可测面上，且应均匀分布。在构件的重要部位及薄弱部位应布置测区，并应避开预埋件。

e. 测区宜布置在构件的两个对称的可测面上，当不能布置在对称的可测面上时，也可布置在同一可测面上，且应均匀分布。在构件的重要部位及薄弱部位应布置测区，并应避开预埋件。

f. 测区表面应为混凝土原浆面，并应清洁、平整，不应有疏松层、浮浆、油垢、涂层以及蜂窝、麻面。

g. 对于弹击时产生颤动的薄壁、小型构件，应进行固定。

⑤ 测区应标有清晰的编号，并宜在记录纸上绘制测区布置示意图和描述外观质量情况。

⑥ 当检测条件与符合以下适用条件有较大差异时，可采用在构件上钻取的混凝土芯样或同条件试块对测区混凝土强度换算值进行修正。对同一强度等级混凝土修正时，芯样数量不应少于 6 个，公称直径宜为 100mm，高径比应为 1。芯样应在测区内钻取，每个芯样应只加工一个试件。同条件试块修正时，试块数量不应少于 6 个，试块边长应为 150mm。计算时，测区混凝土强度修正量及测区混凝土强度换算值的修正应符合下列规定：

① 修正量应按下列公式计算：

$$\Delta_{tot} = f_{cor,m} - f^c_{cu,m0} \tag{2.2.1-1}$$

$$\Delta_{tot} = f_{cu,m} - f^c_{cu,m0} \tag{2.2.1-2}$$

$$f_{cor,m} = \frac{1}{n} \sum_{i=1}^{n} f_{cor,i} \tag{2.2.1-3}$$

$$f_{cu,m} = \frac{1}{n} \sum_{i=1}^{n} f_{cu,i} \tag{2.2.1-4}$$

$$f^c_{cu,m0} = \frac{1}{n} \sum_{i=1}^{n} f^c_{cu,i} \tag{2.2.1-5}$$

式中　Δ_{tot}——测区混凝土强度修正量，MPa，精确到 0.1MPa；

$f_{cor,m}$——芯样试件混凝土强度平均值，MPa，精确到 0.1MPa；

$f_{cu,m}$——150mm 同条件立方体试块混凝土强度平均值，MPa，精确到 0.1MPa；

$f^c_{cu,m0}$——对应于钻芯部位或同条件立方体试块回弹测区混凝土强度换算值的平均值，MPa，精确到 0.1MPa；

$f_{cor,i}$——第 i 个混凝土芯样试件的抗压强度；

$f_{cu,i}$——第 i 个混凝土立方体试块的抗压强度；

$f_{cu,i}^c$——对应于第 i 个芯样部位或同条件立方体试块测区回弹值的碳化深度值的混凝土强度换算值，可按本规程附录 A 或附录 B 取值；

n——芯样或试块数量。

② 测区混凝土强度换算值的修正应按下式计算：

$$f_{cu,i1}^c = f_{cu,i0}^c + \Delta_{tot} \qquad (2.2.1-6)$$

式中 $f_{cu,i0}^c$——第 i 个测区修正前的混凝土强度换算值，MPa，精确到 0.1MPa；

$f_{cu,i1}^c$——第 i 个测区修正后的混凝土强度换算值，MPa，精确到 0.1MPa。

注：1. 符合下列条件的非泵送混凝土，测区强度应按 JGJ/T 23—2011 附录 A 进行强度换算：

（1）混凝土采用的水泥、砂石、外加剂、掺合料、拌合用水符合国家现行有关标准；

（2）采用普通成型工艺；

（3）采用符合国家标准规定的模板；

（4）蒸汽养护出池经自然养护 7d 以上，且混凝土表层为干燥状态；

（5）自然养护且龄期为 14~1000d；

（6）抗压强度为 10.0~60.0MPa。

2. 符合以上条件泵送混凝土，测区强度可按本规程 JGJ/T 23—2011 附录 B 的曲线方程计算或按本规程附录 B 的规定进行强度换算。

（2）回弹值测量

① 测量回弹值时，回弹仪的轴线应始终垂直于混凝土检测面，并应缓慢施压、准确读数、快速复位。

② 每一测区应读取 16 个回弹值，每一测点的回弹值读数应精确至 1。测点宜在测区范围内均匀分布，相邻两测点的净距离不宜小于 20mm；测点距外露钢筋、预埋件的距离不宜小于 30mm；测点不应在气孔或外露石子上，同一测点应只弹击一次。

2）钻芯法检测混凝土构件抗压强度

（1）芯样钻取

① 芯样宜在结构或构件的下列部位钻取：

a. 结构或构件受力较小的部位；

b. 混凝土强度具有代表性的部位；

c. 便于钻芯机安放与操作的部位；

d. 宜采用钢筋探测仪测试或局部剔凿的方法避开主筋、预埋件和管线。

20

② 在构件上钻取多个芯样时，芯样宜取自不同部位。

③ 钻芯机就位并安放平稳后，应将钻芯机固定。固定的方法应根据钻芯机的构造和施工现场的具体情况确定。

④ 钻芯机在未安装钻头之前，应先通电确认主轴的旋转方向为顺时针方向。

⑤ 钻芯时用于冷却钻头和排除混凝土碎屑的冷却水的流量宜为 3L/min ~ 5L/min。

⑥ 钻取芯样时宜保持匀速钻进。

⑦ 芯样应进行标记，钻取部位应予以记录。芯样高度及质量不能满足要求时，则应重新钻取芯样。

⑧ 芯样应采取保护措施，避免在运输和贮存中损坏。

⑨ 钻芯后留下的孔洞应及时进行修补。

⑩ 钻芯操作应遵守国家有关安全生产和劳动保护的规定，并应遵守钻芯现场安全生产的有关规定。

（2）芯样加工和试件

① 从结构或构件中钻取的混凝土芯样应加工成符合本章规定的芯样试件。

② 抗压芯样试件的高径比（H/d）宜为 1；劈裂抗拉芯样试件的高径比（H/d）宜为 2，且任何情况下不应小于 1；抗折芯样试件的高径比（H/d）宜为 3.5。

③ 抗压芯样试件内不宜含有钢筋，也可有一根直径不大于 10mm 的钢筋，且钢筋应与芯样试件的轴线垂直并离开端面 10mm 以上；劈裂抗拉芯样试件在劈裂破坏面内不应含有钢筋；抗折芯样试件内不应有纵向钢筋。

④ 锯切后的芯样应按下列规定进行端面处理：

抗压芯样试件的端面处理，可采取在磨平机上磨平端面的处理方法，也可采用硫黄胶泥或环氧胶泥补平，补平层厚度不宜大于 2mm。抗压强度低于 30MPa 的芯样试件，不宜采用磨平端面的处理方法；抗压强度高于 60MPa 的芯样试件，不宜采用硫黄胶泥或环氧胶泥补平的处理方法。劈裂抗拉芯样试件和抗折芯样试件的端面处理，宜采取在磨平机上磨平端面的处理方法。

⑤ 在试验前应按下列规定测量芯样试件的尺寸：

a. 平均直径应用游标卡尺在芯样试件上部、中部和下部相互垂直的两个位置上共测量六次，取测量的算术平均值作为芯样试件的直径，精确至 0.5mm；

b. 芯样试件高度可用钢卷尺或钢板尺进行测量，精确至 1.0mm；

c. 垂直度应用游标量角器测量芯样试件两个端面与母线的夹角，取最大值作为芯样试件的垂直度，精确至 0.1°；

d. 平整度可用钢板尺或角尺紧靠在芯样试件承压面（线）上，一面转动钢板尺，一面用塞尺测量钢板尺与芯样试件承压面（线）之间的缝隙，取最大缝隙为芯样试件的平整度；也可采用其他专用设备测量。

⑥ 芯样试件尺寸偏差及外观质量出现下列情况时，相应的芯样试件不宜进行试验：

a. 抗压芯样试件的实际高径比（H/d）小于要求高径比的 0.95 或大于 1.05；

b. 抗压芯样试件端面与轴线的不垂直度超过 1°；

c. 抗压芯样试件端面的不平整度在每 100mm 长度内超过 0.1mm，劈裂抗拉和抗折芯样试件承压线的不平整度在每 100mm 长度内超过 0.25mm；

d. 沿芯样试件高度的任一直径与平均直径相差超过 1.5mm；

e. 芯样有较大缺陷。

（3）抗压强度检测

① 一般规定：

a. 钻芯法可用于确定检测批或单个构件的混凝土抗压强度推定值，也可用于钻芯修正方法修正间接强度检测方法得到的混凝土抗压强度换算值。

b. 抗压芯样试件宜使用直径为 100mm 的芯样，且其直径不宜小于骨料最大粒径的 3 倍；也可采用小直径芯样，但其直径不应小于 70mm 且不得小于骨料最大粒径的 2 倍。

② 芯样试件试验和抗压强度值计算：

a. 芯样试件应在自然干燥状态下进行抗压试验。当结构工作条件比较潮湿，需要确定潮湿状态下混凝土的抗压强度时，芯样试件宜在 20℃±5℃ 的清水中浸泡 40~48h，从水中取出后应去除表面水渍，并立即进行试验。

b. 芯样试件抗压试验的操作应符合《普通混凝土力学性能试验方法标准》（GB/T 50081）中对立方体试件抗压试验的规定。

c. 芯样试件抗压强度值可按下式计算：

$$f_{cu,cor} = \beta_c F_c / A_c \qquad (2.2.1-7)$$

式中　$f_{cu,cor}$——芯样试件抗压强度值，MPa，精确至 0.1MPa；

　　　F_c——芯样试件抗压试验的破坏荷载，N；

　　　A_c——芯样试件抗压截面面积，mm^2；

　　　β_c——芯样试件强度换算系数，取 1.0。

③ 当有可靠试验依据时，芯样试件强度换算系数 β_c 也可根据混凝土原材料和施工工艺情况通过试验确定。

（4）混凝土抗压强度推定值

① 钻芯法确定检测批的混凝土抗压强度推定值时，取样应遵守下列规定：

a. 芯样试件的数量应根据检测批的容量确定。直径 100mm 的芯样试件的最小样本量不宜小于 15 个，小直径芯样试件的最小样本量不宜小于 20 个。

b. 芯样应从检测批的结构构件中随机抽取，每个芯样宜取自一个构件或结构的局部部位，取芯位置应符合芯样在结构或构件的钻取部位规定。

② 检测批混凝土抗压强度的推定值应按下列方法确定：

a. 检测批的混凝土抗压强度推定值应计算推定区间，推定区间的上限值和下限值应按下列公式计算：

$$f_{cu,e1} = f_{cu,cor,m} - k_1 s_{cu} \tag{2.2.1-8}$$

$$f_{cu,e2} = f_{cu,cor,m} - k_2 s_{cu} \tag{2.2.1-9}$$

$$f_{cu,cor,m} = \frac{\sum_{i=1}^{n} f_{cu,cor,i}}{n} \tag{2.2.1-10}$$

$$s_{cu} = \sqrt{\frac{\sum_{i=1}^{n} (f_{cu,cor,i} - f_{cu,cor,m})^2}{n-1}} \tag{2.2.1-11}$$

式中　$f_{cu,cor,m}$——芯样试件抗压强度平均值，MPa，精确至 0.1MPa；

　　　$f_{cu,cor,i}$——单个芯样试件抗压强度值，MPa，精确至 0.1MPa；

　　　$f_{cu,e1}$——混凝土抗压强度推定上限值，MPa，精确至 0.1MPa；

　　　$f_{cu,e2}$——混凝土抗压强度推定下限值，MPa，精确至 0.1MPa；

　　　k_1，k_2——推定区间上限值系数和下限值系数，按本规程附录 A 查得；

　　　s_{cu}——芯样试件抗压强度样本的标准差，MPa，精确至 0.01MPa。

b. $f_{cu,e1}$ 和 $f_{cu,e2}$ 所构成推定区间的置信度宜为 0.90；当采用小直径芯样试件时，推定区间的置信度可为 0.85。$f_{cu,e1}$ 与 $f_{cu,e2}$ 之间的差值不宜大于 5.0MPa 和 $0.10f_{cu,cor,m}$ 两者的较大值。

c. $f_{cu,e1}$ 与 $f_{cu,e2}$ 之间的差值大于 5.0MPa 和 $0.10f_{cu,cor,m}$ 两者的较大值时，可适当增加样本容量，或重新划分检测批，直至满足本条 b 的规定。

d. 当不具备本条 c 条件时，不宜进行批量推定。

e. 宜以 $f_{cu,e1}$ 作为检测批混凝土强度的推定值。

③ 钻芯法确定检测批混凝土抗压强度推定值时，可剔除芯样试件抗压强度样本中的异常值。剔除规则应按《数据的统计处理和解释 正态样本离群值的判断和处理》(GB/T 4883) 规定执行。当确有试验依据时，可对芯样试件抗压强度样本的标准差 s_{cu} 进行符合实际情况的修正或调整。

④ 钻芯法确定单个构件混凝土抗压强度推定值时，芯样试件的数量不应少于 3 个；钻芯对构件工作性能影响较大的小尺寸构件，芯样试件的数量不得少于 2 个。单个构件的混凝土抗压强度推定值不再进行数据的舍弃，而应按芯样试件混凝土抗压强度值中的最小值确定。

⑤ 钻芯法确定构件混凝土抗压强度代表值时，芯样试件的数量宜为 3 个，应取芯样试件抗压强度值的算术平均值作为构件混凝土抗压强度代表值。

（5）钻芯修正法

① 对间接测强方法进行钻芯修正时，宜采用修正量的方法，也可采用其他形式的修正方法。

② 当采用修正量的方法时，芯样试件的数量和取芯位置应符合下列规定：

直径 100mm 芯样试件的数量不应少于 6 个，小直径芯样试件的数量不应少于 9 个；

当采用的间接检测方法为无损检测方法时，钻芯位置应与间接检测方法相应的测区重合；

当采用的间接检测方法对结构构件有损伤时，钻芯位置应布置在相应测区的附近。

③ 钻芯修正可按式（2.2.1-12）计算，修正量 Δf 可按式（2.2.1-13）计算。

$$f_{cu,i0}^c = f_{cu,i}^c + \Delta f \qquad (2.2.1-12)$$

$$\Delta f = f_{cu,cor,m}^c - f_{cu,mj}^c \qquad (2.2.1-13)$$

式中　Δf——修正量，MPa，精确至 0.1MPa；

　　$f_{cu,i0}^c$——修正后的换算强度，MPa，精确至 0.1MPa；

　　$f_{cu,i}^c$——修正前的换算强度，MPa，精确至 0.1MPa；

　　$f_{cu,cor,m}^c$——芯样试件抗压强度平均值，MPa，精确至 0.1MPa；

　　$f_{cu,mj}^c$——所用间接检测方法对应芯样测区的换算强度的算术平均值，MPa，精确至 0.1MPa。

2.2.2　混凝土构件的钢筋配置检测

1）钢筋布置检测

（1）一般规定

① 混凝土中的钢筋检测可分为钢筋数量和间距、混凝土保护层厚度、钢筋直径、钢筋力学性能及钢筋锈蚀状况等检测项目。

② 混凝土中的钢筋宜采用原位实测法检测；采用间接法检测时，宜通过原位实测法或取样实测法进行验证并可根据验证结果进行适当的修正。

（2）钢筋数量和间距检测

① 混凝土中钢筋数量和间距可采用钢筋探测仪或雷达仪进行检测，仪器性能和操作要求应符合现行行业标准《混凝土中钢筋检测技术规程》（JGJ/T 152）的有关规定。

② 当遇到下列情况之一时，应采取剔凿验证的措施：

相邻钢筋过密，钢筋间最小净距小于钢筋保护层厚度；

混凝土（包括饰面层）含有或存在可能造成误判的金属组分或金属件；

钢筋数量或间距的测试结果与设计要求有较大偏差；缺少相关验收资料。

③ 检测梁、柱类构件主筋数量和间距时应符合下列规定：

测试部位应避开其他金属材料和较强的铁磁性材料，表面应清洁、平整；

应将构件测试面一侧所有主筋逐一检出，并在构件表面标注出每个检出钢筋的相应位置；

应测量和记录每个检出钢筋的相对位置。

④ 检测墙、板类构件钢筋数量和间距时应符合下列规定：

在构件上随机选择测试部位，测试部位应避开其他金属材料和较强的铁磁性材料，表面应清洁、平整；

在每个测试部位连续检出 7 根钢筋，少于 7 根钢筋时应全部检出，并宜在构件表面标注出每个检出钢筋的相应位置；

应测量和记录每个检出钢筋的相对位置；

可根据第一根钢筋和最后一根钢筋的位置，确定这两个钢筋的距离，计算出钢筋的平均间距；

必要时应计算钢筋的数量。

⑤ 梁、柱类构件的箍筋可按上文检测墙、板类构件钢筋数量和间距的要求检测，当存在箍筋加密区时，宜将加密区内箍筋全部测出。

（3）混凝土保护层厚度检测

① 混凝土保护层厚度宜采用钢筋探测仪进行检测并应通过剔凿原位检测法进行验证。

② 剔凿原位检测混凝土保护层厚度应符合下列规定：

采用钢筋探测仪确定钢筋的位置；

在钢筋位置上垂直于混凝土表面成孔；

以钢筋表面至构件混凝土表面的垂直距离作为该测点的保护层厚度测试值。

③ 采用剔凿原位检测法进行验证时，应符合下列规定：

应采用钢筋探测仪检测混凝土保护层厚度；

在已测定保护层厚度的钢筋上进行剔凿验证，验证点数不应少于《混凝土结构现场检测技术标准》（GB/T 50784—2013）表 3.4.4 中 B 类且不应少于 3 点；构件上能直接测量混凝土保护层厚度的点可计为验证点；

应将剔凿原位检测结果与对应位置钢筋探测仪检测结果进行比较，当两者的差异不超过±2mm 时，判定两个测试结果无明显差异；

当检验批有明显差异校准点数在 GB/T 50784—2013 中表 3.4.5-2 控制的范围之内时，可直接采用钢筋探测仪检测结果；

当检验批有明显差异校准点数超过 GB/T 50784—2013 中表 3.4.5-2 控制的范围时，应对钢筋探测仪量测的保护层厚度进行修正；当不能修正时应采取剔凿原位检测的措施。

2）钢筋直径检测

（1）混凝土中钢筋直径宜采用原位实测法检测；当需要取得钢筋截面积精确值时，应采取取样称量法进行检测或采取取样称量法对原位实测法进行验证。当验证表明检测精度满足要求时，可采用钢筋探测仪检测钢筋公称直径。

（2）原位实测法检测混凝土中钢筋直径应符合下列规定：

① 采用钢筋探测仪确定待检钢筋位置，剔除混凝土保护层，露出钢筋；

② 用游标卡尺测量钢筋直径，测量精确到 0.1mm；

③ 同一部位应重复测量 3 次，将 3 次测量结果的平均值作为该测点钢筋直径检测值。

（3）取样称量法检测钢筋直径应符合下列规定：

① 确定待检测的钢筋位置，沿钢筋走向凿开混凝土保护层，截除长度不小于 300mm 的钢筋试件；

② 清理钢筋表面的混凝土，用 12% 盐酸溶液进行酸洗，经清水漂净后，用石灰水中和，再以清水冲洗干净；擦干后在干燥器中至少存放 4h，用天平称重；

③ 钢筋实际直径按下式计算：

$$d = 12.74 \sqrt{\omega / l} \qquad (2.2.2-1)$$

式中　　d——钢筋实际直径，精确至 0.01mm；

　　　　ω——钢筋试件重量，精确至 0.01g；

　　　　l——钢筋试件长度，精确至 0.1mm。

（4）采用钢筋探测仪检测钢筋公称直径应符合现行行业标准《混凝土中钢筋检测技术规程》（JGJ/T 152）的有关规定。

（5）检验批钢筋直径检测应符合下列规定：

① 检验批应按钢筋进场批次划分；当不能确定钢筋进场批次时，宜将同一楼层或同一施工段中相同规格的钢筋作为一个检验批；

② 应随机抽取 5 个构件，每个构件抽检 1 根；

③ 应采用原位实测法进行检测；

④ 应将各受检钢筋直径检测值与相应钢筋产品标准进行比较，确定该受检钢筋直径是否符合要求；

⑤ 当检验批受检钢筋直径均符合要求时，应判定该检验批钢筋直径符合要求；当检验批存在 1 根或 1 根以上受检钢筋直径不符合要求时，应判定该检验批钢筋直径不符合要求；

⑥ 对于判定为符合要求的检验批，可建议采用设计的钢筋直径参数进行结

构性能评定；对于判定为不符合要求的检验批，宜补充检测或重新划分检验批进行检测。当不具备补充检测或重新检测条件时，应以最小检测值作为该批钢筋直径检测值。

（6）破凿技巧：

对于柱子，当扫描出的钢筋直径与图纸不符时，会对柱子进行破凿，因为分布钢筋时一般会对称布置，破凿柱子的角筋和其临边的两根钢筋即可推断出柱子的整体配筋。

对于梁，当图纸中梁设置二排钢筋时，在梁的侧面扫描时一般可以扫出，若扫不出时可以进行破凿；当扫描出的梁底钢筋与图纸不符时，也可对梁底的钢筋进行破凿。梁支座负筋在破凿时应注意，因为梁支座负筋一般最多只会有两种类型的钢筋且一般会对称分布，如果扫出的尺寸与图纸不符可以从角筋开始破凿再破凿临近的一根钢筋即可推断出大概的钢筋布置。

2.3 砌体结构的尺寸、位置及变形检测

2.3.1 尺寸与位置检测

1）基本规定

（1）砌体结构的尺寸、位置检测包含构件的截面尺寸与偏差、构件的轴线位置。

（2）构件截面尺寸的检测宜符合下列规定：

① 具备相应条件的构件截面尺寸应采取直接量测的方法。

② 不具备直接量测的构件可采用局部打孔量测、超声测厚仪测试或其他方法以及多种方法综合的检测方法。

③ 截面形式复杂的构件宜按《建筑结构检测技术标准》（GB/T 50344—2019）附录 D 规定的方法进行检测。

④ 构件截面尺寸的偏差应为设计施工图标注的尺寸与实测尺寸的差值。

（3）构件轴线的检测应符合下列规定：

① 构件轴线位置测定可采用直接量测的方法，也可采用国家现行有关标准规定的适用方法进行测定。

② 构件轴线的偏差应为设计施工图标注的基准轴线的距离与实测距离之间的差值。

2）砖砌体工程和混凝土小型砌块砌体工程

砖砌体和混凝土小型砌块尺寸、位置的允许偏差及检验应符合表 2.3.1-1 的规定。

表 2.3.1-1　砖砌体及混凝土小型砌块尺寸、位置的允许偏差及检验

项次	项目			允许偏差/mm	检验方法	抽样数量
1	轴线位移			10	用经纬仪和尺或用其他仪器测量	承重墙、柱全数检查
2	基础、墙、柱顶面标高			±15	用水准仪和尺检查	不应少于5处
3	墙面垂直度	每层		5	用2m托线板检查	不应少于5处
		全高	≤10	10	用经纬仪、吊线和尺或用其他测量仪器检查	外墙全部阳角
			>10	20		
4	表面平整度	清水墙、柱		5	用2m靠尺和楔形塞尺检查	不应少于5处
		混水墙、柱		8		
5	水平灰缝平直度	清水墙		7	拉5m线和尺检查	不应少于5处
		混水墙		10		
6	门窗洞口高、宽（后塞口）			±10	用尺检查	不应少于5处
7	外墙上下窗口偏移			20	以底层窗口为准，用经纬仪或吊线检查	不应少于5处
8	清水墙游丁走缝			20	以每层第一皮砖为准，用吊线和尺检查	不应少于5处

3）石砌体工程

石砌块尺寸、位置的允许偏差及检验应符合表 2.3.1-2 的规定。

表 2.3.1-2　石砌体尺寸、位置的允许偏差及检验

项次	项目	允许偏差/mm							检验方法
		毛石砌体		料石砌体					
		基础	墙	毛料石		粗料石		细料石	
				基础	墙	基础	墙	墙、柱	
1	轴线位置	20	15	20	15	15	10	10	用经纬仪和尺或用其他仪器测量
2	基础和墙砌体顶面标高	±25	±15	±25	±15	±15	±15	±10	用水准仪和尺检查
3	砌体厚度	+30	+20 −10	+30	+20 −10	+15	+10 −5	+10 −5	用尺检查

28

项次	项目		毛石砌体 基础	毛石砌体 墙	毛料石 基础	毛料石 墙	粗料石 基础	粗料石 墙	细料石 墙、柱	检验方法
			允许偏差/mm							
			毛石砌体		料石砌体					
4	墙面垂直度	每层	—	20	—	20	—	10	7	用经纬仪、吊线和尺检查或用其他测量仪器检查
		全高	—	30	—	30	—	25	10	
5	表面平整度	清水墙、柱	—	—	—	20	—	10	5	细料石用2m靠尺和楔形塞尺检查,其他用两直尺垂直于灰缝拉2m直线和尺检查
		混水墙、柱	—	—	—	20	—	15	—	
6	清水墙水平灰缝平直度		—	—	—	—	—	10	5	拉10m线和尺检查

抽样数量:每检验批抽查不应少于5处。

4)配筋砌体工程

配筋砌体尺寸、位置的允许偏差及检验除应符合本节的要求,尚应符合表2.3.1-1中的相关要求。

配筋砌体工程中构造柱一般尺寸允许偏差及检验应符合表2.3.1-3的规定。

表2.3.1-3 构造柱一般尺寸允许偏差及检验方法

项次	项目			允许偏差/mm	检验方法
1	中心线位置			10	用经纬仪和尺或用其他仪器测量
2	层间错位			8	用经纬仪和尺或用其他仪器测量
3	垂直度	每层		10	用2m托线板检查
		全高	≤10m	15	用经纬仪、吊线和尺检查或用其他测量仪器检查
			>10m	20	

抽样数量:每检验批抽查数量不应少于5处。

5)填充墙砌体工程

本节适用于烧结空心砖、蒸压加气混凝土砌块、轻骨料混凝土小型空心砌块等填充墙砌体工程。

填充墙砌块尺寸、位置的允许偏差及检验应符合表 2.3.1-4 的规定。

表 2.3.1-4　填充墙砌块尺寸、位置的允许偏差及检验方法

项次	项目		允许偏差/mm	检验方法
1	轴线位移		10	用尺检查
2	垂直度（每层）	≤3m	5	用 2m 托线板或吊线、尺检查
		>3m	10	
3	表面平整度		8	用 2m 靠尺和楔形塞尺检查
4	门窗洞口高、宽　（后塞口）		±10	用尺检查
5	外墙上下窗口偏移		20	用经纬仪或吊线检查

抽样数量：每检验批抽查不应少于 5 处。

2.3.2　倾斜检测

（1）倾斜包括基础倾斜和上部结构倾斜。基础倾斜指的是基础两端由于不均匀沉降而产生的差异沉降现象；上部结构倾斜指的是建筑的中心线或其墙、柱上某点相对于底部对应点产生的偏离现象。

（2）结构垂直构件的倾斜宜按《建筑结构检测技术标准》（GB/T 50344—2019）附录 D 规定的方法进行检测。

（3）在检测中应区分尺寸偏差与构件倾斜之间的差别。

（4）在结构的评定中不得将垂直构件的倾斜作为层间位移使用。

（5）倾斜观测作业应避开风荷载影响大的时间段。对于高层和超高层建筑的倾斜观测，也应避开强日照时间段。

（6）倾斜监测点的布设及标志设置应符合下列规定：

①　当测定顶部相对于底部的整体倾斜时，应沿同一竖直线分别布设顶部监测点和底部对应点。

②　当测定局部倾斜时，应沿同一竖直线分别布设所测范围的上部监测点和下部监测点。

③　建筑顶部的监测点标志，宜采用固定的觇牌和棱镜，墙体上的监测点标志可采用埋入式照准标志或粘贴反射片标志。

④　对不便埋设标志的塔形、圆形建筑以及竖直构件，可粘贴反射片标志，也可照准视线所切同高边缘确定的位置，或利用符合位置与照准要求的建筑特征部位。

（7）结构和构件的主体倾斜检测常用方法有平距法、投点法。

① 平距法检测砌体结构倾斜应符合下列规定：

平距法检测宜使用免棱镜全站仪；观测时，测站点宜选在与倾斜方向一致的方向线上距照准目标 1.5~2.0 倍目标高度的固定位置；测站点的数量不宜少于 2 个。

在每个测站安置全站仪时，上下观测点应沿建筑主体竖直线，在顶部和底部上下对应布设；测出每对上下观测点标志间的水平位移分量，再按矢量相加法求得倾斜量和倾斜方向。

结构和构件的主体倾斜宜区分施工偏差造成的倾斜、变形造成的倾斜、装饰层造成的倾斜等。

② 投点法检测砌体结构的倾斜应符合下列规定：

投点法检测宜使用经纬仪或全站仪；观测时，测站点宜选在与建筑物轮廓线的延长线上距照准目标 1.5~2.0 倍目标高度的固定位置。

观测点应沿建筑主体竖直线，在顶部和底部上下对应布设。用全站仪或经纬仪，首先照准建筑物顶部观测点，锁止水平制动，向下投影，测量出建筑物顶部观测点投影点到建筑物底部观测点间的平距，并测出以建筑物顶部观测点为基准的垂直角，计算得出测点高度和倾斜量。

观测建筑物每个轮廓的角点的倾斜量和倾斜方向，便可得出建筑物整体的倾斜量和方向。

2.3.3 沉降差检测

（1）差异沉降是指不同位置在同一时间段产生的不均匀沉降现象。

（2）沉降差是指不同基础或同一基础各点间的相对沉降量。

（3）当有以下情况时应对建筑物进行沉降观测：

① 当建筑物出现的损伤可能由沉降引起；

② 邻近建筑物有基坑开挖、大量抽取地下水等可能造成建筑物沉降的情况；

③ 建筑物有明显的倾斜和沉降。

（4）沉降观测水准点应符合下列规定：

① 水准点应设置在压缩性低的土层上；

② 水准点应选在地基变形影响范围之外；

③ 水准点与水准点之间宜便于采用水准测量方法进行联测。

（5）沉降差观测点宜选在能够反映地基变形特征及结构特点的位置，并应符合下列规定：

① 建筑的四角、大转角处及沿外墙每 10~20m 处或每隔 2~3 根柱基上；

② 高低层建筑、新旧建筑和纵横墙等交接处的两侧；

③ 建筑裂缝、沉降缝两侧、基础埋深相差悬殊处、人工地基与天然地基接壤处、不同结构的分界处及填挖方分界处以及地质条件变化处两侧；

④ 邻近堆置重物处、受振动显著影响的部位。

（6）沉降差宜使用水准仪进行观测。根据现场情况，用水准测量方法测量各观测点的沉降量，求得沉降差。

2.4　砌体结构的裂缝检测及分析

2.4.1　砌体结构裂缝检测的一般方法

（1）裂缝的长度可采用尺量、数砖的皮数等方法确定，裂缝的宽度可采用裂缝卡、裂缝检测仪确定，裂的深度可通过观察、打孔或取样的方法确定；

（2）裂缝的位置、数量和实测情况应予以记录；

（3）由砌筑方法、留槎、洞口、线管及预制构件影响产生的裂缝应剔除构件抹灰。

2.4.2　砌体结构的裂缝成因分析

按裂缝的成因，砌体结构中墙体裂缝可分为受力裂缝和非受力裂缝两大类。各种直接荷载作用下，墙体产生的裂缝称为受力裂缝，而砌体因收缩、温度、湿度变化，地基沉降不均等引起的裂缝是非受力裂缝，又称变形裂缝。

1）受力裂缝

砌体结构是由性质不完全相同的块体和砂浆组成，是一种非均匀材料，在外荷载作用下，性质不同的多材料产生的应力应变不尽相同。

（1）阶梯形裂缝：柱构件支承在墙上时，由于集中力大，产生过大局部应力，在支承面下某一高度范围内，砌体会出现横向拉应力，当其值超过砌体抗拉强度时，砌体会出现阶梯形裂缝。

（2）梁下砌块开裂：洞顶过梁挠度较大时，由于变形引起的局部剪应力，使梁下砌块开裂。

（3）砌体斜向裂缝：在遇到较大的荷载时，荷载会沿洞口边缘45°扩张传递，并在洞下角产生剪应力，引起砌体斜向裂缝。

2）干缩裂缝

因混凝土砌块干缩而引起的墙体裂缝，常出现在小型混凝土砌块房屋，在房屋各层的内外墙上均可能出现。由于砌筑砂浆的强度不高，灰缝不饱满，干缩引起的裂缝往往呈丝状而分散在灰缝之中，清水墙不易被发现，当有粉抹面时便显得比较明显，干缩引起的裂缝宽度不大，且裂缝宽度较均匀。收缩裂缝一般多表现在下部几层，这是由于墙面的收缩变形受基础及横墙的约束所致，有的砌块房屋山墙大墙面中间部位，出现了由底层一直至三、四层的竖向裂缝。干缩裂缝的形态一般有以下几种：①在墙体中部出现的阶梯裂缝；②环绕砌块周边灰缝的裂缝；③在外墙出现竖向均匀裂缝；④在山墙等大墙面由于收缩出现的竖向裂缝，有的是水平向裂缝。

造成上述干缩裂缝的原因主要有以下几个方面：

（1）砌块中含有大量空隙，这些空隙中存在水分，水分的活动影响砌块的一系列性质，特别是发生"湿度变形"从而导致干缩裂缝的产生。砌体的干缩裂缝与砌块的类型有很大关系。

（2）在砌体的自身重量的作用下，随着砌筑砂浆的干结和水分的蒸发，砌体本身将有细微的向下沉降。这种沉降容易造成在结构梁底与砌体的交界处出现水平裂缝，这种水平裂缝常是沿梁长呈贯通状的。

（3）砌块砌筑时含水率大，当养护期不足的湿砌块出厂上墙，经过一段时间后，砌体的含水率降低，湿砌块周边灰缝便出现小裂缝。另外，在砌墙时砌体被雨水淋湿后，立即再砌新墙，上下皮砌块含水率相差较大，干缩程度不一，在结合面易产生水平裂缝。即使已砌完的砌体无干缩裂缝，但当砌块因某种原因再次被水浸湿后，出现第二次干缩，砌体仍可能产生裂缝。

3）温度裂缝

温度的变化会引起材料的热胀、冷缩，在约束条件下温度变形引起的温度应力足够大时，墙体就会产生温度裂缝。温度裂缝的特点是向阳面墙体裂缝多于背阳面；夏季产生裂缝多于冬季；屋面设置保温隔热层的结构墙体裂缝少，而未设置或设置了但达不到保温隔热目的的房屋则裂缝较多；顶层设置构造柱越密，设置圈梁的墙体裂缝越少，反之则越多。砌体结构出现的裂缝多数为温度裂缝。

由于温度变化引起的墙体裂缝的形状和部位的主要类型及原因简单介绍如下：

（1）顶部内外纵墙与内横墙端部的正八字斜裂缝：产生这类裂缝的原因是砌体结构墙体与顶盖混凝土板在阳光照射下两者之间存在一定的温差。在顶盖与外墙存在一定的温差下，致两者温度变形不协调，产生墙体裂缝。当外界温度升高时，混凝土顶盖变形大，墙体变形相对较小，由于混凝土顶盖与墙体是相互约束的，不能自由变形，从而产生了约束应力，使屋盖受压，墙体受拉、受剪。在房屋顶层两端受力最大，往往沿窗口对角线方向呈八字裂缝，还会在顶层标高处墙体产生水平裂缝，有女儿墙时，还可能会造成女儿墙开裂或外倾。

（2）门窗洞边的正八字斜裂缝、平屋顶下或屋顶圈梁下沿砌块灰缝的水平裂缝及水平包角裂缝：在屋面板和圈梁之间，或者圈梁与梁底砌体之间，在温度的作用下，会出现水平剪切裂缝。

4) 不均匀沉降引起的裂缝

引起不均匀沉降的因素有以下几种：

（1）地基土本身的不均匀性，地基土并不是单一的匀质材料，但在设计中对其作了简化假定，使其单一化理想化。设计计算上的改善不能保证建筑物能够完全均匀沉降。

（2）施工时基地处理不好，或因地质勘探不细，没有发现地下的某些不良地质现象，因而未处理，从而引起地基的不均匀沉降。

（3）建成后使用过程中的意外影响，由于地下水管的大量漏水引起地基局部下沉，或因为临时大量的地面堆载而引起局部下沉。

（4）建筑物的立面存在高差，另外还有相邻新建筑产生的影响等。总之由于地基的非均质性及上部结构传递荷载的不均匀性，地基普遍存在着不均匀沉降。由于这种较大的沉降量和不均匀沉降量，会引起砌体结构内的附加应力，加之砌体结构变形协调能力比较差，在墙体局部还会产生应力集中，致使墙体在变形挠曲作用下产生较大的剪应力或主拉应力，导致墙体极易产生裂缝。

2.4.3　砌体结构裂缝检测的具体方案

（1）当判定为地基不均匀变形造成的裂缝时，应进行下列检测：

① 进行结构沉降的观测，可按现行业标准《建筑变形测量规范》（JGJ 8）规定的适用方法进行检测；

② 进行结构倾斜的测量，可按现行业标准《建筑变形测量规范》（JGJ 8）规定的适用方法进行检测；

③ 测定结构的累计沉降差；

④ 裂缝的发展情况，可采取监测或持续观察的方法。

（2）当判定为结构承载力不足造成的竖向受压贯通裂缝时应进行构件承载力的验算。

（3）对于判定为局部承压的裂缝，应进行砌体局部承压的验算。

（4）当判定为太阳辐射热裂缝时，应进行下列检测：

① 局部防水渗漏的检查；

② 屋面保温隔热层的检测；

③ 墙体局部倾斜的检测。

（5）当判定为温度裂缝时，应进行下列检测和调查：

① 调查当地气温的变化情况；

② 调查墙体的保温情况；

③ 核查房屋伸缩缝的间距；

④ 核查建筑内部的热源等情况。

2.5 砌体结构预制楼板原位加载试验

2.5.1 一般规定

1）对下列类型结构可进行原位加载试验：

（1）对怀疑有质量问题的结构或构件进行结构性能检验；

（2）改建、扩建再设计前，确定设计参数的系统检验；

（3）对资料不全、情况复杂或存在明显缺陷的结构，进行结构性能评估；

（4）采用新结构、新材料、新工艺的结构或难以进行理论分析的复杂结构，需通过试验对计算模型或设计参数进行复核、验证或研究其结构性能和设计方法；

（5）需修复的受灾结构或事故受损结构。

2）原位加载试验分为下列类型，可根据具体情况选择进行：

（1）使用状态试验，根据正常使用极限状态的检验项目验证或评估结构的使用功能；

（2）承载力试验，根据承载能力极限状态的检验项目验证或评估结构的承载能力。

3）结构原位试验的试验结果应能反映被检结构的基本性能。受检构件的选择应遵守下列原则：

（1）受检构件应具有代表性，且宜处于荷载较大、抗力较弱或缺陷较多的部位；

（2）受检构件的试验结果应能反映整体结构的主要受力特点；

（3）受检构件不宜过多；

（4）受检构件应能方便地实施加载和进行量测；

（5）对处于正常服役期的结构，加载试验造成的构件损伤不应对结构的安全性和正常使用功能产生明显影响。

4）原位加载试验的试验荷载值当考虑后续使用年限的影响时，其可变荷载调整系数宜根据《工程结构可靠性设计统一标准》（GB 50153）、《建筑结构荷载规范》（GB 50009）的相关规定，并结合受检构件的具体情况确定。

5）试验结构的自重，当有可靠检测数据时，可根据实测结果对其计算值做适当调整。

6）原位试验应根据结构特点和现场条件选择恰当的加载方式，并根据不同试验目的确定最大加载限值和各临界试验荷载值。直接加载试验应严格控制加载量，避免超加载造成超出预期的永久性结构损伤或安全事故。计算加载值时应扣除构件自重及加载设备的重量。

7）根据原位加载试验的类型和目的，试验的最大加载限值应按下列原则确定：

（1）仅检验构件在正常使用极限状态下的挠度、裂缝宽度时，试验的最大加载限值宜取使用状态试验荷载值，对钢筋混凝土结构构件取荷载的准永久组合，对预应力混凝土结构构件取荷载的标准组合；

（2）当检验构件承载力时，试验的最大加载限值宜取承载力状态荷载设计值与结构重要性系数 γ_0 乘积的 1.60 倍；

（3）当试验有特殊目的或要求时，试验的最大加载限值可取各临界试验荷载值中的最大值。

8）试验前应收集结构的各类相关信息，包括原设计文件、施工和验收资料、服役历史、后续使用年限内的荷载和使用功能、已有的缺陷以及可能存在的安全隐患等。还应对材料强度、结构损伤和变形等进行检测。

9）对装配式结构中的预制梁板，若不考虑后浇面层的共同工作，应将板缝、板端或梁端的后浇面层断开，按单个构件行加载试验。

2.5.2　加载方式

1）当采用重物进行加载时，应符合下列规定：
（1）加载物应重量均匀一致，形状规则；
（2）不宜采用有吸水性的加载物；
（3）铁块、混凝土块、砖块等加载物重量应满足加载分级的要求，单块重量不宜大于 250N；
（4）试验前应对加载物称重，求得其平均重量；
（5）加载物应分堆码放，沿单向或双向受力试件跨度方向的堆积长度宜为 1m 左右，且不应大于试件跨度的 1/6 ~1/4；
（6）堆与堆之间宜预留不小于 50mm 的间隙，避免试件变形后形成拱作用。
2）当采用散体材料进行均布加载时，应满足下列要求：
（1）散体材料可装袋称量后计数加载，也可在构件上表面加载区域周围设置侧向围挡，逐级称量加载并均匀摊平；
（2）加载时应避免加载散体外漏。
3）当采用流体(水)进行均布加载时，应有水囊、围堰、隔水膜等有效防止渗漏的措施。加载可以用水的深度换算成荷载加以控制，也可通过流量计进行控制。

2.5.3　加载程序

1）结构试验开始前应进行预加载，检验仪表及加载设备是否正常，并对仪表设备进行调零。预加载应控制试件在弹性范围内受力，不应产生裂缝及其他形式的加载残余值。

2）结构试验的加载程序应符合下列规定：

（1）探索性试验的加载程序应根据试验目的及受力特点确定；

（2）验证性试验宜分级进行加载，荷载分级应包括各级临界试验荷载值；

（3）当以位移控制加载时，应首先确定试件的屈服位移值，再以屈服位移值的倍数控制加载等级。

3）验证性试验的分级加载原则应符合下列规定：

（1）在达到使用状态试验荷载值 $Q_s(F_s)$ 以前，每级加载值不宜大于 $0.20Q_s$（$0.20F_s$）；超过 $Q_s(F_s)$ 以后，每级加载值不宜大于 $0.10Q_s$（$0.10F_s$）；

（2）接近开裂荷载计算值时，每级加载值不宜大于 $0.05Q_s$（$0.05F_s$）；试件开裂后每级加载值可取 $0.10Q_s$（$0.10F_s$）；

（3）加载到承载能力极限状态的试验阶段时，每级加载值不应大于承载力状态荷载设计值 $Q_d(F_d)$ 的 0.05 倍。

4）验证性试验每级加载的持荷时间应符合下列规定：

（1）每级荷载加载完成后的持荷时间不应少于 5~10min，且每级加载时间宜相等；

（2）在使用状态试验荷载值 $Q_s(F_s)$ 作用下，持荷时间不应少于 15min；在开裂荷载计算值作用下，持荷时间不宜少于 15min；如荷载达到开裂荷载计算值前已经出现裂缝，则在开裂荷载计算值下的持荷时间不应少于 5~10min。

2.5.4 试验检验指标

1）受弯构件应按下列方式进行挠度检验：

当按现行国家标准《混凝土结构设计规范》（GB 50010）规定的挠度允许值进行检验时，应符合下式要求：

$$a_s^0 \leqslant [a_s]$$

式中　a_s^0——在使用状态试验荷载值作用下，构件的挠度检验实测值；

　　$[a_s]$——挠度检验允许值，按本章第 2.5.4 中第 2）条的有关规定计算。

2）挠度检验允许值应按下列公式计算：

对钢筋混凝土受弯构件

$$[a_s] = [a_f]/\theta$$

式中　$[a_s]$——挠度检验允许值；

　　　θ——考虑荷载长期效应组合对挠度增大的影响系数，按 GB 50010 的有关规定取用；

　　　$[a_f]$——构件挠度设计的限值，按 GB 50010 的有关规定取用。

3）构件裂缝宽度检验应符合下式要求：

$$\omega_{s,\,max}^0 \leqslant [\omega_{max}]$$

式中　$\omega_{s,\,max}^0$——在使用状态试验荷载值作用下，构件的最大裂缝宽度实测值；

　　　　$[\omega_{max}]$——构件的最大裂缝宽度允许值，见表2.5.4-1。

表2.5.4-1　构件的最大裂缝宽度检验允许值　　mm

设计规范的限值	检验允许值
0.10	0.07
0.20	0.15
0.30	0.20
0.40	0.25

4）出现承载力标志的构件应按下列方式进行承载力检验：

按GB 50010的要求进行检验时，应满足下列公式的要求：

$$\gamma_{u,\,i}^0 \geqslant \gamma_0 [\gamma_u]_i$$

采用均布加载时：

$$\gamma_{u,\,i}^0 = Q_{u,\,i}^0 / Q_d$$

式中　$[\gamma_u]_i$——构件的承载力检验系数允许值，根据试验中所出现的承载力标志i，取用表中相应的加载系数值。

　　　　$\gamma_{u,\,i}^0$——构件的承载力检验系数实测值。

　　　　γ_0——构件重要性系数。

　　　　$Q_{u,\,i}^0$——以均布荷载形式表达的承载力检验荷载实测值。

　　　　Q_d——以均布荷载表达的承载力状态荷载设计值。

5）验证性试验当出现表2.5.4-2所列的标志之一时，即应判断该试件已达到承载能力极限状态。

表2.5.4-2　承载力标志及加载系数

受力类型	标志类型(i)	承载力标志	加载系数 $\gamma_{u,i}$
受拉、受压、受弯	1	弯曲挠度达到跨度的1/50或悬臂长度的1/25	1.20(1.35)
	2	受拉主筋处裂缝宽度达到1.50mm或钢筋应变达到0.01	1.20(1.35)
	3	构件的受拉主筋断裂	1.60
	4	弯曲受压区混凝土受压开裂、破碎	1.30(1.50)
	5	受压构件的混凝土受压破碎、压溃	1.60

受力类型	标志类型（i）	承载力标志	加载系数 $\gamma_{u,i}$
受剪	6	构件腹部裂缝宽度达到1.50mm	1.40
	7	斜裂缝端部出现混凝土剪压破坏	1.40
	8	沿构件斜截面斜拉裂缝，混凝土撕裂	1.45
	9	沿构件斜截面斜压裂缝，混凝土破碎	1.45
	10	沿构件叠合面、接槎面出现剪切裂缝	1.45
受扭	11	构件腹部斜裂缝宽度达到1.50mm	1.25
受冲切	12	沿冲切锥面顶、底的环状裂缝	1.45
局部受压	13	混凝土压陷、劈裂	1.40
	14	边角混凝土剥裂	1.50
钢筋的锚固、连接	15	受拉主筋锚固失效，主筋端部滑移达0.2mm	1.50
	16	受拉主筋在搭接接头处滑移，传力性能失效	1.50
	17	受拉主筋搭接脱离或在焊接、机械连接处断裂，传力中断	1.60

6）分级加载试验时，试验荷载的实测值应按下列原则确定：

（1）在持荷时间完成后出现试验标志时，取该级荷载值作为试验荷载实测值；

（2）在加载过程中出现试验标志时，取前一级荷载值作为试验荷载实测值；

（3）在持荷过程中出现试验标志时，取该级荷载和前一级荷载的平均值作为试验荷载实测值。

7）当采用缓慢平稳的持续加载方式时，取出现试验标志时所达到的最大荷载值作为试验荷载实测值。

2.5.5 试验结果判定

1）使用状态试验结果的判断应包括下列检验项目：

（1）挠度；

（2）开裂荷载；

（3）裂缝形态和最大裂缝宽度；

（4）试验方案要求检验的其他变形。

2）使用状态试验应按本节第2.5.2条、第2.5.3条的规定对结构分级加载至各级临界试验荷载值，并按第2.5.4节的要求检验结构的挠度、抗裂或裂缝宽度等指标是否满足正常使用极限状态的要求。

3）如使用状态试验结构性能的各检验指标全部满足要求，则应判断结构性能满足正常使用极限状态的要求。

4）需进行承载力试验时，应按加载程序的规定逐级对结构进行加载，当结构主要受力部位或控制截面出现本节表 2.5.4-2 所列的任一种承载力标志时，即认为结构已达到承载能力极限状态，应按本节第 2.5.4 的第 6）条的规定确定承载力检验荷载实测值，并按第 2.5.4 的第 4）和 2.5.4 的第 5）条的规定进行承载力检验和判断。

如承载力试验直到最大加载限值，结构仍未出现任何承载力标志，则应判断结构满足承载能力极限状态的要求。

2.6 砌体结构现场检测工程案例分析

案例：某中学教学楼，为地上三层砌体结构，建成于 1966 年。该建筑初始用途为实验楼，后期改变为教学楼使用。该建筑东西总长约为 52.8m，南北总宽约为 15.3m，总建筑面积约为 2337m²；室内外高差为 0.3m，一层层高为 3.40m，二~三层层高均为 3.60m，建筑物总高度为 10.9m；楼、屋面板均为预制钢筋混凝土空心板。主体结构外观质量较好，为了解工程施工质量及结构状况，为下一步改造提供技术数据，需对该建筑进行检测。

2.6.1 砌筑块材抗压强度检测

1）在工程案例中，该建筑为地上三层砌体结构，依据《砌体工程现场检测技术标准》（GB/T 50315—2011）中 3.3 检测单元的划分原则将该建筑每一层划分为一个检测单元。

2）砌体结构中砖的抗压强度推定：

（1）依据 GB/T 50315—2011 中 14.1.2 规定，应用烧结砖回弹法对该建筑砌体材料烧结砖的强度进行检测。在每个检测单元（每一层）随机选择 10 个测区，每个测区的面积不宜小于 1m²。然后在每个测区中随机选择十块条面向外的砖作为十个测位进行回弹。在每块砖的测面上应均匀布置 5 个弹击点。现场检测烧结砖强度时破凿的某一测区如图 2.6.1-1 所示。

图 2.6.1-1 现场检测图

（2）依据 GB/T 50315—2011 等规范的相关规定进行，采用砖回弹仪进行随机抽检，检测结果见表 2.6.1-1～表 2.6.1-3。检测结果显示，该建筑物墙体砖抗压强度推定等级为 MU10。

表 2.6.1-1 一层承重墙体砖的回弹值检测结果

测区编号	构件名称及位置	测区抗压强度平均 f_i/MPa	单元抗压强度平均值/MPa	强度变异系数 δ	抗压强度标准值/MPa	抗压强度推定等级
1	一层 15-16/B 墙体	12.59				
2	一层 12/D-F 墙体	14.25				
3	一层 7/A-B 墙体	13.66				
4	一层 1-2/E 墙体	14.35				
5	一层 13-14/B 墙体	13.11	13.69	0.05	12.43	MU10
6	一层 10-11/B 墙体	14.06				
7	一层 4/A-B 墙体	14.30				
8	一层 13/A-B 墙体	12.79				
9	一层 9-10/B 墙体	13.31				
10	一层 2-3/C 墙体	14.51				
结论	所抽检烧结砖抗压强度推定等级为 MU10					

表 2.6.1-2 二层承重墙体砖的回弹值检测结果

测区编号	构件名称及位置	测区抗压强度平均 f_i/MPa	单元抗压强度平均值/MPa	强度变异系数 δ	抗压强度标准值/MPa	抗压强度推定等级
1	二层 4/C-E 墙体	12.80				
2	二层 7-8/C 墙体	12.48				
3	二层 7/C-E 墙体	12.82				
4	二层 7/A-B 墙体	13.21				
5	二层 13/A-B 墙体	14.06	13.18	0.06	11.87	MU10
6	二层 4/A-B 墙体	13.33				
7	二层 9-10/B 墙体	12.45				
8	二层 14-15/B 墙体	12.37				
9	二层 5-6/B 墙体	14.44				
10	二层 11/D-F 墙体	13.86				
结论	所抽检烧结砖抗压强度推定等级为 MU10					

表 2.6.1-3　三层承重墙体砖的回弹值检测结果

测区编号	构件名称及位置	测区抗压强度平均 f_i / MPa	单元抗压强度平均值/ MPa	强度变异系数 δ	抗压强度标准值/ MPa	抗压强度推定等级
1	三层 14-15/B 墙体	14.48				
2	三层 7/D-E 墙体	13.30				
3	三层 11-12/B 墙体	13.59				
4	三层 4/D-E 墙体	14.31				
5	三层 11/D-F 墙体	13.85				
6	三层 4/A-B 墙体	13.42	13.63	0.07	12.04	MU10
7	三层 10/A-B 墙体	12.58				
8	三层 10/D-F 墙体	12.00				
9	三层 8-9/B 墙体	13.82				
10	三层 5-6/B 墙体	14.99				
结论	所抽检烧结砖抗压强度推定等级为 MU10					

2.6.2　砌筑砂浆抗压强度检测

（1）依据《贯入法检测砌筑砂浆抗压强度技术规程》(JGJ/T 136—2017)中规定，采用贯入法对该建筑砌筑砂浆抗压强度进行检测；

（2）在每个检测单元(每一层)随机选择 6 个测区，每一构件应测试 16 点。测点应均匀分布在构件的水平灰缝上，相邻测点水平间距不宜小于 240mm，每条灰缝测点不宜多于 2 点；

（3）依据 GB/T 50315—2011 和 JGJ/T 136—2017 等规范的相关规定，对该建筑物墙体砌筑砂浆强度进行检测，墙体砌筑砂浆强度检测结果见表 2.6.2-1 ~表 2.6.2-3。检测结果显示，该建筑物一层墙体砌筑砂浆抗压强度推定值为 2.1MPa，二层墙体砌筑砂浆抗压强度推定值为 2.0MPa，三层墙体砌筑砂浆抗压强度推定值为 2.0MPa。

表 2.6.2-1　一层墙体砂浆抗压强度检测结果

检测单元	测区编号	构件名称及部位	测区贯入深度平均值 m_{dj} /mm	测区砂浆强度换算值 $f_{2,j}^c$ /MPa	砂浆强度推定值一 $f_{2,e1}^c$ /MPa	砂浆强度推定值二 $f_{2,e2}^c$ /MPa	砂浆强度推定值 $f_{2,e}^c$ /MPa
1	1	一层 15-16/B 墙体	7.64	2.0	2.1	2.4	2.1
	2	一层 12/D-F 墙体	6.72	2.6			
	3	一层 7/A-B 墙体	7.38	2.2			
	4	一层 1-2/E 墙体	7.28	2.2			
	5	一层 13-14/B 墙体	6.61	2.7			
	6	一层 10-11/B 墙体	7.47	2.1			
结论		所抽检砌筑砂浆抗压强度推定值为 2.1MPa					

表 2.6.2-2　二层墙体砂浆抗压强度检测结果

检测单元	测区编号	构件名称及部位	测区贯入深度平均值 m_{dj} /mm	测区砂浆强度换算值 $f_{2,j}^c$ /MPa	砂浆强度推定值一 $f_{2,e1}^c$ /MPa	砂浆强度推定值二 $f_{2,e2}^c$ /MPa	砂浆强度推定值 $f_{2,e}^c$ /MPa
2	1	二层 4/C-E 墙体	7.17	2.3	2.0	2.2	2.0
	2	二层 7-8/C 墙体	7.55	2.1			
	3	二层 7/C-E 墙体	7.32	2.2			
	4	二层 7/A-B 墙体	7.90	1.9			
	5	二层 13/A-B 墙体	7.29	2.2			
	6	二层 4/A-B 墙体	7.24	2.3			
结论		所抽检砌筑砂浆抗压强度推定值为 2.0MPa					

表 2.6.2-3　三层墙体砂浆抗压强度检测结果

检测单元	测区编号	构件名称及部位	测区贯入深度平均值 m_{dj} /mm	测区砂浆强度换算值 $f_{2,j}^c$ /MPa	砂浆强度推定值一 $f_{2,e1}^c$ /MPa	砂浆强度推定值二 $f_{2,e2}^c$ /MPa	砂浆强度推定值 $f_{2,e}^c$ /MPa
3	1	三层 13/A-B 墙体	7.15	2.3	2.0	2.1	2.0
	2	三层 7/A-B 墙体	7.33	2.2			
	3	三层 11/C-E 墙体	7.07	2.4			
	4	三层 9-10/B 墙体	8.05	1.8			
	5	三层 10/C-E 墙体	6.71	2.7			
	6	三层 4/A-B 墙体	7.92	1.9			
结论		所抽检砌筑砂浆抗压强度推定值为 2.0MPa					

第3章 砌体结构可靠性鉴定

随着我国经济建设的迅速发展和人民生活水平的不断提高，国家进行了大规模的基本建设，建造了大量的民用和工业建筑。由于建筑物建造年代、使用年限、遭受不同自然灾害等因素的影响，许多建筑物的安全性有待评定；特别是一些已完工或正在建设中的建筑由于各种待鉴定因素的影响，建筑物已产生了不同程度的损伤，为此必须进行建筑物安全性鉴定。由于建筑产品的商品化、市场化，建筑物鉴定工作、鉴定结论将直接与各相关方存在经济利益关系，从而也导致了一些法律问题。作为建筑物安全性鉴定单位及鉴定人在鉴定工作中存在的各种技术和非技术问题值得探讨与研究，结合《民用建筑可靠性鉴定标准》（GB 50292—2015）及其他国家相关规范标准和行业标准，对砌体结构房屋的可靠性鉴定做出下面的概述分析。

3.1 砌体结构可靠性鉴定的基本规定

3.1.1 可靠性鉴定的适用范围

1）砌体结构可靠性鉴定，应符合下列规定：

（1）在下列情况下，应进行可靠性鉴定：

① 建筑物大修前；

② 建筑物改造或增容、改建或扩建前；

③ 建筑物改变用途或使用环境前；

④ 建筑物达到设计使用年限拟继续使用时；

⑤ 遭受灾害或事故时；

⑥ 存在较严重的质量缺陷或出现较严重的腐蚀、损伤、变形时。

（2）在下列情况下，可仅进行安全性检查或鉴定：

① 各种应急鉴定；

② 国家法规规定的房屋安全性统一检查；

③ 临时性房屋需延长使用期限；

④ 使用性鉴定中发现安全问题。

（3）在下列情况下，可仅进行使用性检查或鉴定：

① 建筑物使用维护的常规检查;

② 建筑物有较高舒适度要求。

(4) 在下列情况下，应进行专项鉴定:

① 结构的维修改造有专门要求时;

② 结构存在耐久性损伤影响其耐久年限时;

③ 结构存在明显的振动影响时;

④ 结构需进行长期监测时。

2) 鉴定对象可为整幢建筑或所划分的相对独立的鉴定单元，也可为其中某一子单元或某一构件集。

3) 鉴定的目标使用年限，应根据该民用建筑的使用史、当前安全状况和今后维护制度，由建筑产权人和鉴定机构共同商定。对需要采取加固措施的建筑，其目标使用年限应按现行相关结构加固设计规范的规定确定。

3.1.2 可靠性鉴定的程序及其工作内容

1) 民用建筑可靠性鉴定，应按规定的鉴定程序(图 3.1.2-1)进行。

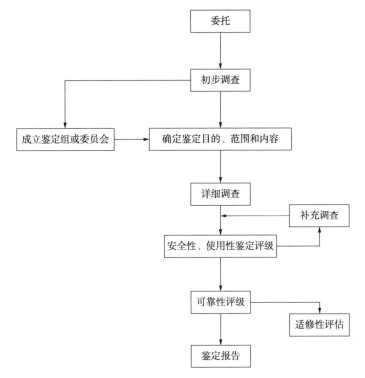

图 3.1.2-1 鉴定程序

2）砌体结构可靠性鉴定评级的层次、等级划分、工作步骤和内容，应符合下列规定：

（1）安全性和正常使用性的鉴定评级，应按构件、子单元和鉴定单元各分三个层次。每一层次分为四个安全性等级和三个使用性等级，并应按表3.1.2-1规定的检查项目和步骤，从第一层构件开始，逐层进行，并应符合下列规定：

① 单个构件应按《民用建筑可靠性鉴定标准》（GB 50292—2015）附录B划分，并应根据构件各检查项目评定结果，确定单个构件等级；

② 应根据子单元各检查项目及各构件集的评定结果，确定子单元等级；

③ 应根据各子单元的评定结果，确定鉴定单元等级。

（2）各层次可靠性鉴定评级，应以该层次安全性和使用性的评定结果为依据综合确定。每一层次的可靠性等级应分为四级。

（3）当仅要求鉴定某层次的安全性或使用性时，检查和评定工作可只进行到该层次相应程序规定的步骤。

3）在砌体结构可靠性鉴定过程中，当发现调查资料不足时，应及时组织补充调查。

表 3.1.2-1　可靠性鉴定评级的层次、等级划分、工作步骤和内容

层次		一	二		三
层名		构件	子单元		鉴定单元
	等级	a_u、b_u、c_u、d_u	A_u、B_u、C_u、D_u		A_{su}、B_{su}、C_{su}、D_{su}
安全性鉴定	地基基础	—	地基变形评级	地基基础评级	鉴定单元安全性评级
		按同类材料构件各检查项目评定单个基础等级	边坡场地稳定性评级		
			地基承载力评级		
	上部承重结构	按承载能力、构造，不适于承载的位移或损伤等检查项目判定单个构件等级	每种构建集评级	上部承重结构评级	
			结构侧向位移评级		
		—	按结构布置、支撑、圈梁、结构间联系等检查项目评定结构整体性等级		
	围护系统承重部分	按上部承重结构检查项目及步骤评定围护系统承重部分各层次安全性等级			

层次	一	二		三
等级	a_s、b_s、c_s	A_s、B_s、C_s		A_{ss}、B_{ss}、C_{ss}
地基基础	—	按上部承重结构和围护系统工作状态评估地基基础等级		鉴定单元正常使用性评级
上部承重结构	按位移、裂缝、风化、锈蚀等检查项目评定单个构件等级	每种构建集评级	上部承重结构评级	
		结构侧向位移评级		
围护系统功能	—	按屋面防水、吊顶、墙、门窗、地下防水及其他防护设施等检查项目评定围护系统功能等级	围护系统评级	
	按上部承重结构检查项目及步骤评定围护系统承重部分各层次使用等级			
等级	a、b、c、d	A、B、C、D		Ⅰ、Ⅱ、Ⅲ、Ⅳ
地基基础	以同层次安全性和正常使用性评定结果并列表达，或按本标准规定的原则确定其可靠性等级			鉴定单元可靠性评级
上部承重结构				
围护系统功能				

（表中最左侧纵向分别为"使用性鉴定"和"可靠性鉴定"）

注：1. 表中地基基础包括桩基和桩；

  2. 表中使用性鉴定包括适用性鉴定和耐久性鉴定；对专项鉴定，耐久性等级符号也可按（GB 50292—2015）第 2.2.2 条的规定采用；

  3. 以上提到的标准均为《民用建筑可靠性鉴定标准》（GB 50292—2015）。

4）民用建筑适修性评估，应按每一子单元和鉴定单元分别进行，且评估结果应以不同的适修性等级表示。

5）民用建筑耐久年限的评估，应按 GB 50292—2015 附录 C、附录 D 或附录 E 的规定进行，其鉴定结论宜归在使用性鉴定报告中。

6）民用建筑可靠性鉴定工作完成后，应提出鉴定报告。鉴定报告的编写应符合 GB 50292—2015 第 12 章的规定。

3.1.3 可靠性鉴定的评级方法和标准

1）砌体结构安全性鉴定评级的各层次分级标准，应按表 3.1.3-1 的规定采用。

表 3.1.3-1　民用建筑安全性鉴定评级的各层次分级标准

层次	鉴定对象	等级	分级标准	处理要求
一	单个构件或其检查项目	a_u	安全性符合《鉴定标准》对 a_u 级的要求，具有足够的承载能力	不必采取措施
		b_u	安全性略低于《鉴定标准》对 a_u 级的要求，尚不显著影响承载能力	可不采取措施
		c_u	安全性不符合《鉴定标准》对 a_u 级的要求，显著影响承载能力	应采取措施
		d_u	安全性不符合《鉴定标准》对 a_u 级的要求，已严重影响承载能力	必须及时或立即采取措施
二	子单元的检查项目	A_u	安全性符合《鉴定标准》对 A_u 级的要求，具有足够的承载能力	不必采取措施
		B_u	安全性略低于《鉴定标准》对 A_u 级的要求，尚不显著影响承载能力	可不采取措施
		C_u	安全性不符合《鉴定标准》对 A_u 级的要求，显著影响承载能力	应采取措施
		D_u	安全性不符合《鉴定标准》对 A_u 级的要求，已严重影响承载能力	必须及时或立即采取措施
	子单元中的某种构件集	A_u	安全性符合《鉴定标准》对 A_u 级的要求，不影响整体承载	可能有个别一般构件应采取措施
		B_u	安全性略低于《鉴定标准》对 A_u 级的要求，尚不显著影响整体承载	可能有极少数构件应采取措施
		C_u	安全性不符合《鉴定标准》对 A_u 级的要求，显著影响整体承载	应采取措施，且可能有极少数构件必须立即采取措施
		D_u	安全性不符合《鉴定标准》对 A_u 级的要求，已严重影响整体承载	必须立即采取措施
	子单元	A_u	安全性符合《鉴定标准》对 A_u 级的要求，不影响整体承载	可能有个别一般构件应采取措施
		B_u	安全性略低于《鉴定标准》对 A_u 级的要求，尚不显著影响整体承载	可能有极少数构件应采取措施
		C_u	安全性不符合《鉴定标准》对 A_u 级的要求，显著影响整体承载	应采取措施，且可能有极少数构件必须立即采取措施
		D_u	安全性不符合《鉴定标准》对 A_u 级的要求，严重影响整体承载	必须立即采取措施

层次	鉴定对象	等级	分级标准	处理要求
三	鉴定单元	A_{su}	安全性符合《鉴定标准》对 A_{su} 级的要求,不影响整体承载	可能有极少数一般构件应采取措施
		B_{su}	安全性略低于《鉴定标准》对 A_{su} 级的要求,尚不显著影响整体承载	可能有极少数构件应采取措施
		C_{su}	安全性不符合《鉴定标准》对 A_{su} 级的要求,显著影响整体承载	应采取措施,且可能有极少数构件必须及时采取措施
		D_{su}	安全性严重不符合《鉴定标准》对 A_{su} 级的要求,严重影响整体承载	必须立即采取措施

注:1. 本书对 a_u 级和 A_u 级的具体规定以及对其他各级不符合该规定的允许程度,分别由本书第3.3节、第3.4节及第3.5节给出;

2. 表中关于"不必采取措施"和"可采取措施"的规定,仅对安全性鉴定而言,不包括使用性鉴定所要求采取的措施。

2)砌体结构使用性鉴定评级的各层次分级标准,应按表3.1.3-2的规定采用。

表3.1.3-2 砌体结构使用性鉴定评级的各层次分级标准

层次	鉴定对象	等级	分级标准	处理要求
一	单个构件或其他检查项目	a_s	使用性符合本标准对 a_s 级的规定,具有正常的使用功能	不必采取措施
		b_s	使用性略低于本标准对 a_s 级的规定,尚不显著影响使用功能	可不采取措施
		c_s	使用性不符合本标准对 a_s 级的规定,显著影响使用功能	应采取措施
二	子单元或其中某种构建集	A_s	使用性符合本标准对 A_s 级的规定,不影响整体使用功能	可能有极少数一般构件应采取措施
		B_s	使用性略低于本标准对 A_s 级的规定,尚不显著影响整体使用功能	可能有少数构件应采取措施
		C_s	使用性不符合本标准对 A_s 级的规定,显著影响使用功能	应采取措施
三	鉴定单元	A_{ss}	使用性符合本标准对 A_{ss} 级的规定,不影响整体使用功能	可能有极少数一般构件应采取措施
		B_{ss}	使用性低于本标准对 A_{ss} 级的规定,尚不显著影响整体使用功能	可能有少数构件应采取措施
		C_{ss}	使用性不符合本标准对 A_{ss} 级的规定,显著影响整体使用功能	应采取措施

注:1. 本书对 a_s 级和 A_s 级的具体规定以及对其他各级不符合该规定的允许程度,由本标准第3.6节给出;

2. 表中关于"不必采取措施"和"可不采取措施"的规定,仅对使用性鉴定而言,不包括安全性鉴定所要求采取的措施;

3. 当仅对耐久性问题进行专项鉴定时,表中"使用性"可直接改称为"耐久性"。

3)砌体结构可靠性鉴定评级的各层次分级标准，应按表3.1.3-3的规定采用。

表3.1.3-3　砌体结构可靠性鉴定评级的各层次分级标准

层次	鉴定对象	等级	分级标准	处理要求
一	单个构件	a	可靠性符合本标准对 a 级的规定，具有正常的承载功能和使用功能	不必采取措施
		b	可靠性略低于本标准对 a 级的规定，尚不影响承载功能和使用功能	可不采取措施
		c	可靠性不符合本标准对 a 级的规定，显著影响承载功能和使用功能	应采取措施
		d	可靠性极不符合本标准对 a 级的规定，已严重影响安全	必须即采取措施
二	结构系统	A	可靠性符合本标准对 A 级的规定，不影响整体承载功能和使用功能	可能有个别一般构件应采取措施
		B	可靠性略低于本标准对 A 级的规定，但尚不显著影响承载功能和使用功能	可能有极少数构件应采取措施
		C	可靠性不符合本标准对 A 级的规定，显著影响承载功能和使用功能	应采取措施，且可能有极少数构件必须及时采取措施
		D	可靠性极不符合本标准对 A 级的规定，已严重影响安全	必须及时或立即采取措施
三	鉴定单元	I	可靠性不符合本标准对 I 级的规定，具有正常的承载功能和使用功能	可有极少数一般构件应在安全性或使用性方面采取措施
		II	可靠性略低于本标准对 I 级的规定，尚不影响承载功能和使用功能	可有极少数构件应在安全性或使用性方面采取措施
		III	可靠性不符合本标准对 I 级的规定，显著影响承载功能和使用功能	应采取措施，且可能有极少数构件必须及时采取措施
		IV	可靠性极不符合本标准对 I 级的规定，已严重影响安全	必须及时或立即采取措施

注：本标准对 a 级、A 级及 I 级的具体分级界限以及对其他各级超出该界限的允许程度，分别由本书第3.7节作出规定。

3.2　现场调查和检测

3.2.1　基本情况调查

1）民用建筑可靠性鉴定，应对建筑物使用条件、使用环境和结构现状进行调查与检测；调查的内容、范围和技术要求应满足结构鉴定的需要，并应对结构整体牢固性现状进行调查。

2）调查和检测的工作深度，应能满足结构可靠性鉴定及相关工作的需要；当发现不足，应进行补充调查和检测，以保证鉴定的质量。

3）当建筑物的工程图纸资料不全时，应对建（构）筑物的结构布置、结构体系、构件材料强度、混凝土构件的配筋、结构与构件几何尺寸等进行检测，当工程复杂时，应绘制工程现状图。

4）砌体结构在现场调查和检测中，应该尽可能真实、全面地获取有关鉴定单元的相关信息；基本情况调查的主要项目包含鉴定单元的工程概况、设计信息、使用历史、加固改造情况、使用功能等，详见表3.2.1-1。

表3.2.1-1 基本情况调查项目

基本情况调查项目	内　　容
工程概况	使用年限、结构形式、层高、建筑面积
设计信息	岩土工程勘察报告、设计计算书、设计变更记录、施工图、施工及施工变更记录、竣工图、竣工质检及包括隐蔽工程验收记录的验收文件
使用历史	用途变更、使用条件改变以及受灾情况
加固改造情况	历次修缮、加固、改造详细情况
使用功能	使用功能更改情况

3.2.2 结构布置和构造措施核查

砌体结构在可靠性鉴定过程中除进行基本情况调查外还需进一步了解鉴定单元的结构布置和核查构造措施。

1）结构布置检查：检查鉴定单元中包含的结构类型，如：梁、板、柱、承重墙；对鉴定单元中的结构的数量、位置及其现状进行检查。

2）构造措施核查：

（1）核查在墙体转角处和纵横墙交接处是否设置有拉结筋并确定拉结筋的间距；

（2）砌体结构中若有独立承重的独立砖柱，确定砖柱尺寸是否符合相关要求；

（3）对于跨度大于6m的屋架和梁跨度大于4.8m的砖砌体结构，应核查在支承处砌体上是否设置混凝土或钢筋混凝土垫块；当墙中设有圈梁时，垫块与圈梁浇成整体；

（4）如楼板为钢筋混凝土预制板，核查预制钢筋混凝土板在圈梁上的支承长度和在墙体上的支承长度；

（5）核查承重墙和柱的厚度、尺寸；鉴定单元每一层的层高。

3.2.3 结构使用现状调查和检测

1）建筑物现状的调查与检测，应包括地基基础、上部结构和围护结构三个部分。

2）地基基础现状调查与检测应符合下列规定：

（1）应查阅岩土工程勘察报告以及有关图纸资料，调查建筑实际使用荷载、沉降量和沉降稳定情况、沉降差、上部结构倾斜、扭曲、裂缝，地下室和管线情况。当地基资料不足时，可根据建筑物上部结构是否存在地基不均匀沉降的反应进行评定，还可对场地地基进行近位勘察或沉降观测。

（2）当需通过调查确定地基的岩土性能标准值和地基承载力特征值时，应根据调查和补充勘察结果按国家现行有关标准的规定以及原设计所做的调整进行确定。

（3）基础的种类和材料性能，可通过查阅图纸资料确定；当资料不足或资料基本齐全但可信度不高时，可开挖个别基础检测，并应查明基础类型、尺寸、埋深；应检验基础材料强度，并应检测基础变位、开裂、腐蚀和损伤等情况。

3）上部结构现状调查与检测，应根据结构的具体情况和鉴定内容、要求来做，并应符合下列规定：

（1）结构体系及其整体牢固性的调查，应包括结构平面布置、竖向和水平向承重构件布置、结构抗侧力作用体系、抗侧力构件平面布置的对称性、竖向抗侧力构件的连续性、房屋有无错层、结构间的连系构造等；对于砌体结构还应包括圈梁和构造柱体系。

（2）结构构件及其连接的调查，应包括结构构件的材料强度、几何参数、稳定性、抗裂性、延性与刚度，预埋件、紧固件与构件连接，结构间的连系等，对于砌体结构还应包括局部承压与局部尺寸。

（3）结构缺陷、损伤和腐蚀的调查，应包括材料和施工缺陷、施工偏差、构件及其连接、节点的裂缝或其他损伤以及腐蚀。

（4）结构位移和变形的调查，应包括结构顶点和层间位移，受弯构件的挠度与侧弯，墙、柱的侧倾等。

4）结构、构件的材料性能、几何尺寸、变形、缺陷和损伤等的调查，应按下列规定进行：

（1）对结构、构件材料的性能，当档案资料完整、齐全时，可仅进行校核性检测；符合原设计要求时，可采用原设计资料给出的结果；当缺少资料或有怀疑时，应进行现场详细检测。

（2）对结构、构件的几何尺寸，当图纸资料完整时，可仅进行现场抽样复核；当缺少资料或资料基本齐全但可信度不高时，可按《建筑结构检测技术标准》(GB/T 50344)的规定进行现场检测。

（3）对结构、构件的变形，应在普查的基础上，对整体结构和其中有明显变形的构件进行检测。

（4）对结构、构件的缺陷、损伤和腐蚀，应进行全面检测，并应详细记录缺陷、损伤和腐蚀部位、范围、程度和形态；必要时尚应绘制缺陷、损伤和腐蚀部位、范围、程度和形态分布图。

（5）当需要进行结构承载能力和结构动力特性测试时，应按 GB/T 50344 等有关检测标准的规定进行现场测试。

5）砌体结构检测时，应区分重点部位和一般部位，以结构的整体倾斜和局部外闪，构件酥裂、老化，构造连接损伤，结构、构件的材质与强度为主要检测项目。当采用回弹法检测老龄混凝土强度时，其检测结果宜按《民用建筑可靠性鉴定标准》(GB 50292—2015)附录 K 进行修正。

6）围护结构的现状检查，应在查阅资料和普查的基础上，针对不同围护结构的特点进行重要部件及其与主体结构连接的检测；必要时，尚应按现行有关围护系统设计、施工标准的规定进行取样检测。

7）结构、构件可靠性鉴定采用的检测数据，应符合下列规定：

（1）检测方法应按国家现行有关标准采用。当需采用不止一种检测方法同时进行测试时，应事先约定综合确定检测值的规则，不得事后随意处理。

（2）当怀疑检测数据有离群值时，其判断和处理应符合《数据的统计处理和解释正态样本离群值的判断和处理》(GB/T 4883)的规定，不得随意舍弃或调整数据。

3.3 砌体结构构件的安全性鉴定评级

3.3.1 砌体构件的计算分析

1）结构上的作用和构件作用效应的确定方法

（1）对结构上的荷载标准值的取值，应符合《建筑结构荷载规范》(GB 50009)（以下简称现行荷载规范）的规定。

（2）结构和构件自重的标准值，应根据构件和连接的实际尺寸，按材料或构件单位自重的标准值计算确定。对不便实测的某些连接构造尺寸，可按结构详图估算。

（3）常用材料和构件的单位自重标准值，应按现行荷载规范的规定采用。当规范规定值有上、下限时，应按下列规定采用：

① 当其效应对结构不利时，取上限值；

② 当其效应对结构有利(如验算倾覆、抗滑移、抗浮起等)时，取下限值。

(4) 当遇到下列情况之一时，材料和构件的自重标准值应按现场抽样称量确定：

① 现行荷载规范尚无规定；

② 自重变异较大的材料或构件，如现场制作的保温材料、混凝土薄壁构件等；

③ 有理由怀疑规定值与实际情况有显著出入时。

(5) 现场抽样检测材料或构件自重的试样，不应少于 5 个。当按检测的结果确定材料或构件自重的标准值时，应按下列规定进行计算：

① 当其效应对结构不利时，应按下式计算：

$$g_{k,\ \text{sup}} = m_g + \frac{t}{\sqrt{n}} S_g \qquad (3.3.1\text{-}1)$$

② 当其效应对结构有利时，应按下式计算：

$$g_{k,\ \text{sup}} = m_g - \frac{t}{\sqrt{n}} S_g \qquad (3.3.1\text{-}2)$$

式中　$g_{k,\ \text{sup}}$——材料或构件自重的标准值；

　　　m_g——试样称量结果的平均值；

　　　S_g——试样称量结果的标准差；

　　　n——试样数量(样本容量)；

　　　t——考虑抽样数量影响的计算系数，按表 3.3.1-1 采用。

表 3.3.1-1　计算系数 t 值

n	t 值	n	t 值	n	t 值	n	t 值
5	2.13	8	1.89	15	1.76	30	1.70
6	2.02	9	1.86	20	1.73	40	1.68
7	1.94	10	1.80	25	1.72	≥60	1.67

(6) 对非结构的构、配件，或对支座沉降有影响的构件，当其自重效应对结构有利时，应取其自重标准值 $g_{k,\ \text{sup}} = 0$。

(7) 结构构件作用效应的确定，应符合下列要求：

① 作用的组合、作用的分项系数及组合值系数，应按现行荷载规范的规定执行；

② 当结构受到温度、变形等作用，且对其承载有显著影响时，应计入由之产生的附加内力。

2) 构件材料强度标准值的确定方法

(1) 若原设计文件有效，且不怀疑结构有严重的性能退化或设计、施工偏差时，可采用原设计的标准值；

（2）若调查表明实际情况不符合上款的要求，应按现场检测结果确定构件的材料强度标准值，具体确定方法如下：

① 当需从被鉴定建筑物中取样检测某种构件的材料性能时，除应按该种材料结构现行检测标准的要求，选择适用的检测方法外，尚应遵守下列规定：

a. 受检构件应随机地选自同一总体（同批）；

b. 在受检构件上选择的检测强度部位应不影响该构件承载；

c. 当按检测结果推定每一受检构件材料强度值（即单个构件的强度推定值）时，应符合该现行检测方法的规定。

② 按检测结果确定构件材料强度的标准值时，应遵守下列规定：

a. 当受检构件仅 2~4 个，且检测结果仅用于鉴定这些构件时，可取受检构件强度推定值中的最低值作为材料强度标准值。

b. 当受检构件数量（n）不少于 5 个，且检测结果用于鉴定一种构件集时，应按下式确定其强度标准值：

$$f_k = m_f - k \cdot s \qquad\qquad (3.3.1-3)$$

式中　f_k——构件材料强度的标准值；

　　m_f——按 n 个构件算得的材料强度均值；

　　s——按 n 个构件算得的材料强度标准差；

　　k——与 α、γ 和 n 有关的材料标准强度计算系数，可由表 3.3.1-2 查得；

　　α——确定材料强度标准值所取的概率分布下分位数，可取 $\alpha = 0.05$；

　　γ——检测所取的置信水平，对钢材，可取 $\gamma = 0.90$；对混凝土和木材，可取 $\gamma = 0.75$；对砌体，可取 $\gamma = 0.60$。

表 3.3.1-2　计算系数 k 值

n	k 值			n	k 值		
	$\gamma=0.9$	$\gamma=0.75$	$\gamma=0.60$		$\gamma=0.9$	$\gamma=0.75$	$\gamma=0.60$
5	3.400	2.463	2.005	18	2.249	1.951	1.773
6	3.092	2.336	1.947	20	2.208	1.933	1.764
7	2.894	2.250	1.908	25	2.132	1.895	1.748
8	2.754	2.190	1.880	30	2.080	1.869	1.736
9	2.650	2.141	1.858	35	2.041	1.849	1.728
10	2.568	2.103	1.841	40	2.010	1.834	1.721
12	2.448	2.048	1.816	45	1.986	1.821	1.716
15	2.329	1.991	1.790	50	1.965	1.811	1.712

③ 当按 n 个受检构件材料强度标准差算得的变差系数(变异系数);对钢材大于 0.10,对混凝土、砌体和木材大于 0.20 时,不宜直接按式(3.3.1-3)计算构件材料的强度标准值,而应先检查导致离散性增大的原因。若查明系混入不同总体(不同批)的样本所致,宜分别进行统计,并分别按式(3.3.1-3)确定其强度标准值。

3) 砌体构件的计算方法及数据分析

(1) 受压构件

① 受压构件的承载力,应符合下式的要求:

$$N \leq \varphi f A \tag{3.3.1-4}$$

式中 N——轴向力设计值;

φ ——高厚比 β 和轴向力的偏心距 e 对受压构件承载力的影响系数;

f——砌体的抗压强度设计值;

A——截面面积。

注:1. 对矩形截面构件,当轴向力偏心方向的截面边长大于另一方向的边长时,除按偏心受压计算外,还应对较小边长方向,按轴心受压进行验算;

2. 受压构件承载力的影响系数 φ,可按《砌体结构设计规范》(GB 50003—2011)中附录 D 的规定采用;

3. 对带壁柱墙,当考虑翼缘宽度时,可按下列规定采用:

(1) 多层房屋,当有门窗洞口时,可取窗间墙宽度;当无门窗洞口时,每侧翼墙宽度可取壁柱高度(层高)的 1/3,但不应大于相邻壁柱间的距离;

(2) 单层房屋,可取壁柱宽加 2/3 墙高,但不应大于窗间墙宽度和相邻壁柱间的距离;

(3) 计算带壁柱墙的条形基础时,可取相邻壁柱间的距离。

② 确定影响系数 φ 时,构件高厚比 β 应按下列公式计算:

对矩形截面 $$\beta = \gamma_\beta \frac{H_0}{h} \tag{3.3.1-5}$$

对 T 形截面 $$\beta = \gamma_\beta \frac{H_0}{h_\mathrm{T}} \tag{3.3.1-6}$$

式中 γ_β ——不同材料砌体构件的高厚比修正系数,按表 3.3.1-3 采用;

H_0——受压构件的计算高度,按表 3.3.1-4 确定;

h ——矩形截面轴向力偏心方向的边长,当轴心受压时为截面较小边长;

h_T——T 形截面的折算厚度,可近似按 $3.5i$ 计算,i 为截面回转半径。

表 3.3.1-3 高厚比修正系数 γ_β

砌体材料类别	γ_β
烧结普通砖、烧结多孔砖	1.0

砌体材料类别	γ_β
混凝土普通砖、混凝土多孔砖、混凝土及轻集料混凝土砌块	1.1
蒸压灰砂普通砖、蒸压粉煤灰普通砖、细料石、	1.2
粗料石、毛石	1.5

注：对灌孔混凝土砌块砌体，γ_β 取 1.0。

③ 受压构件的计算高度 H_0，应根据房屋类别和构件支承条件等按表 3.3.1-4 采用。表中的构件高度 H，应按下列规定采用：

a. 在房屋底层，为楼板顶面到构件下端支点的距离。下端支点的位置，可取在基础顶面。当埋置较深且有刚性地坪时，可取室外地面下 500mm 处；

b. 在房屋其他层，为楼板或其他水平支点间的距离；

c. 对于无壁柱的山墙，可取层高加山墙尖高度的 1/2；对于带壁柱的山墙可取壁柱处的山墙高度。

表 3.3.1-4　受压构件的计算高度 H_0

房屋类别			柱		带壁柱墙或周边拉接的墙		
			排架方向	垂直排架方向	$s>2H$	$2H\geqslant s>H$	$s\leqslant H$
有吊车的单层房屋	变截面柱上段	弹性方案	$2.5H_u$	$1.25H_u$	$2.5H_u$		
		刚性、刚弹性方案	$2.0H_u$	$1.25H_u$	$2.0H_u$		
	变截面柱下段		$1.0H_l$	$0.8H_l$	$1.0H_l$		
无吊车的单层和多层房屋	单跨	弹性方案	$1.5H$	$1.0H$	$1.5H$		
		刚弹性方案	$1.2H$	$1.0H$	$1.2H$		
	多跨	弹性方案	$1.25H$	$1.0H$	$1.25H$		
		刚弹性方案	$1.10H$	$1.0H$	$1.10H$		
	刚性方案		$1.0H$	$1.0H$	$1.0H$	$0.4s+0.2H$	$0.6s$

注：1. 表中 H_u 为变截面柱的上段高度；H_l 为变截面柱的下段高度；

2. 对于上端为自由端的构件，$H_0=2H$；

3. 独立砖柱，当无柱间支撑时，柱在垂直排架方向的 H_0 应按表中数值乘以 1.25 后采用；

4. s 为房屋横墙间距；

5. 自承重墙的计算高度应根据周边支承或拉接条件确定。

④ 对有吊车的房屋，当荷载组合不考虑吊车作用时，变截面柱上段的计算高度可按表 3.3.1-4 规定采用；变截面柱下段的计算高度，可按下列规定采用：

a. 当 $H_u/H\leqslant 1/3$ 时，取无吊车房屋的 H_0；

b. 当 $1/3<H_u/H<1/2$ 时，取无吊车房屋的 H_0 乘以修正系数，修正系数 μ 可

按下式计算：

$$\mu = 1.3 - 0.3I_u / I_l \tag{3.3.1-7}$$

式中　I_u——变截面柱上段的惯性矩；

　　　I_l——变截面柱下段的惯性矩。

c. 当 $H_u / H \geqslant 1/2$ 时，取无吊车房屋的 H_0。但在确定 β 值时，应采用上柱截面。

注：本条规定也适用于无吊车房屋的变截面柱。

⑤ 按内力设计值计算的轴向力的偏心距 e 不应超过 $0.6y$。y 为截面重心到轴向力所在偏心方向截面边缘的距离。

（2）局部受压

① 砌体截面中受局部均匀压力时的承载力，应满足下式要求：

$$N_l \leqslant \gamma f A_l \tag{3.3.1-8}$$

式中　N_l——局部受压面积上的轴向力设计值；

　　　γ——砌体局部抗压强度提高系数；

　　　f——砌体的抗压强度设计值，局部受压面积小于 $0.3\mathrm{m}^2$，可不考虑强度调整系数 γ 的影响；

　　　A_l——局部受压面积。

② 砌体局部抗压强度提高系数 γ，应符合下列规定：

a. γ 可按下式计算：

$$\gamma = 1 + 0.35 \sqrt{\frac{A_0}{A_l} - 1} \tag{3.3.1-9}$$

式中　A_0——影响砌体局部抗压强度的计算面积。

b. 计算所得 γ 值，尚应符合下列规定：

（a）在图 3.3.1-1（a）的情况下，$\gamma \leqslant 2.5$；

（b）在图 3.3.1-1（b）的情况下，$\gamma \leqslant 2.0$；

（c）在图 3.3.1-1（c）的情况下，$\gamma \leqslant 1.5$；

（d）在图 3.3.1-1（d）的情况下，$\gamma \leqslant 1.25$；

（e）当按下列要求灌孔的混凝土砌块砌体，在(a)、(b)款的情况下，尚应符合 $\gamma \leqslant 1.5$。未灌孔混凝土砌块砌体，$\gamma = 1.0$；

注：混凝土砌块墙体的下列部位，如未设圈梁或混凝土垫块，应采用不低于 Cb20 混凝土将孔洞灌实：

① 搁栅、檩条和钢筋混凝土楼板的支承面下，高度不应小于 200mm 的砌体；

② 屋架、梁等构件的支承面下，长度不应小于 600mm，高度不应小于 600mm 的砌体；

③ 挑梁支承面下，距墙中心线每边不应小于 300mm，高度不应小于 600mm

58

的砌体。

(f) 对多孔砖砌体孔洞难以灌实时, 应按 $\gamma = 1.0$ 取用; 当设置混凝土垫块时, 按垫块下的砌体局部受压计算。

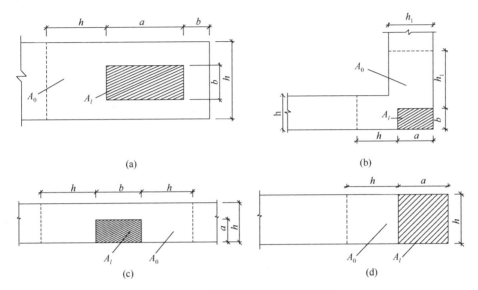

(a)

(b)

(c)

(d)

图 3.3.1-1　影响局部抗压强度的面积 A_0

③ 影响砌体局部抗压强度的计算面积, 可按下列规定采用:

(a) 在图 3.3.1-1(a) 的情况下, $A_0 = (a + c + h)h$;

(b) 在图 3.3.1-1(b) 的情况下, $A_0 = (b + 2h)h$;

(c) 在图 3.3.1-1(c) 的情况下, $A_0 = (a + h)h + (b + h_1 - h)h_1$;

(d) 在图 3.3.1-1(d) 的情况下, $A_0 = (a + h)h$;

式中　a、b——矩形局部受压面积 A_l 的边长;

　　　h、h_1——墙厚或柱的较小边长, 墙厚;

　　　c——矩形局部受压面积的外边缘至构件边缘的较小距离, 当大于 h 时, 应取为 h。

④ 梁端支承处砌体的局部受压承载力, 应按下列公式计算:

$$\psi N_0 + N_l \leqslant \eta \gamma f A_l \qquad (3.3.1\text{-}10)$$

$$\psi = 1.5 - 0.5 \frac{A_0}{A_l} \qquad (3.3.1\text{-}11)$$

$$N_0 = \sigma_0 A_l \qquad (3.3.1\text{-}12)$$

$$A_l = a_0 b \qquad (3.3.1\text{-}13)$$

$$a_0 = 10 \sqrt{\frac{h_c}{f}} \qquad (3.3.1\text{-}14)$$

式中 ψ ——上部荷载的折减系数，当 A_0/A_l 大于或等于 3 时，应取 ψ 等于 0；

$\quad$ N_0 ——局部受压面积内上部轴向力设计值，N；

$\quad$ N_l ——梁端支承压力设计值，N；

$\quad$ σ_0 ——上部平均压应力设计值，N/mm²；

$\quad$ η ——梁端底面压应力图形的完整系数，应取 0.7，对于过梁和墙梁应取 1.0；

$\quad$ a_0 ——梁端有效支承长度，mm；当 a_0 大于 a 时，应取 $a_0 = a$，a 为梁端实际支承长度；

$\quad$ b ——梁的截面宽度，mm；

$\quad$ h_c ——梁的截面高度；

$\quad$ f ——砌体的抗压强度设计值，MPa。

⑤ 在梁端设有刚性垫块时的砌体局部受压，应符合下列规定：

a. 刚性垫块下的砌体局部受压承载力，应按下列公式计算：

$$N_0 + N_l \leqslant \varphi \gamma_1 f A_b \quad (3.3.1\text{-}15)$$

$$N_0 = \sigma_0 A_b \quad (3.3.1\text{-}16)$$

$$A_b = a_b b_b \quad (3.3.1\text{-}17)$$

式中 N_0 ——垫块面积 A_b 内上部轴向力设计值，N；

$\quad$ φ ——垫块上 N_0 与 N_l 合力的影响系数，应取 β 小于或等于 3，按第 3.3.1 节 3)(1) 条规定取值；

$\quad$ γ_1 ——垫块外砌体面积的有利影响系数，γ_1 应为 0.8γ，但不小于 1.0。γ 为砌体局部抗压强度提高系数，按公式 (3.3.1-9) 以 A_b 代替 A_l 计算得出；

$\quad$ A_b ——垫块面积，mm²；

$\quad$ a_b ——垫块伸入墙内的长度，mm；

$\quad$ b_b ——垫块的宽度，mm。

b. 刚性垫块的构造，应符合下列规定：

(a) 刚性垫块的高度不应小于 180mm，自梁边算起的垫块挑出长度不应大于垫块高度 t_b；

(b) 在带壁柱墙的壁柱内设刚性垫块时 (图 3.3.1-2)，其计算面积应取壁柱范围内的面积，而不应计算翼缘部分，同时壁柱上垫块伸入翼墙内的长度不应小于 120mm；

(c) 当现浇垫块与梁端整体浇筑时，垫块可在梁高范围内设置。

c. 梁端设有刚性垫块时，垫块上 N_l 作用点的位置可取梁端有效支承长度 a_0 的 0.4 倍。a_0 应按下式确定：

$$a_0 = \delta_1 \sqrt{\frac{h_c}{f}} \quad (3.3.1\text{-}18)$$

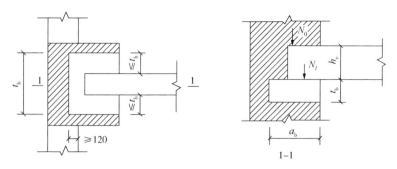

图 3.3.1-2　壁柱上设有垫块时梁端局部受压

式中　δ_1——刚性垫块的影响系数，可按表 3.3.1-5 采用。

表 3.3.1-5　系数 δ_1 值表

σ_0/f	0	0.2	0.4	0.6	0.8
δ_1	5.4	5.7	6.0	6.9	7.8

注：表中其间的数值可采用插入法求得。

⑥ 梁下设有长度大于 πh_0 的垫梁时，垫梁上梁端有效支承长度 a_0 可按公式（3.3.1-18）计算。垫梁下的砌体局部受压承载力，应按下列公式计算：

$$N_0 + N_l \leqslant 2.4\delta_2 f b_b h_0 \qquad (3.3.1\text{-}19)$$

$$N_0 = \pi b_b h_0 \sigma_0/2 \qquad (3.3.1\text{-}20)$$

$$h_0 = 2\sqrt[3]{\frac{E_c I_c}{Eh}} \qquad (3.3.1\text{-}21)$$

式中　N_0——垫梁上部轴向力设计值，N；

　　　b_b——垫梁在墙厚方向的宽度，mm；

　　　δ_2——垫梁底面压应力分布系数，当荷载沿墙厚方向均匀分布时可取 1.0，不均匀分布时可取 0.8；

　　　h_0——垫梁折算高度，mm；

　　E_c、I_c——垫梁的混凝土弹性模量和截面惯性矩；

　　　E——砌体的弹性模量；

　　　h——墙厚，mm。

（3）轴心受拉构件

轴心受拉构件的承载力，应满足下式的要求：

$$N_t \leqslant f_t A \qquad (3.3.1\text{-}22)$$

式中　N_t——轴心拉力设计值；

　　　f_t——砌体的轴心抗拉强度设计值。

垫梁局部采压情况如图 3.3.1-3 所示。

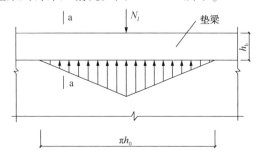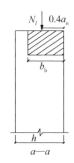

图 3.3.1-3 垫梁局部受压

（4）受弯构件

① 受弯构件的承载力，应满足下式的要求：

$$M \leqslant f_{tm}W \tag{3.3.1-23}$$

式中　M——弯矩设计值；

f_{tm}——砌体弯曲抗拉强度设计值；

W——截面抵抗矩。

② 受弯构件的受剪承载力，应按下列公式计算：

$$V \leqslant f_v bz \tag{3.3.1-24}$$

$$z = I/S$$

式中　V——剪力设计值；

f_v——砌体的抗剪强度设计值；

b——截面宽度；

z——内力臂，当截面为矩形时取 z 等于 $2h/3$（h 为截面高度）；

I——截面惯性矩；

S——截面面积矩。

（5）受剪构件

沿通缝或沿阶梯形截面破坏时受剪构件的承载力，应按下列公式计算：

$$V \leqslant (f_v + \alpha\mu\sigma_0)A \tag{3.3.1-25}$$

当 $\gamma_G = 1.2$ 时，　　　$\mu = 0.26 - 0.082\dfrac{\sigma_0}{f}$ \qquad(3.3.1-26)

当 $\gamma_G = 1.35$ 时，　　$\mu = 0.23 - 0.065\dfrac{\sigma_0}{f}$ \qquad(3.3.1-27)

式中　V——剪力设计值；

A——水平截面面积；

f_v——砌体抗剪强度设计值，对灌孔的混凝土砌块砌体取 f_{vg}；

α——修正系数；当 $\gamma_G = 1.2$ 时，砖（含多孔砖）砌体取 0.60，混凝土砌

块砌体取 0.64；当 $\gamma_G = 1.35$ 时，砖（含多孔砖）砌体取 0.64，混凝土砌块砌体取 0.66；

μ——剪压复合受力影响系数；

f——砌体的抗压强度设计值；

σ_0——永久荷载设计值产生的水平截面平均压应力，其值不应大于 $0.8f$。

3.3.2　砌体结构构件的安全性鉴定评级

1）砌体结构构件安全性鉴定原则

（1）当验算被鉴定结构或构件的承载能力时，应符合下列规定：

① 结构构件验算采用的结构分析方法，应符合国家现行设计规范的规定。

② 结构构件验算使用的计算模型，应符合其实际受力与构造状况。

③ 结构上的作用应经调查或检测核实，并应按 3.3.1 中第 1）条的规定取值。

④ 结构构件作用效应的确定，应符合 3.3.1 中第 1）条的要求。

⑤ 构件材料强度的标准值应根据结构的实际状态按 3.3.1 中第 2）条确定。

⑥ 结构或构件的几何参数应采用实测值，并应计入锈蚀、腐蚀、腐朽、虫蛀、风化、裂缝、缺陷、损伤以及施工偏差等的影响。

⑦ 当怀疑设计有错误时，应对原设计计算书、施工图或竣工图，重新进行一次复核。

（2）当需通过荷载试验评估结构构件的安全性时，应按现行有关标准进行，当检验结果表明，其承载能力符合设计和规范要求时，可根据其完好程度，定为 a_u 级或 b_u 级。若承载能力不符合设计和规范要求，可根据其严重程度，定为 c_u 级或 d_u 级。

（3）当建筑物中的构件同时符合下列条件时，可不参与鉴定。当有必要给出该构件的安全性等级时，可根据其实际完好程度定为 a_u 级或 b_u 级。

① 该构件未受结构性改变、修复、修理或用途，或使用条件改变的影响；

② 该构件未遭明显的损坏；

③ 该构件工作正常，且不怀疑其可靠性不足；

④ 在下一目标使用年限内，该构件所承受的作用和所处的环境，与过去相比不会发生显著变化。

（4）当检查一种构件的材料由于与时间有关的环境效应或其他均匀作用的因素引起的性能变化时，允许采用随机抽样的方法，在该种构件中取 5~10 个构件作为检测对象，并应按现行检测方法标准规定从每构件上切取的试件数或划定的测点数，测定其材料强度或其他力学性能，检测构件数量应符合下列规定：

① 当构件总数少于 5 个时，应逐个进行检测。

② 当委托方对该种构件的材料强度检测有较严的要求时，也可通过协商适当增加受检构件的数量。

2）砌体结构构件安全性鉴定方法

砌体结构构件的安全性鉴定，应按承载能力、构造、不适于承载的位移和裂缝或其他损伤等四个检查项目，分别评定每一受检构件等级，并应取其中最低一级作为该构件的安全性等级。

（1）当按承载能力评定砌体结构构件的安全性等级时，应按表 3.3.2-1 的规定分别评定每一验算项目的等级，并应取其中最低等级作为该构件承载能力的安全性等级。砌体结构倾覆、滑移、漂浮的验算，应按国家现行有关规范的规定进行。

表 3.3.2-1　按承载能力评定的砌体构件安全性等级

构件类别	安全性等级			
	a_u 级	b_u 级	c_u 级	d_u 级
主要构件及连接	$R/(\gamma_0 S) \geqslant 1.00$	$R/(\gamma_0 S) \geqslant 0.95$	$R/(\gamma_0 S) \geqslant 0.90$	$R/(\gamma_0 S) < 0.90$
一般构件	$R/(\gamma_0 S) \geqslant 1.00$	$R/(\gamma_0 S) \geqslant 0.90$	$R/(\gamma_0 S) \geqslant 0.85$	$R/(\gamma_0 S) < 0.85$

注：1. 表中 R 和 S 分别为结构构件的抗力和作用效应，应按 3.3.1 第 1）条要求确定；γ_0 为结构重要性系数，应按验算所依据的国家现行设计规范选择的安全等级，确定本系数的取值。
　　2. 砌体结构倾覆、滑移、漂浮的验算，应符合国家现行有关规范的规定。

（2）当按连接及构造评定砌体结构构件的安全性等级时，应按表 3.3.2-2 的规定分别评定两个检查项目的等级，并应取其中最低等级作为该构件的安全性等级。

表 3.3.2-2　按连接及构造评定砌体结构构件安全性等级

检查项目	安全性等级	
	a_u 级或 b_u 级	c_u 级或 d_u 级
墙、柱的高厚比	符合国家现行相关规范的规定	不符合国家现行设计规范的要求，且已超过限值的 10%
连接及构造	连接及砌筑方式正确，构造符合国家现行相关规范规定，无缺陷或仅有局部的表面缺陷，工作无异常	连接及砌筑方式不当，构造有严重缺陷，已导致构件或连接部位开裂、变形、位移或松动，或已造成其他损坏

注：1. 构件支承长度的检查与评定应包含在"连接及构造"的项目中；
　　2. 构造缺陷包括施工遗留的缺陷。

（3）当砌体结构构件安全性按不适于承载的位移或变形评定时，应符合下列规定：

① 对墙、柱的水平位移或倾斜，当其实测值大于表 3.4.2-4 条所列的限值时，应按下列规定评级：

a. 当该位移与整个结构有关，应根据表 3.4.2-4 条的评定结果，取与上部承重结构相同的级别作为该墙、柱的水平位移等级；

b. 当该位移只是孤立事件时，则应在其承载能力验算中考虑此附加位移的影响；当验算结果不低于 b_u 级时，仍可定为 b_u 级；当验算结果低于 b_u 级，应根据其实际严重程度定为 c_u 级或 d_u 级；

64

c. 当该位移尚在发展时，应直接定为 d_u 级。

② 除带壁柱墙外，对偏差或使用原因造成的其他柱的弯曲，当其矢高实测值大于柱的自由长度的 1/300 时，应在其承载能力验算中计入附加弯矩的影响，并应根据验算结果按本条第①款第 b 项的原则评级。

③ 对拱或壳体结构构件出现的下列位移或变形，可根据其实际严重程度定为 c_u 级或 d_u 级：

a. 拱脚或壳的边梁出现水平位移；

b. 拱轴线或筒拱、扁壳的曲面发生变形。

（4）当砌体结构的承重构件出现下列受力裂缝时，应视为不适于承载的裂缝，并应根据其严重程度评为 c_u 级或 d_u 级：

① 桁架、主梁支座下的墙、柱的端部或中部，出现沿块材断裂或贯通的竖向裂缝或斜裂缝。

② 空旷房屋承重外墙的变截面处，出现水平裂缝或沿块材断裂的斜向裂缝。

③ 砖砌过梁的跨中或支座出现裂缝；或虽未出现肉眼可见的裂缝，但发现其跨度范围内有集中荷载。

④ 筒拱、双曲筒拱、扁壳等的拱面、壳面，出现沿拱顶母线或对角线的裂缝。

⑤ 拱、壳支座附近或支承的墙体上出现沿块材断裂的斜裂缝。

⑥ 其他明显的受压、受弯或受剪裂缝。

（5）当砌体结构、构件出现下列非受力裂缝时，应视为不适于承载的裂缝，并应根据其实际严重程度评为 c_u 级或 d_u 级。

① 纵横墙连接处出现通长的竖向裂缝。

② 承重墙体墙身裂缝严重，且最大裂缝宽度已大于 5mm。

③ 独立柱已出现宽度大于 1.5mm 的裂缝，或有断裂、错位迹象。

④ 其他显著影响结构整体性的裂缝。

（6）当砌体结构、构件存在可能影响结构安全的损伤时，应根据其严重程度直接定为 c_u 级或 d_u 级。

3.4 砌体结构子单元安全性鉴定评级

1）砌体结构安全性的第二层次子单元鉴定评级，应按下列规定进行：

（1）应按地基基础、上部承重结构和围护系统的承重部分划分为三个子单元，并应分别按第 3.4.1 节～第 3.4.3 节规定的鉴定方法和评级标准进行评定；

（2）若不要求评定围护系统可靠性，可不将围护系统承重部分列为子单元，将其安全性鉴定并入上部承重结构中。

2）当需验算上部承重结构的承载能力时，其作用效果应按第3.3.1中第1）条的规定确定；当需验算地基变形或地基承载力时，其地基的岩土性能和地基承载力标准值，应由原有地质勘察资料和补充勘察报告提供。

3）当仅要求对某个子单元的安全性进行鉴定时，该子单元与其他相邻子单元之间的交叉部位也应进行检查，并应在鉴定报告中提出处理意见。

3.4.1 地基基础子单元安全性鉴定评级

1）地基基础子单元的安全性鉴定评级，应根据地基变形或地基承载力的评定结果进行确定。对建在斜坡场地的建筑物，还应按边坡场地稳定性的评定结果进行确定。

2）当鉴定地基、桩基的安全性时，应遵守下列规定：

（1）一般情况下，宜根据地基、桩基沉降观测资料，以及不均匀沉降在上部结构中反应的检查结果进行鉴定评级；

（2）当需对地基、桩基的承载力进行鉴定评级时，应以岩土工程勘察档案和有关检测资料为依据进行评定；当档案、资料不全时，还应补充近位勘探点，进一步查明土层分布情况，并应结合当地工程经验进行核算和评价；

（3）对建造在斜坡场地上的建筑物，应根据历史资料和实地勘察结果，对边坡场地的稳定性进行评级。

3）当地基基础的安全性按地基变形观测资料或其上部结构反应的检查结果评定时，应按下列规定评级：

（1）A_u级，不均匀沉降小于《建筑地基基础设计规范》（GB 50007）规定的允许沉降差；建筑物无沉降裂缝、变形或位移。

（2）B_u级，不均匀沉降不大于 GB 50007 规定的允许沉降差；且连续两个月地基沉降量小于每月 2mm；建筑物的上部结构虽有轻微裂缝，但无发展迹象。

（3）C_u级，不均匀沉降大于 GB 50007 规定的允许沉降差；或连续两个月地基沉降量大于每个月 2mm；或建筑物上部结构砌体部分出现宽度大于 5mm 的沉降裂缝，预制构件连接部位可能出现宽度大于 1mm 的沉降裂缝，且沉降裂缝短期内无终止趋势。

（4）D_u级，不均匀沉降远大于 GB 50007 规定的允许沉降差；连续两个月地基沉降量大于每月 2mm，且尚有变快趋势；或建筑物上部结构的沉降裂缝发展显著；砌体的裂缝宽度大于 10mm；预制构件连接部位的裂缝宽度大于 3mm；现浇结构个别部分也已开始出现沉降裂缝。

（5）以上 4 款的沉降标准，仅适用于建成已 2 年以上且建于一般地基土上的建筑物；对建在高压缩性黏性土或其他特殊性土地基上的建筑物，此年限宜根据当地经验适当加长。

4）当地基基础的安全性按其承载力评定时，可根据 3.4.1 节第 2）条规定的检测和计算分析结果，并应采用下列规定评级：

（1）当地基基础承载力符合 GB 50007 的规定时，可根据建筑物的完好程度评为 A_u 级或 B_u 级。

（2）当地基基础承载力不符合 GB 50007 的规定时，可根据建筑物开裂、损伤的严重程度评为 C_u 级或 D_u 级。

5）当地基基础的安全性按边坡场地稳定性项目评级时，应按下列标准评定：

（1）A_u 级，建筑场地地基稳定，无滑动迹象及滑动史。

（2）B_u 级，建筑场地地基在历史上曾有过局部滑动，经治理后已停止滑动，且近期评估表明，在一般情况下，不会再滑动。

（3）C_u 级，建筑场地地基在历史上发生过滑动，目前虽已停止滑动，但若触动诱发因素，今后仍有可能再滑动。

（4）D_u 级，建筑场地地基在历史上发生过滑动，目前又有滑动或滑动迹象。

6）在鉴定中当发现地下水位或水质有较大变化，或土压力、水压力有显著改变，且可能对建筑物产生不利影响时，应对此类变化所产生的不利影响进行评价，并提出处理的建议。

7）地基基础子单元的安全性等级，应根据本节第 3）条~第 6）条关于地基基础和场地的评定结果按其中最低一级确定。

3.4.2 上部承重结构子单元安全性鉴定评级

1）上部承重结构子单元的安全性鉴定评级，应根据其结构承载功能等级、结构整体性等级以及结构侧向位移等级的评定结果进行确定。

2）上部结构承载功能的安全性评级，当有条件采用较精确的方法评定时，应在详细调查的基础上，根据结构体系的类型及其空间作用程度，按国家现行标准规定的结构分析方法和结构实际的构造确定合理的计算模型，并应通过对结构作用效应分析和抗力分析，并结合工程鉴定经验进行评定。

3）当上部承重结构可视为由平面结构组成的体系，且其构件工作不存在系统性因素的影响时，其承载功能的安全性等级应按下列规定评定：

（1）可在多、高层房屋的标准层中随机抽取 $\sqrt{m}$ 层为代表层作为评定对象；m 为该鉴定单元房屋的层数；若 $\sqrt{m}$ 为非整数时，应多取一层；对一般单层房屋，宜以原设计的每一计算单元为一区，并随机抽取 $\sqrt{m}$ 区为代表区作为评定对象。

（2）除随机抽取的标准层外，尚应另增底层和顶层，以及高层建筑的转换层和避难层为代表层。代表层构件应包括该层楼板及其下的梁、柱、墙等。

（3）宜按结构分析或构件校核所采用的计算模型，将代表层（或区）中的承重构件划分为若干主要构件集和一般构件集（构件集为同种构件的集合），并应按

67

本节第5)条和第6)条的规定评定每种构件集的安全性等级。

　　(4) 可根据代表层(或区)中每种构件集的评级结果,按本节第7)条的规定确定代表层(或区)的安全性等级。

　　(5) 可根据本条(1)~(4)款的评定结果,按本节第8)条的规定确定上部承重结构承载功能的安全性等级。

　　4) 上部承重结构虽可视为由平面结构组成的体系,但其构件工作受到灾害或其他系统性因素的影响时,其承载功能的安全性等级应按下列规定近似评定:

　　(1) 宜区分为受影响和未受影响的楼层(或区)。

　　(2) 对受影响的楼层(或区),宜全数作为代表层(或区);对未受影响的楼层(或区),可按本节第3)条的规定,抽取代表层。

　　(3) 可分别评定构件集、代表层(或区)和上部结构承载功能的安全性等级。

　　5) 在代表层(或区)中,主要构件集安全性等级的评定,可根据该种构件集内每一受检构件的评定结果,按表3.4.2-1的分级标准评级。

表 3.4.2-1　主要构件集安全性等级的评定

等级	多层及高层房屋	单层房屋
A_u	该构件集内,不含 c_u 级和 d_u 级,可含 b_u 级,但含量不多于25%	该构件集内,不含 c_u 级和 d_u 级,可含 b_u 级,但含量不多于30%
B_u	该构件集内,不含 d_u 级,可含 c_u 级,但含量不应多于15%	该构件集内,不含 d_u 级,可含 c_u 级,但含量不应多于20%
C_u	该构件集内,可含 c_u 级和 d_u 级;当仅含 c_u 级时,其含量不应多于40%;当仅含 d_u 级时,其含量不应多于10%;当同时含有 c_u 级和 d_u 级, c_u 级含量不应多于25%, d_u 级含量不应多于3%	该构件集内,可含 c_u 级和 d_u 级;当仅含 c_u 级时,其含量不应多于50%;当仅含 d_u 级时,其含量不应多于15%;当同时含有 c_u 级和 d_u 级, c_u 级含量不应多于30%, d_u 级含量不应多于5%
D_u	该构件集内, c_u 级和 d_u 级含量多于 C_u 级的规定数	该构件集内, c_u 级和 d_u 级含量多于 C_u 级的规定数

注:当计算的构件数为非整数时,应多取一根。

　　6) 在代表层(或区)中,评定一般构件集的安全性等级时,应按表3.4.2-2的分级标准评级。

表 3.4.2-2　一般构件集安全性等级的评定

等级	多层及高层房屋	单层房屋
A_u	该构件集内,不含 c_u 级和 d_u 级,可含 b_u 级,但含量不多于30%	该构件集内,不含 c_u 级和 d_u 级,可含 b_u 级,但含量不多于35%

等级	多层及高层房屋	单层房屋
B_u	该构件集内，不含 d_u 级，可含 c_u 级，但含量不应多于 20%	该构件集内，不含 d_u 级，可含 c_u 级，但含量不应多于 25%
C_u	该构件集内，可含 c_u 级和 d_u 级，但 c_u 级含量不应多于 40%；d_u 级含量不应多于 10%	该构件集内，可含 c_u 级和 d_u 级，但 c_u 级含量不应多于 50%；d_u 级含量不应多于 15%
D_u	该构件集内，c_u 级和 d_u 级含量多于 C_u 级的规定数	该构件集内，c_u 级和 d_u 级含量多于 C_u 级的规定数

7）各代表层（或区）的安全性等级，应按该代表层（或区）中各主要构件集间的最低等级确定。当代表层（或区）中一般构件集的最低等级比主要构件集最低等级低二级或三级时，该代表层（或区）所评的安全性等级应降一级或降二级。

8）上部结构承载功能的安全性等级，可按下列规定确定：

（1）A_u 级，不含 C_u 级和 D_u 级代表层（或区）；可含 B_u 级，但含量不多于 30%；

（2）B_u 级，不含 D_u 级代表层（或区）；可含 C_u 级，但含量不多于 15%；

（3）C_u 级，可含 C_u 级和 D_u 级代表层（或区）；当仅含 C_u 级时，其含量不多于 50%；当仅含 D_u 级时，其含量不多于 10%；当同时含有 C_u 级和 D_u 级时，其 C_u 级含量不应多于 25%，Du 级含量不多于 5%；

（4）D_u 级，其 C_u 级和 d_u 级代表层（或区）的含量多于 C_u 级的规定数。

9）结构整体牢固性等级的评定，可按表 3.4.2-3 的规定，先评定其每一检查项目的等级，并按下列原则确定该结构整体性等级：

（1）当四个检查项目均不低于 B_u 级时，可按占多数的等级确定。

（2）若仅一个检查项目低于 B_u 级时，可根据实际情况定为 B_u 级或 C_u 级。

（3）每个项目评定结果取 A_u 级或 B_u 级，应根据其实际完好程度确定；取 C_u 级和 D_u 级，应根据其实际严重程度确定。

表 3.4.2-3　结构整体牢固性等级的评定

检查项目	A_u 级或 B_u 级	C_u 级或 D_u 级
结构布置及构造	布置合理，形成完整的体系，且结构选型及传力路线设计正确，符合国家现行设计规范规定	布置不合理，存在薄弱环节，未形成完整的体系；或结构选型、传力路线设计不当，不符合国家现行设计规范规定，或结构产生明显振动

检查项目	A_u 级或 B_u 级	C_u 级或 D_u 级
支撑系统或其他抗侧力系统的构造	构件长细比及连接构造符合国家现行设计规范要求，形成完整的支撑系统，无明显残损或施工缺陷，能传递各种侧向作用	构件长细比或连接构造不符合国家现行设计规范要求，未形成完整的支撑系统，或构件连接已失效或有严重缺陷，不能传递各种侧向作用
结构、构件间的联系	设计合理、无疏漏；锚固、拉结、连接方式正确、可靠，无松动变形或其他残损	设计不合理，多处疏漏；或锚固、拉结、连接不当，或已松动变形，或已残损
砌体结构中圈梁及构造柱的布置与构造	布置正确，截面尺寸、配筋及材料强度等符合国家现行设计规范要求，无裂缝或其他残损，能起闭合系统作用	布置不当，截面尺寸、配筋及材料强度不符合国家现行设计规范要求，已开裂，或有其他残损，或不能起闭合系统作用

10）对上部承重结构不适于承载的侧向位移，应根据其检测结果，按下列规定评级：

（1）当检测值已超出表 3.4.2-4 界限，且有部分构件出现裂缝、变形或其他局部损坏迹象时，应根据实际严重程度定为 C_u 级和 D_u 级。

表 3.4.2-4　各类结构不适于承载的侧向位移等级的评定

检查项目	结构类别			顶点位移 C_u 级或 D_u 级	层间位移 C_u 级或 D_u 级
结构平面内侧向位移	混凝土结构或钢结构	单层建筑		>H/150	—
		多层建筑		>H/200	>H_i/150
		高层建筑	框架	>H/250 或 >300mm	>H_i/150
			框架剪力墙框架筒体	>H/300 或 >400mm	>H_i/250
结构平面内的侧向位移	砌体结构	单层建筑	墙 $H≤7m$	>H/250	—
			墙 $H>7m$	>H/300	
			柱 $H≤7m$	>H/300	
			柱 $H>7m$	>H/330	
		多层建筑	墙 $H≤10m$	>H/300	>H_i/330
			墙 $H>10m$	>H/330	
			柱 $H≤10m$	>H/330	>H_i/330
	单层排架平面外侧倾			>H/350	—

注：1. 表中 H 为结构顶点高度；H_i 为第 i 层层间高度；
　　2. 墙包括带壁柱墙。

（2）当检测值虽已超出表 3.4.2-4 界限，但尚未发现上款所述情况时，应进一步进行计入该位移影响的结构内力计算分析，并按第 3.3 节的规定，验算各构件的承载能力，若验算结果均不低于 b_u 级，仍可将该结构定为 B_u 级，但宜附加观察使用一段时间的限制。若构件承载能力的验算结果有低于 b_u 级时，应定为 C_u 级。

（3）对某些构造复杂的砌体结构，若按本条第（2）款要求进行计算分析有困难时，也可直接按表 3.4.2-4 规定的界限值评级。

11）上部承重结构的安全性等级，应根据本节第 2）条至第 10）条的评定结果，按下列原则确定：

（1）一般情况下，应按上部结构承载功能和结构侧向位移或倾斜的评级结果，取其中较低一级作为上部承重结构（子单元）的安全性等级。

（2）当上部承重结构按上款评为 B_u 级，但若发现各主要构件集所含的 c_u 级构件处于下列情况之一时，宜将所评等级降为 C_u 级：

① 出现 c_u 级构件交汇的节点连接；

② 不止一个 c_u 级存在于人群密集场所或其他破坏后果严重的部位。

（3）当上部承重结构按本条第（1）款评为 C_u 级，但当发现其主要构件集有下列情况之一时，宜将所评等级降为 D_u 级：

① 多层或高层房屋中，其底层柱集为 C_u 级；

② 多层或高层房屋的底层，或任一空旷层，或框支剪力墙结构的框架层的柱集为 D_u 级；

③ 在人群密集场所或其他破坏后果严重部位，出现不止一个 d_u 级构件；

④ 任何种类房屋中，有 50% 以上的构件为 c_u 级。

（4）当上部承重结构按本条第（1）款评为 A_u 级或 B_u 级，而结构整体性等级为 C_u 级或 D_u 级时，应将所评的上部承重结构安全性等级降为 C_u 级。

（5）当上部承重结构在按本条规定作了调整后仍为 A_u 级或 B_u 级，但当发现被评为 C_u 级或 D_u 级的一般构件集，已被设计成参与支撑系统或其他抗侧力系统工作，或已在抗震加固中，加强了其与主要构件集的锚固时，应将上部承重结构所评的安全性等级降为 C_u 级。

12）对检测、评估认为可能存在整体稳定性问题的大跨度结构，应根据实际检测结果建立计算模型，采用可行的结构分析方法进行整体稳定性验算；当验算结果尚能满足设计要求，仍可评为 B_u 级；当验算结果不满足设计要求，应根据其严重程度评为 C_u 级或 D_u 级，并应参与上部承重结构安全性等级评定。

13）当建筑物受到振动作用引起使用者对结构安全表示担心，或振动引起的结构构件损伤，已可通过目测判定时，应按《民用建筑可靠性鉴定标准》（GB 50292—2015）附录 M 的规定进行检测与评定。当评定结果对结构安全性有影响时，应将上部承重结构安全性鉴定所评等级降低一级，且不应高于 C_u 级。

3.4.3 围护系统的承重部分子单元安全性鉴定评级

1）围护系统承重部分的安全性，应在该系统专设的和参与该系统工作的各种承重构件的安全性评级的基础上，根据该部分结构承载功能等级和结构整体性等级的评定结果进行确定。

2）当评定一种构件集的安全性等级时，应根据每一受检构件的评定结果及其构件类别，分别按 3.4.2 节第 5）条或第 6）条的规定评级。

3）当评定围护系统的计算单元或代表层的安全性等级时，应按 3.4.2 节第 7）条的规定评级。

4）围护系统的结构承载功能的安全性等级，应按 3.4.2 节第 8）条的规定确定。

5）当评定围护系统承重部分的结构整体性时，应按 3.4.2 节第 9）条的规定评级。

6）围护系统承重部分的安全性等级，应根据本节第 4）条和第 5）条的评定结果，按下列规定确定：

（1）当仅有 A_u 级和 B_u 级时，可按占多数级别确定。

（2）当含有 C_u 级或 D_u 级时，可按下列规定评级：

① 若 C_u 级或 D_u 级属于结构承载功能问题时，可按最低等级确定；

② 若 C_u 级或 D_u 级属于结构整体性问题时，可定为 C_u 级。

（3）围护系统承重部分评定的安全性等级，不得高于上部承重结构的等级。

3.5 砌体结构鉴定单元安全性鉴定评级

1）砌体结构第三层次鉴定单元的安全性鉴定评级，应根据其地基基础、上部承重结构和围护系统承重部分等的安全性等级，以及与整幢建筑有关的其他安全问题进行评定。

2）鉴定单元的安全性等级，应根据第 3.4 节的评定结果，按下列规定评级：

（1）一般情况下，应根据地基基础和上部承重结构的评定结果按其中较低等级确定。

（2）当鉴定单元的安全性等级按上款评为 A_u 级和 B_u 级但围护系统承重部分的等级为 C_u 级或 D_u 级时，可根据实际情况将鉴定单元所评等级降低一级或二级，但最后所定的等级不得低于 C_{su} 级。

3）对下列任一情况，可直接评为 D_{su} 级：

（1）建筑物处于有危房的建筑群中，且直接受到其威胁。

（2）建筑物朝一方向倾斜，且速度开始变快。

4）当新测定的建筑物动力特性，与原先记录或理论分析的计算值相比，有下列变化时，可判其承重结构可能有异常，但应经进一步检查、鉴定后再评定该建筑物的安全性等级。

（1）建筑物基本周期显著变长或基本频率显著下降。

（2）建筑物振型有明显改变或振幅分布无规律。

3.6 砌体结构的使用性鉴定评级

3.6.1 砌体结构构件的使用性鉴定评级

1）砌体结构构件使用性鉴定原则

（1）使用性鉴定，应以现场的调查、检测结果为基本依据。鉴定采用的检测数据，应符合《民用建筑可靠性鉴定标准》（GB 50292—2015）第3.2.3条的要求。

（2）当遇到下列情况之一时，结构的主要构件鉴定，尚应按正常使用极限状态的要求进行计算分析与验算：

① 检测结果需与计算值进行比较；

② 检测只能取得部分数据，需通过计算分析进行鉴定；

③ 改变建筑物用途、使用条件或使用要求。

（3）对被鉴定的结构构件进行计算和验算，除应符合国家现行设计规范的规定和本书中第3.3.2条的要求外，尚应遵守下列规定：

① 对构件材料的弹性模量、剪变模量和泊松比等物理性能指标，可根据鉴定确认的材料品种和强度等级，按国家现行设计规范规定的数值采用；

② 验算结果应按国家现行标准规定的限值进行评级。若验算合格，可根据其实际完好程度评为 a_s 或 b_s 级；若验算不合格，应定为 c_s 级；

③ 若验算结果与观察不符，应进一步检查设计和施工方面可能存在的差错。

（4）当同时符合下列条件时，构件的使用性等级，可根据实际工作情况直接评为 a_s 或 b_s 级：

① 经详细检查未发现构件有明显的变形、缺陷、损伤、腐蚀，也没有累积损伤问题；

② 经过长时间的使用，构件状态仍然良好或基本良好，能够满足下一目标使用年限内的正常使用要求；

③ 在下一目标使用年限内，构件上的作用和环境条件与过去相比不会发生显著变化。

2）砌体结构构件使用性鉴定方法

（1）砌体结构构件的使用性鉴定，应按位移、非受力裂缝、腐蚀等三个检查

项目，分别评定每一受检构件等级，并取其中最低一级作为该构件的安全性
等级。

（2）当砌体墙、柱的使用性按其顶点水平位移(或倾斜)的检测结果评定时，
应按下列原则评级：

① 若该位移与整个结构有关，应根据第 3.6.2 节中第 3)项第(6)条的评定结
果，取与上部承重结构相同的级别作为该构件的水平位移等级。

② 若该位移只是孤立事件，则可根据其检测结果直接评级。评级所需的位
移限值，可按表 3.6.2-1 所列的层间限值乘以 1.1 的系数确定。

③ 构造合理的组合砌体墙、柱应按混凝土墙、柱评定。

（3）当砌体结构构件的使用性按非受力裂缝检测结果评定时，应按表 3.6.1
-1 的规定评级。

表 3.6.1-1　砌体结构构件的使用性按非受力裂缝检测结果评定

检查项目	构件类别	a_s 级	b_s 级	c_s 级
非受力裂缝宽度/mm	墙及带壁柱墙	无肉眼可见裂缝	≤1.5	>1.5
	柱	无肉眼可见裂缝	无肉眼可见裂缝	出现肉眼裂缝

注：对无可见裂缝的柱，取 a_s 级或 b_s 级，可根据其实际完好程度确定。

（4）当砌体结构构件的使用性按其腐蚀，包括风化和粉化的检测结果评定
时，应按表 3.6.1-2 的规定评级。

表 3.6.1-2　砌体结构构件腐蚀等级的评定

检查部位		a_s 级	b_s 级	c_s 级
块材	实心砖	无腐蚀现象	小范围出现腐蚀现象，最大腐蚀深度不大于 6mm，且无发展趋势	较大范围出现腐蚀现象或最大腐蚀深度大于 6mm，或腐蚀有发展趋势
	多孔砖空心砖小砌块		小范围出现腐蚀现象，最大腐蚀深度不大于 3mm，且无发展趋势	较大范围出现腐蚀现象或最大腐蚀深度大于 3mm，或腐蚀有发展趋势
砂浆层		无腐蚀现象	小范围出现腐蚀现象，最大腐蚀深度不大于 10mm，且无发展趋势	较大范围出现腐蚀现象或最大腐蚀深度大于 10mm，或腐蚀有发展趋势
砌体内部钢筋		无锈蚀现象	有锈蚀可能或有轻微锈蚀现象	明显锈蚀或锈蚀有发展趋势

3.6.2 砌体结构子单元使用性鉴定评级

1) 一般规定

（1）砌体结构使用性的第二层次鉴定评级，应按地基基础、上部承重结构和围护系统划分为三个子单元，并应分别按本节 2）~4）条规定的方法和标准进行评定。

（2）当仅要求对某个子单元的使用性进行鉴定时，该子单元与其他相邻子单元之间的交叉部位，也应进行检查。若发现存在使用性问题时，应在鉴定报告中提出处理意见。

（3）当需按正常使用极限状态的要求对被鉴定结构进行验算时，其所采用的分析方法和基本数据，应符合本书中第 3.6.1 节中的要求。

2) 地基基础

（1）地基基础的使用性，可根据其上部承重结构或围护系统的工作状态进行评定。

（2）当评定地基基础的使用等级时，应按下列规定评级：

① 当上部承重结构和围护系统的使用性检查未发现问题，或所发现问题与地基基础无关时，可根据实际情况定为 A_s 级或 B_s 级。

② 当上部承重结构和围护系统所发现的问题与地基基础有关时，可根据上部承重结构和围护系统所评的等级，取其中较低一级作为地基基础使用性等级。

3) 上部承重结构

（1）上部承重结构子单元的使用性鉴定评级，应根据其所含各种构件集的使用性等级和结构的侧向位移等级进行评定。当建筑物的使用要求对振动有限制时，还应评估振动的影响。

（2）当评定一种构件集的使用性等级时，应按下列规定评级：

① 对单层房屋，应以计算单元中每种构件集为评定对象；

② 对多层和高层房屋，应随机抽取若干层为代表层进行评定，代表层的选择应符合下列规定：

a. 代表层的层数，应按 $\sqrt{m}$ 确定，m 为该鉴定单元的层数；若 $\sqrt{m}$ 为非整数时，应多取一层；

b. 随机抽取的 $\sqrt{m}$ 层中，若未包括底层、顶层和转换层时，应另增这些层为代表层。

（3）在计算单元或代表层中，评定一种构件集的使用性等级时，应根据该层该种构件中每一受检构件的评定结果，按下列规定评级：

① A_s 级，该构件集内，不含 c_s 级构件，可含 b_s 级构件，但含量不多于 35%；

② B_s 级，该构件集内，可含 c_s 级构件，但含量不多于 25%；

③ C_s 级，该构件集内，c_s 级含量多于 B_s 级的规定数；

④ 对每种构件集的评级，在确定各级百分比含量的限值时，应对主要构件集取下限，对一般构件集取偏上限或上限，但应在检测前确定所采用的限值。

（4）各计算单元或代表层的使用性等级，应按本节本项第（5）条的规定进行确定。

（5）上部结构使用功能的等级，应根据计算单元或代表层所评的等级，按下列规定进行确定：

① A_s 级，不含 C_s 级的计算单元或代表层；可含 B_s 级，但含量不宜多于 30%；

② B_s 级，可含 C_s 级的计算单元或代表层，但含量不多于 20%；

③ C_s 级，在该计算单元或代表层中，C_s 级含量多于 B_s 级的规定值。

（6）当上部承重结构的使用性需考虑侧向位移的影响时，可采用检测或计算分析的方法进行鉴定，应按下列规定进行评级：

① 对检测得到的由综合因素引起的侧向位移值，应按表 3.6.2-1 结构侧向位移限制等级的规定评定每一测点的等级，并应按下列原则分别确定结构顶点和层间的位移等级：

a. 对结构顶点，应按各测点中占多数的等级确定；

b. 对层间，应按各测点最低的等级确定；

c. 根据以上两项评定结果，应取其中较低等级作为上部承重结构侧向位移使用性等级。

② 当检测有困难时，应在现场取得与结构有关参数的基础上，采用计算分析方法进行鉴定。若计算的侧向位移不超过表 3.6.2-1 中 B_s 级界限时，可根据该上部承重结构的完好程度评为 A_s 级或 B_s 级。若计算的侧向位移值已超出表 3.6.2-1 中 B_s 级的界限，应定为 C_s 级。

表 3.6.2-1　结构的侧向位移限值

检查项目	结构类别		位移限值		
			A_s 级	B_s 级	C_s 级
钢筋混凝土结构或钢结构的侧向位移	多层框架	层间	≤$H_i/500$	≤$H_i/400$	>$H_i/400$
		结构顶点	≤$H/600$	≤$H/500$	>$H/500$
	高层框架	层间	≤$H_i/600$	≤$H_i/500$	>$H_i/500$
		结构顶点	≤$H/700$	≤$H/600$	>$H/600$
	框架-剪力墙框架-筒体	层间	≤$H_i/800$	≤$H_i/700$	>$H_i/700$
		结构顶点	≤$H/900$	≤$H/800$	>$H/800$
	筒中筒剪力墙	层间	≤$H_i/950$	≤$H_i/850$	>$H_i/850$
		结构顶点	≤$H/1100$	≤$H/900$	>$H/900$

检查项目	结构类别		位移限值		
			A_s级	B_s级	C_s级
砌体结构侧向位移	多层房屋（墙承重）	层间	$\leq H_i/550$	$\leq H_i/450$	$>H_i/450$
		结构顶点	$\leq H/650$	$\leq H/550$	$>H/550$
	多层房屋（柱承重）	层间	$\leq H_i/600$	$\leq H_i/500$	$>H_i/500$
		结构顶点	$\leq H/700$	$\leq H/600$	$>H/600$

注：表中 H 为结构顶点高度；H_i 为第 i 层的层间高度。

（7）上部承重结构的使用性等级，应根据本节本项中第（3）条~第（6）条的评定结果，按上部结构使用功能和结构侧移所评等级，取其中较低等级作为其使用性等级。

（8）当考虑建筑物所受的振动作用可能会对人的生理、仪器设备的正常工作、结构的正常使用产生不利影响时，可按《民用建筑可靠性鉴定标准》（GB 50292—2015）附录 M 的规定进行振动对上部结构影响的使用性鉴定。若评定结果不合格，应按下列规定对按本节本项中第（3）条或第（5）条所评等级进行修正：

① 当振动的影响仅涉及一种构件集时，可仅将该构件集所评等级降为 C_s 级。

② 当振动的影响涉及两种及以上构件集或结构整体时，应将上部承重结构以及所涉及的各种构件集均降为 C_s 级。

（9）当遇到下列情况之时，可不按本节本项第（8）条的规定，应直接将该上部结构使用性等级定为 C_s 级。

① 在楼层中，其楼面振动已使室内精密仪器不能正常工作，或已明显引起人体不适感。

② 在高层建筑的顶部几层，其风振效应已使用户感到不安。

③ 振动引起的非结构构件或装饰层的开裂或其他损坏，已可通过目测判定。

4）围护系统

（1）围护系统（子单元）的使用性鉴定评级，应根据该系统的使用功能及其承重部分的使用性等级进行评定。

（2）当评定围护系统使用功能时，应按表 3.6.2-2 规定的检查项目及其评定标准逐项评级，并应按下列原则确定围护系统的使用功能等级：

① 一般情况下，可取其中最低等级作为围护系统的使用功能等级。

② 当鉴定的房屋对表中各检查项目的要求有主次之分时，也可取主要项目中的最低等级作为围护系统使用功能等级。

③ 当按上款主要项目所评的等级为 A_s 级或 B_s 级，但有多于一个次要项目为 C_s 级时，应将围护系统所评等级降为 C_s 级。

表 3.6.2-2　围护系统使用功能等级的评定

检查项目	A_s 级	B_s 级	C_s 级
屋面防水	防水构造及排水设施完好，无老化、渗漏及排水不畅的迹象	构造、设施基本完好，或略有老化迹象，但尚不渗漏及积水	构造、设施不当或已损坏，或有渗漏，或积水
吊顶(天棚)	构造合理，外观完好，建筑功能符合设计要求	构造稍有缺陷，或有轻微变形或裂纹，或建筑功能略低于设计要求	构造不当或已损坏，或建筑功能不符合设计要求，或出现有碍外观的下垂
非承重内墙	构造合理，与主体结构有可靠联系，无可见变形、面层完好，建筑功能符合设计要求	略低于 A_s 级要求，但尚不显著影响其使用功能	已开裂、变形，或已破损，或使用功能不符合设计要求
外墙	墙体及其面层外观完好，无开裂、变形；墙脚无潮湿迹象；墙厚符合节能要求	略低于 A_s 级要求，但尚不显著影响其使用功能	不符合 A_s 级要求，且已显著影响其使用功能
门窗	外观完好，密封性符合设计要求，无剪切变形迹象，开闭或推动自如	略低于 A_s 级要求，但尚不显著影响其使用功能	门窗构件或其连接已损坏，或密封性差，或有剪切变形，已显著影响其使用功能
地下防水	完好，且防水功能符合设计要求	基本完好，局部可能有潮湿迹象，但尚不渗漏	有不同程度损坏或有渗漏
其他防护设施	完好，且防护功能符合设计要求	有轻微缺陷，但尚不显著影响其防护功能	有损坏，或防护功能不符合设计要求

（3）当评定围护系统承重部分的使用性时，应按本节第3)项第(3)条的标准评级其每种构件的等级，并应取其中最低等级作为该系统承重部分使用性等级。

（4）围护系统的使用性等级，应根据其使用功能和承重部分使用性的评定结果，按较低的等级确定。

（5）对围护系统使用功能有特殊要求的建筑物，除应按本标准鉴定评级外，尚应按国家现行标准进行评定。若评定结果合格，可维持按所评等级不变；若不合格，应将按本标准所评的等级降为 C_s 级。

3.6.3　砌体结构鉴定单元使用性鉴定评级

（1）砌体结构鉴定单元的使用性鉴定评级，应根据地基基础、上部承重结构和围护系统的使用性等级，以及与整幢建筑有关的其他使用功能问题进行评定。

（2）鉴定单元的使用性等级，应根据第3.6.2节的评定结果，按三个子单元中最低的等级确定。

（3）当鉴定单元的使用性等级按本节第（2）条评为 A_{ss} 级或 B_{ss} 级，但当遇到下列情况之一时，宜将所评等级降为 C_{ss} 级。

① 房屋内外装修已大部分老化或残损。

② 房屋管道、设备已需全部更新。

3.7　砌体结构的可靠性鉴定评级

1）民用建筑的可靠性鉴定，应按《民用建筑可靠性鉴定标准》（GB 50292—2015）第 3.2.2 条划分的层次，以其安全性和使用性的鉴定结果为依据逐层进行。

2）当不要求给出可靠性等级时，民用建筑各层次的可靠性，宜采取直接列出其安全性等级和使用性等级的形式予以表示。

3）当需要给出民用建筑各层次的可靠性等级时，可根据其安全性和正常使用性的评定结果，按下列原则确定：

（1）该层次安全性等级低于 b_u 级、B_u 级或 B_{su} 级时，应按安全性等级确定。

（2）除上款情形外，可按安全性等级和正常使用性等级中较低的一个等级确定。

（3）当考虑鉴定对象的重要性或特殊性时，允许对本节 3）中第（2）款的评定结果作不大于一级的调整。

3.8　工程案例分析

3.8.1　砌体结构的安全性鉴定案例分析（常规体检类）

1）项目概况

某中学主教学楼位于陕西省渭南市，为地上三层砖砌体结构，整体呈矩形，长约为 77.1m，宽约为 14.2m，建筑高度约为 10.9m。地上部分共分为两段，两段之间设置抗震缝，总建筑面积约为 2339m²。由于该建筑物建设年代久远，为了解它的结构现状，确定其在现使用功能条件下的结构安全性能，对该建筑进行结构安全性鉴定，建筑外立面现状见图 3.8.1-1。

2）检验标准及依据

（1）《建筑结构可靠性设计统一标

图 3.8.1-1　建筑外立面现状

准》（GB 50068—2018）；

（2）《砌体结构设计规范》（GB 50003—2011）；

（3）《砌体工程现场检测技术标准》（GB/T 50315—2011）；

（4）《贯入法检测砌筑砂浆抗压强度技术规程》（JGJ/T 136—2017）；

（5）《建筑结构检测技术标准》（GB/T 50344—2019）；

（6）《砌体结构工程施工质量验收规范》（GB 50203—2011）；

（7）《回弹法检测混凝土抗压技术规程》（JGJ/T 23—2011）；

（8）《混凝土中钢筋检测技术规程》（JGJ/T 152—2019）；

（9）《建筑结构荷载规范》（GB 50009—2012）；

（10）《建筑地基基础设计规范》（GB 50007—2011）；

（11）《建筑变形测量规范》（JGJ 8—2016）；

（12）《民用建筑可靠性鉴定标准》（GB 50292—2015）；

（13）委托方提供的相关信息资料。

3）检查、检测项目及内容

（1）对该建筑物的结构现状进行检查，主要包括基本情况调查、地基变形检查、结构布置和构造措施核查、构件外观质量缺陷检查等。

（2）采用回弹法对砌筑用烧结砖抗压强度进行检测。

（3）采用贯入法对砌筑用砂浆抗压强度进行检测。

（4）采用回弹法对构件混凝土抗压强度进行检测。

（5）采用电磁感应法对混凝土构件中钢筋的直径、数量和间距进行检测。

（6）对构件尺寸、层高、轴线偏差进行检测。

（7）根据现场检查、检测情况确定构件的实际强度以及实际有效截面，对该建筑主体结构承载力进行复核验算。

（8）按照国家有关规范要求，并依据现场检查、检测结果及结构计算分析结果，对本建筑的主体结构的安全性鉴定。

（9）提出相应的处理建议。

4）检查、检测结果

（1）结构布置调查、基本情况调查及现状普查。

经现场检测，该建筑结构平面布置图见图 3.8.1-3。该建筑物为矩形砌体结构，检测区域为地上 3 层。一段、二段一层层高为 3.60m，二层、三层层高均为 3.50m。一段、二段的楼屋面板均为预应力钢筋混凝土空心板。现场检查，该楼建筑形体及构件布置规则，房屋无错层，楼板无开大洞；结构构件连接方式正确、可靠，无松动变形或其他残损。一段、二段建筑物四角及楼梯间均设有构造柱，所有墙体顶部均设置有圈梁，教室内部的混凝土横梁下均未设置构造柱。现场检查典型照片如图 3.8.1-2 所示。

图 3.8.1-2 现场检查典型照片

（2）各层墙体的烧结砖抗压强度推定等级均为 MU10。烧结砖抗压强度检测结果见表 3.8.1-1。

表 3.8.1-1 烧结砖抗压强度检测结果

测区编号	构件名称及部位	测区抗压强度平均值 f_i/MPa	抗压强度平均值/MPa	抗压强度最小值/MPa	强度变异系数 δ	抗压强度标准值/MPa	抗压强度推定等级
1	一层墙 4-5/C	11.77					
2	一层墙 14-15/C	11.27					
3	一层墙 16-17/D	11.84					
4	一层墙 22-23/D	11.14					
5	二层墙 8-9/C	10.43	11.55	10.43	0.044	10.64	MU10
6	二层墙 11-12/C	11.35					
7	二层墙 18-19/D	12.06					
8	三层墙 19-20/C	12.04					
9	三层墙 22-23/C	11.86					
10	三层墙 22-23/D	11.69					
结论	所抽检烧结砖抗压强度推定值为 MU10						

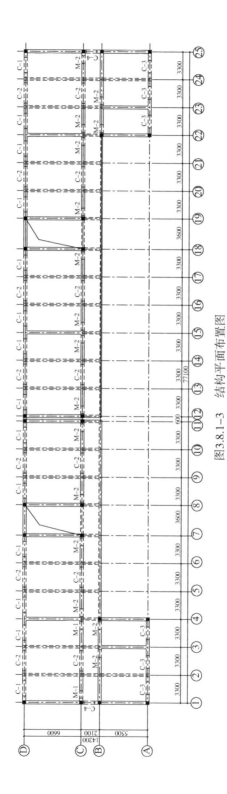

图3.8.1-3 结构平面布置图

82

（3）所抽检墙体的砌筑用砂浆抗压强度推定值最小为 1.1MPa。砂浆抗压强度检测结果见表 3.8.1-2。

表 3.8.1-2　砂浆抗压强度检测结果

测区编号	构件名称及部位	测区贯入深度平均值 m_{dj} /mm	测区砂浆强度换算值 $f^c_{2,j}$ /MPa	砂浆强度推定值一 $f^c_{2,e1}$ /MPa	砂浆强度推定值二 $f^c_{2,e2}$ /MPa	砂浆强度推定值 $f^c_{2,e}$ /MPa
1	一层墙 4-5/C	10.50	1.0			
2	一层墙 14-15/C	8.20	1.6			
3	二层墙 8-9/C	7.05	2.2	1.4	1.1	1.1
4	二层墙 11-12/C	10.00	1.1			
5	三层墙 19-20/C	11.10	0.8			
6	三层墙 22-23/C	8.16	1.6			

（4）构件混凝土强度检测结果推定值见表 3.8.1-3，检测结果显示，所抽检混凝土构件的现龄期混凝土抗压强度推定值最小为 20.6MPa，混凝土强度等级达到 C20 的强度要求。

表 3.8.1-3　混凝土构件抗压强度检测结果

序号	构件名称及部位	混凝土抗压强度换算值/MPa 平均值	标准差	最小值	现龄期凝土强度平均值/MPa（ α =0.91）	混凝土强度推定值/MPa
1	二层梁 5/C-D	24.9	1.28	23.5	22.7	20.6
2	二层梁 13/C-D	25.2	1.25	23.5	22.9	20.9
3	二层梁 20/C-D	25.4	1.28	23.1	23.1	21.0
4	三层梁 5/C-D	26.5	1.50	23.7	24.1	21.6
5	三层梁 13/C-D	25.0	1.01	23.6	22.8	21.1
6	三层梁 20/C-D	24.9	1.24	22.3	22.7	20.6
7	屋面梁 5/C-D	25.1	1.09	23.5	22.8	21.0
8	屋面梁 13/C-D	25.0	0.94	23.6	22.8	21.2
结论	所抽检混凝土构件的现龄期混凝土抗压强度推定值最小为 20.6MPa，混凝土等级达到 C20 的强度要求					

（5）现场采用电磁感应法对构件的钢筋数量进行检测，并剔除个别构件，对钢筋直径进行验证。混凝土构件中钢筋配置检测结果见表 3.8.1-4、表 3.8.1-5。

表 3.8.1-4　混凝土构件中纵筋直径和数量检测结果

序号	构件名称及部位	纵筋直径/mm	箍筋直径/mm	纵筋数量
1	二层梁 5/C-D	25	8	底面 3 根
2	二层梁 13/C-D	—	—	底面 3 根
3	二层梁 20/C-D	—	—	底面 3 根
4	三层梁 5/C-D	—	—	底面 3 根
5	三层梁 13/C-D	25	8	底面 3 根
6	三层梁 20/C-D	—	—	底面 3 根
7	屋面梁 5/C-D	—	—	底面 3 根
8	屋面梁 13/C-D	—	—	底面 3 根

表 3.8.1-5　混凝土构件中箍筋间距检测结果

序号	构件名称及部位	箍筋间距实测值/mm					
1	二层梁 5/C-D	202	201	204	207	194	199
2	二层梁 13/C-D	200	196	203	207	198	194
3	二层梁 20/C-D	203	195	207	199	203	204
4	三层梁 5/C-D	210	203	200	195	206	194
5	三层梁 13/C-D	213	194	207	196	206	215
6	三层梁 20/C-D	204	190	193	203	201	194
7	屋面梁 5/C-D	200	213	205	207	205	197
8	屋面梁 13/C-D	215	211	211	205	199	201

（6）对构件尺寸、层高、轴线偏差进行检测，检测结果见表 3.8.1-6～表 3.8.1-8。

表 3.8.1-6　混凝土构件尺寸及其偏差检测结果

序号	构件名称及部位	实测值/mm	序号	构件名称及部位	实测值/mm
1	二层梁 5/C-D	306×353	8	一层墙 17-18/C	375
2	二层梁 13/C-D	305×355	9	二层墙 4-5/C	378
3	三层梁 5/C-D	307×350	10	二层墙 8-9/C	375
4	三层梁 13/C-D	309×351	11	二层墙 17-18/C	379
5	屋面梁 5/C-D	311×353	12	三层墙 4-5/C	376
6	一层墙 4-5/C	372	13	三层墙 8-9/C	380
7	一层墙 8-9/C	377	14	三层墙 17-18/C	377

注：所测梁高为板下梁净高。

表 3.8.1-7 轴线位移检测结果

序号	轴线位置	实测值/mm	序号	轴线位置	实测值/mm
1	一层 5/C-D	6605	6	二层 5-6/C	3303
2	一层 23/A-B	5507	7	三层 5/C-D	6604
3	一层 3/B-C	2096	8	三层 18-19/D	3607
4	二层 5/C-D	6604	9	三层 24/B-C	2101
5	二层 18/C-D	6609			

表 3.8.1-8 层高检测结果

序号	检测位置	实测值/mm	序号	检测位置	实测值/mm
1	二层板 5-6/C-D	3453	6	三层板 20-21/C-D	3345
2	二层板 8-9/C-D	3455	7	屋面板 5-6/C-D	3344
3	二层板 20-21/C-D	3457	8	屋面板 8-9/C-D	3348
4	三层板 5-6/C-D	3347	9	屋面板 20-21/C-D	3346
5	三层板 8-9/C-D	3350			

注：所测层高为净高（从建筑现状的楼地面算起）。

5）结构承载力验算

（1）验算原则

① 构件截面尺寸，材料强度等参数，以实际检测复核结果为准；

② 荷载与作用取值按照使用用途以现行规范确定；

③ 结构分析按现行规范，计算采用盈建科结构设计软件进行。

（2）计算荷载

① 风荷载：基本风压 0.35kN/m^2；

② 雪荷载：基本雪压 0.25kN/m^2；

③ 楼面活荷载：2.5kN/m^2；

④ 走廊活荷载：3.5kN/m^2；

⑤ 屋面活荷载：0.5kN/m^2。

（3）承载力计算分析

依据现场检测数据，采用盈建科计算软件建立该结构整体分析计算模型并进行结构承载能力验算分析，如图 3.8.1-4 所示。

① 承重墙计算结果

计算结果表明，该楼一段建筑一层墙体有 14 个小墙段不满足受压承载力验算；二层墙体有 6 个小墙段不满足受压承载力验算；三层墙体墙段的实际抗力均大于作用效应，实际承载能力均大于计算作用效应，承载力满足要求。

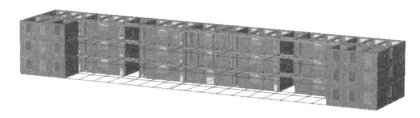

图 3.8.1-4 结构整体计算模型

该楼二段建筑一层墙体有 14 个小墙段不满足受压承载力验算；二层墙体有 8 个小墙段不满足受压承载力验算；三层墙体墙段的实际抗力均大于作用效应，实际承载能力均大于计算作用效应，承载力满足要求。

该楼墙体的高厚比验算均满足要求。

② 梁构件计算结果

计算结果表明，在现有使用用途的荷载条件下，该建筑所有梁的实际抗力均大于作用效应，实际承载能力均大于计算作用效应，承载力满足要求。

③ 楼屋面板计算说明

计算结果表明，在现有使用用途的荷载条件下，该楼预制板在预使用功能的荷载等级下承载力满足要求。

6）结构安全性鉴定

依据《民用建筑可靠性鉴定标准》（GB 50292—2015），在本次鉴定计算分析、现场检查、检测结果的基础上，按照构件、子单元和鉴定单元三个层次，逐层对该建筑物进行安全性鉴定评级。具体评定过程和评定结果见表 3.8.1-9～表 3.8.1-14。

表 3.8.1-9　构件鉴定评级表

鉴定单元	一段建筑	二段建筑
构件名称	安全性评定	
墙	该楼部分墙的承载能力不满足要求，墙的高厚比、连接及其他构造符合国家规范要求，未出现不适于继续承载的位移、裂缝。一层有 14 段墙（39%）评定为 d_u 级，其余墙评定为 a_u 级；二层有 6 段墙（17%）评定为 d_u 级，其余墙评定为 a_u 级；三层墙均评为 a_u 级	该楼部分墙的承载能力不满足要求，墙的高厚比、连接及其他构造符合国家规范要求，未出现不适于继续承载的位移、裂缝。一层有 14 段墙（33%）评定为 d_u 级，其余墙评定为 a_u 级；二层有 8 段墙（19%）评定为 d_u 级，其余墙评定为 a_u 级；三层墙均评为 a_u 级
梁	梁的承载能力满足规范要求，连接及构造满足国家规范要求，未出现不适于继续承载的位移、裂缝，故所有梁构件均评定为 a_u 级	梁的承载能力满足规范要求，连接及构造满足国家规范要求，未出现不适于继续承载的位移、裂缝，故所有梁构件均评定为 a_u 级

鉴定单元	一 段 建 筑	二 段 建 筑
构件名称	安全性评定	
板	该楼楼板的承载能力均满足要求，连接及构造符合国家规范要求，未出现不适于继续承载的位移、裂缝。楼板均评定为 a_u 级	该楼楼板的承载能力均满足要求，连接及构造符合国家规范要求，未出现不适于继续承载的位移、裂缝。楼板均评定为 a_u 级

表 3.8.1-10　子单元(地基基础部分)鉴定评级表

鉴定单元	一 段 建 筑	二 段 建 筑
安全性评定	不均匀沉降小于《建筑地基基础设计规范》(GB 50007—2011)的规定，建筑物无沉降裂缝、变形或位移；建筑场地地基稳定，无滑动迹象及滑动史。地基基础子单元评定为 A_u 级	不均匀沉降小于《建筑地基基础设计规范》(GB 50007—2011)的规定，建筑物无沉降裂缝、变形或位移；建筑场地地基稳定，无滑动迹象及滑动史。地基基础子单元评定为 A_u 级

表 3.8.1-11　一段建筑子单元(上部承重结构部分)鉴定评级表

评定内容		评定过程	评定结果
安全性评定	承载功能	一层：墙构件集内有 14 段墙(39%)为 d_u 级，故评为 D_u 级；梁构件集内均为 a_u 级，故梁构件集均评为 A_u 级；板构件集均评定为 a_u 级，故评为 A_u 级。综合评定该代表层为 D_u 级。 二层：墙构件集内有 6 段墙(17%)为 d_u 级，故评为 D_u 级；梁、板构件集内都均为 a_u 级，故各构件集均评为 A_u 级。综合评定该代表层为 D_u 级。 三层：墙、梁、板构件集内都均为 a_u 级，故各构件集均评为 A_u 级。综合评定该代表层为 A_u 级。 综合各代表层评定等级，上部结构承载功能的安全性等级评定为 D_u 级	D_u 级
	结构整体性	该楼的结构布置较合理，形成完整体系，且结构选型及传力路线设计正确，符合现行设计规范规定；结构、构件间的联系设计合理；连接方式正确可靠，无松动变形或其他残损；圈梁布置符合现行设计规范要求，无裂缝或其他残损，能起闭合系统作用。综上所述，评定该建筑结构整体性等级为 B_u 级	
	结构侧向位移	现场检查该建筑各测点顶点位移均未超过《民用建筑可靠性鉴定标准》(GB 50292—2015)规范限值的要求。故按照不适于承载的侧向位移等级评为 B_u 级	

表 3.8.1-12　二段建筑子单元(上部承重结构部分)鉴定评级表

评定内容		评 定 过 程	评定结果
安全性评定	承载功能	一层:墙构件集内有 14 段墙(33%)为 d_u 级,故评为 D_u 级;梁构件集内均为 a_u 级,故梁构件集均评为 A_u 级;板构件集均评定为 a_u 级,故评为 A_u 级。综合评定该代表层为 D_u 级。 二层:墙构件集内有 8 段墙(19%)为 d_u 级,故评为 D_u 级;梁、板构件集内都均为 a_u 级,故梁、板各构件集均评为 A_u 级。综合评定该代表层为 D_u 级。 三层:墙、梁、板构件集内都均为 a_u 级,故各构件集均评为 A_u 级。综合评定该代表层为 A_u 级。 综合各代表层评定等级,上部结构承载功能的安全性等级评定为 D_u 级	D_u 级
	结构整体性	该楼的结构布置较合理,形成完整体系,且结构选型及传力路线设计正确,符合现行设计规范规定;结构、构件间的联系设计合理;连接方式正确可靠,无松动变形或其他残损;圈梁布置符合现行设计规范要求,无裂缝或其他残损,能起闭合系统作用。综上所述,评定该建筑结构整体性等级为 B_u 级	
	结构侧向位移	现场检查该建筑各测点顶点位移均未超过 GB 50292—2015 规范限值的要求。故按照不适于承载的侧向位移等级评为 B_u 级	

表 3.8.1-13　子单元(围护系统承重部分、功能)鉴定评级表

鉴定单元	一 段 建 筑	二 段 建 筑
安全性评定	围护系统的承重部分构件的承载功能等级评定为 B_u 级。围护系统的承重部分结构整体性等级为 B_u 级。结合 GB 50292—2015　7.4.6 条第 3 款之规定,该建筑围护系统的承重部分子单元的安全性等级评定结果 D_u 级	围护系统的承重部分构件的承载功能等级评定为 B_u 级。围护系统的承重部分结构整体性等级为 B_u 级。结合 GB 50292—2015　7.4.6 条第 3 款之规定,该建筑围护系统的承重部分子单元的安全性等级评定结果 D_u 级

表 3.8.1-14　鉴定单元综合鉴定评级表

鉴定单元	一 段 建 筑	二 段 建 筑
鉴定单元安全性等级	D_{su}	D_{su}

7)结论及建议

(1)结论:该建筑一段建筑的安全性鉴定评级结果为 D_{su} 级,安全性严重不

符合本标准对 A_{su} 级的规定，严重影响整体承载，必须立即采取措施；二段建筑的安全性鉴定评级结果为 D_{su} 级，安全性严重不符本标准对 A_{su} 级的规定，严重影响整体承载，必须立即采取措施。

（2）建议：根据计算结果，对不满足受压承载力的墙体可采用钢筋网砂浆面层等方法进行加固处理。

3.8.2 砌体结构的安全性鉴定案例分析（改造类）

1）项目概况

西安某中学教学楼，为地上三层砌体结构，建成于1966年，曾于1980年进行过抗震加固，沿建筑外墙增设钢筋混凝土构造柱及圈梁。该建筑初始用途为实验楼，后期改变为教学楼使用。该建筑东西总长约为52.8m，南北总宽约为15.3m，总建筑面积约为2337m²；室内外高差为0.3m，一层层高为3.40m，二~三层层高均为3.60m，建筑物总高度为10.9m；楼、屋面板均为预制钢筋混凝土空心板。为了解该建筑主体结构及地基基础在拟改造后使用荷载状况下的安全性，需对该建筑进行结构安全性鉴定。该

图 3.8.2-1　建筑外立面现状一

建筑外立面现状见图 3.8.2-1，一~三层结构平面布置图分别见图 3.8.2-2~图 3.8.2-4，出屋面结构布置图见图 3.8.2-5。

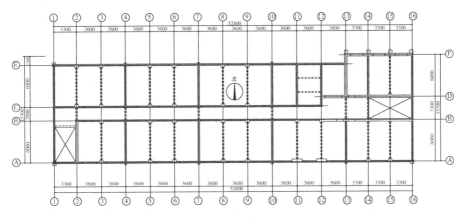

图 3.8.2-2　一层顶结构平面布置图

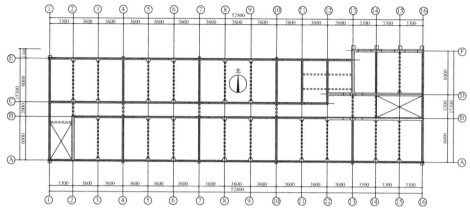

图 3.8.2-3　二层顶结构平面布置图

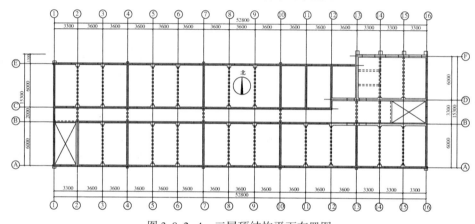

图 3.8.2-4　三层顶结构平面布置图

2）检验标准及依据

（1）《建筑结构可靠性设计统一标准》（GB 50068—2018）；

（2）《砌体结构设计规范》（GB 50003—2011）；

（3）《砌体工程现场检测技术标准》（GB/T 50315—2011）；

（4）《贯入法检测砌筑砂浆抗压强度技术规程》（JGJ/T 136—2017）；

（5）《建筑结构检测技术标准》（GB/T 50344—2019）；

（6）《砌体结构工程施工质量验收规范》（GB 50203—2011）；

（7）《回弹法检测混凝土抗压技术规程》（JGJ/T 23—2011）；

（8）《混凝土中钢筋检测技术规程》（JGJ/T 152—2019）；

（9）《建筑结构荷载规范》（GB 50009—2012）；

（10）《建筑地基基础设计规范》（GB 50007—2011）；

（11）《建筑变形测量规范》（JGJ 8—2016）；

（12）《民用建筑可靠性鉴定标准》（GB 50292—2015）；

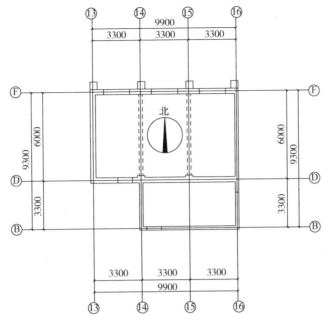

图 3.8.2-5　出屋面结构平面布置图

（13）委托方提供的相关信息资料。

3）检查、检测项目及内容

（1）对该建筑物的结构布置进行检查、检测，绘制结构布置图；对该建筑物的基本情况进行调查，主要包括设计信息、使用历史、使用功能和构造措施等；对该建筑的现有损伤状况进行检查并记录，主要包括渗水、开裂、露筋、锈蚀、地面沉陷、装饰脱落等。

（2）采用回弹法对砌筑用烧结砖抗压强度进行检测；

（3）采用砌体砂浆强度贯入检测仪对建筑的砌筑砂浆抗压强度进行抽样检测；

（4）采用回弹法对混凝土抗压强度进行检测；

（5）采用一体式钢筋扫描仪对部分钢筋混凝土梁构件的主筋根数、箍筋间距进行抽样检测；

（6）现场分别在建筑物角部设立观测点，采用全站仪对该建筑物进行顶点侧向（水平）位移测量；

（7）按照国家有关规范要求，并依据现场检查、检测结果及结构计算分析结果，对本建筑的主体结构的安全性鉴定；

（8）提出相应的处理建议。

4）检查、检测结果

（1）基本情况调查及结构现状检查

① 基本情况调查

该建筑为地上三层砌体结构，内、外墙体均包含有 240mm、370mm 厚，基础以上砌筑块材为烧结多孔砖，砌筑砂浆为现场拌制水泥混合砂浆，屋面为不上人屋面；所在场地地面粗糙类别为 C 类。根据《建筑抗震设计规范》(GB 50011—2010)(2016 年版)查得该建筑所处地区抗震设防烈度为 8 度(0.20g)，设计地震分组为第二组，场地类别为 Ⅱ 类，特征周期值为 0.40s；根据《建筑工程抗震设防分类标准》(GB 50223—2008)查得该建筑抗震设防类别为乙类，结构安全性等级按一级考虑；根据《建筑结构荷载规范》(GB 50009—2012)查得该建筑所处地区基本风压为 0.35kN/m²(R=50)，基本雪压为 0.25kN/m²(R=50)。

② 地基基础检查

现场在室内 16/A 转角处沿墙体开挖探井，探井深度约为 1.0m(从室内地坪算起)。现场检查发现，该建筑物采用条形基础，砌筑块材为烧结普通砖，底部为 3∶7 灰土；15-16/A 轴墙体基础呈现四级阶梯状，16/A-C 轴墙体基础呈现三级阶梯状，基础样式示意图见图 3.8.2-6，现场开挖探井照片如图 3.8.2-7 所示。

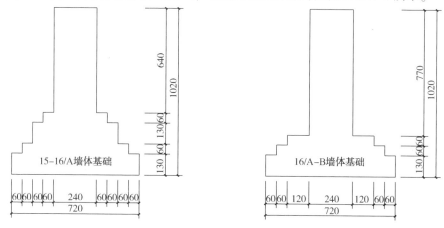

图 3.8.2-6　基础样式示意图

16/A-C 轴墙体基础

15-16/A 轴墙体基础

图 3.8.2-7　现场开挖探井照片

③ 上部结构及围护系统检查

现场检查，该楼建筑形体及构件布置规则，房屋无错层，楼板无开大洞；结构构件连接方式正确、可靠，基本无松动变形。

一层 10-13/A 外墙窗台下设置, 6 钢筋，但钢筋锈蚀严重；现场未检查到拉结筋；三层 10-13/A-B 轴范围内存在屋面板渗水的情况；个别预制板和梁搭接处抹灰层有轻微开裂；个别房间内墙体抹灰层局部有开裂、破损、脱落情况；个别墙体砌筑砂浆有局部不饱满、空洞情况；个别后加圈梁、构造柱及三层悬挑板构件有破损、露筋现象；多处窗台四角有斜向裂缝；该建筑北侧排水管缺失，导致部分墙体及构造柱长期泡水、变色发黑。检查未发现影响结构安全和使用功能的严重缺陷，现场检查典型照片如图 3.8.2-8 所示。

一层沿外纵墙窗台下设置钢筋

抹灰层空鼓、砂浆局部不饱满、空洞

后期增设钢筋混凝土圈梁及构造柱现状

部分外墙及构造柱长期泡水、变色发黑

室内房间现状

图 3.8.2-8　现场检查典型照片

93

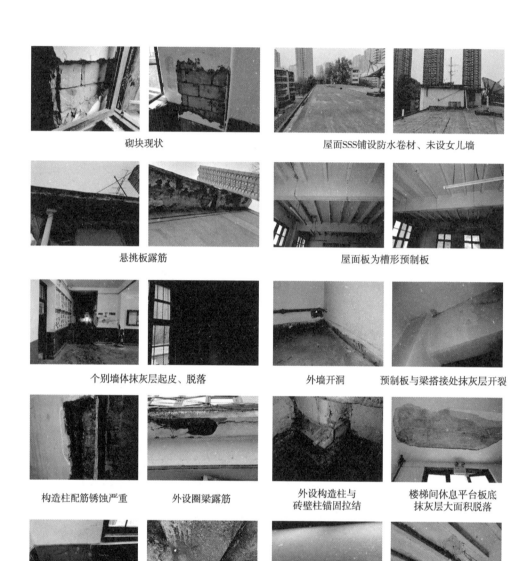

砌块现状　　　　　　　　　　　　　屋面SSS铺设防水卷材、未设女儿墙

悬挑板露筋　　　　　　　　　　　　屋面板为槽形预制板

个别墙体抹灰层起皮、脱落　　　　外墙开洞　　预制板与梁搭接处抹灰层开裂

构造柱配筋锈蚀严重　　外设圈梁露筋　　外设构造柱与　　楼梯间休息平台板底
　　　　　　　　　　　　　　　　　　砖壁柱锚固拉结　　抹灰层大面积脱落

窗台处有斜向裂缝　　散水破损　　楼面开裂　　屋面板渗水

图 3.8.2-8　现场检查典型照片(续)

（2）砌筑块材抗压强度检测

依据《砌体工程现场检测技术标准》(GB/T 50315—2011)等规范的相关规定进行，采用砖回弹仪进行随机抽检，检测结果见表 3.8.2-1～表 3.8.2-6。检测结果显示，该建筑物墙体砖抗压强度推定等级为 MU10。

表 3.8.2-1 一层承重墙体砖的回弹值检测结果

测区编号	构件名称及位置	测区抗压强度平均 f_i/MPa	单元抗压强度平均值/MPa	强度变异系数 δ	抗压强度标准值/MPa	抗压强度推定等级
1	一层 15-16/B 墙体	12.59				
2	一层 12/D-F 墙体	14.25				
3	一层 7/A-B 墙体	13.66				
4	一层 1-2/E 墙体	14.35				
5	一层 13-14/B 墙体	13.11	13.69	0.05	12.43	MU10
6	一层 10-11/B 墙体	14.06				
7	一层 4/A-B 墙体	14.30				
8	一层 13/A-B 墙体	12.79				
9	一层 9-10/B 墙体	13.31				
10	一层 2-3/C 墙体	14.51				
结论	所抽检烧结砖抗压强度推定等级为 MU10					

表 3.8.2-2 二层承重墙体砖的回弹值检测结果

测区编号	构件名称及位置	测区抗压强度平均 f_i/MPa	单元抗压强度平均值/MPa	强度变异系数 δ	抗压强度标准值/MPa	抗压强度推定等级
1	二层 4/C-E 墙体	12.80				
2	二层 7-8/C 墙体	12.48				
3	二层 7/C-E 墙体	12.82				
4	二层 7/A-B 墙体	13.21				
5	二层 13/A-B 墙体	14.06	13.18	0.06	11.87	MU10
6	二层 4/A-B 墙体	13.33				
7	二层 9-10/B 墙体	12.45				
8	二层 14-15/B 墙体	12.37				
9	二层 5-6/B 墙体	14.44				
10	二层 11/D-F 墙体	13.86				
结论	所抽检烧结砖抗压强度推定等级为 MU10					

表 3.8.2−3 三层承重墙体砖的回弹值检测结果

测区编号	构件名称及位置	测区抗压强度平均 f_i/MPa	单元抗压强度平均值/MPa	强度变异系数 δ	抗压强度标准值/MPa	抗压强度推定等级
1	三层 14−15/B 墙体	14.48				
2	三层 7/D−E 墙体	13.30				
3	三层 11−12/B 墙体	13.59				
4	三层 4/D−E 墙体	14.31				
5	三层 11/D−F 墙体	13.85	13.63	0.07	12.04	MU10
6	三层 4/A−B 墙体	13.42				
7	三层 10/A−B 墙体	12.58				
8	三层 10/D−F 墙体	12.00				
9	三层 8−9/B 墙体	13.82				
10	三层 5−6/B 墙体	14.99				
结论	所抽检烧结砖抗压强度推定等级为 MU10					

（3）砌筑砂浆抗压强度检测

依据《砌体工程现场检测技术标准》（GB/T 50315—2011）和《贯入法检测砌筑砂浆抗压强度技术规程》（JGJ/T 136—2017）等规范的相关规定，对该建筑物墙体砌筑砂浆强度进行检测，墙体砌筑砂浆强度检测结果见表 3.8.2-4~表 3.8.2-6。检测结果显示，该建筑物一层墙体砌筑砂浆抗压强度推定值为 2.1MPa，二层墙体砌筑砂浆抗压强度推定值为 2.0MPa，三层墙体砌筑砂浆抗压强度推定值为 2.0MPa。

表 3.8.2−4 一层墙体砂浆抗压强度检测结果

检测单元	测区编号	构件名称及部位	测区贯入深度平均值 m_{dj}/mm	测区砂浆强度换算值 $f_{2,j}^c$/MPa	砂浆强度推定值一 $f_{2,e1}^c$/MPa	砂浆强度推定值二 $f_{2,e2}^c$/MPa	砂浆强度推定值 $f_{2,e}^c$/MPa
1	1	一层 15−16/B 墙体	7.64	2.0	2.1	2.4	2.1
	2	一层 12/D−F 墙体	6.72	2.6			
	3	一层 7/A−B 墙体	7.38	2.2			
	4	一层 1−2/E 墙体	7.28	2.2			
	5	一层 13−14/B 墙体	6.61	2.7			
	6	一层 10−11/B 墙体	7.47	2.1			
结论	所抽检砌筑砂浆抗压强度推定值为 2.1MPa						

表 3.8.2-5　二层墙体砂浆抗压强度检测结果

检测单元	测区编号	构件名称及部位	测区贯入深度平均值 m_{dj} /mm	测区砂浆强度换算值 $f^c_{2,j}$ /MPa	砂浆强度推定值一 $f^c_{2,e1}$ /MPa	砂浆强度推定值二 $f^c_{2,e2}$ /MPa	砂浆强度推定值 $f^c_{2,e}$ /MPa
2	1	二层 4/C-E 墙体	7.17	2.3	2.0	2.2	2.0
	2	二层 7-8/C 墙体	7.55	2.1			
	3	二层 7/C-E 墙体	7.32	2.2			
	4	二层 7/A-B 墙体	7.90	1.9			
	5	二层 13/A-B 墙体	7.29	2.2			
	6	二层 4/A-B 墙体	7.24	2.3			
结论	所抽检砌筑砂浆抗压强度推定值为 2.0MPa						

表 3.8.2-6　三层墙体砂浆抗压强度检测结果

检测单元	测区编号	构件名称及部位	测区贯入深度平均值 m_{dj} /mm	测区砂浆强度换算值 $f^c_{2,j}$ /MPa	砂浆强度推定值一 $f^c_{2,e1}$ /MPa	砂浆强度推定值二 $f^c_{2,e2}$ /MPa	砂浆强度推定值 $f^c_{2,e}$ /MPa
3	1	三层 13/A-B 墙体	7.15	2.3	2.0	2.1	2.0
	2	三层 7/A-B 墙体	7.33	2.2			
	3	三层 11/C-E 墙体	7.07	2.4			
	4	三层 9-10/B 墙体	8.05	1.8			
	5	三层 10/C-E 墙体	6.71	2.7			
	6	三层 4/A-B 墙体	7.92	1.9			
结论	所抽检砌筑砂浆抗压强度推定值为 2.0MPa						

（4）混凝土抗压强度检测

依据《回弹法检测混凝土抗压强度技术规程》(JGJ/T 23—2011)，现场抽取部分梁构件采用回弹法检测其混凝土抗压强度，并根据《民用建筑可靠性鉴定标准》(GB 50292—2015)附录 K 对回弹法检测得到的现龄期测区混凝土抗压强度换算值进行修正，构件现龄期混凝土抗压强度检测结果列于表 3.8.2-7。结果表明，所检梁构件混凝土抗压强度推定值最小值为 25.9MPa。

表 3.8.2-7　混凝土构件抗压强度检测结果

构件名称及部位	混凝土抗压强度换算值/MPa			现龄期混凝土强度推定值 $\alpha=0.86$MPa
	平均值	标准差	最小值	
一层 9/A-B 轴梁	31.8	1.27	30.1	29.8
一层 5/A-B 轴梁	28.8	1.39	26.9	26.5

构件名称及部位	混凝土抗压强度换算值/MPa			现龄期混凝土强度推定值 α=0.86MPa
	平均值	标准差	最小值	
一层 3/C-E 轴梁	33.3	1.29	31.7	31.1
一层 3/A-B 轴梁	28.0	1.30	26.3	25.9
二层 8/A-B 轴梁	29.6	1.22	27.3	27.6
二层 5/C-E 轴梁	30.1	1.26	28.0	28.0
二层 11/A-B 轴梁	30.3	0.96	28.6	28.7
三层 6/A-B 轴梁	33.7	1.39	32.0	31.4
三层 8/C-E 轴梁	31.7	1.72	29.4	28.9
三层 9/A-B 轴梁	29.7	1.57	27.4	27.1

（5）混凝土构件中钢筋配置检测

依据《混凝土中钢筋检测技术规程》（JGJ/T 152—2019），现场采用一体式钢筋扫描仪对混凝土梁构件的钢筋数量及间距进行抽样检测，并破凿检测其钢筋直径，按照建筑建设年代推测纵向受力钢筋类别为"B"（HRB335 级钢筋）。所抽检梁构件的钢筋分布检测结果见表 3.8.2-8。

表 3.8.2-8 钢筋混凝土梁钢筋检测结果

构件名称	检测内容	检测结果
一层 9/A-B 轴梁	底筋根数	3
	加密区箍筋间距	110
	非加密区箍筋间距	208
	底筋规格及直径	B22
一层 5/A-B 轴梁	底筋根数	3
	加密区箍筋间距	98
	非加密区箍筋间距	212
	底筋规格及直径	B22
一层 3/C-E 轴梁	底筋根数	3
	加密区箍筋间距	108
	非加密区箍筋间距	196
	底筋规格及直径	B22
二层 8/A-B 轴梁	底筋根数	3
	非加密区箍筋间距	206
	底筋规格及直径	B25

构 件 名 称	检 测 内 容	检 测 结 果
二层 5/C-E 轴梁	底筋根数	3
	非加密区箍筋间距	194
	底筋规格及直径	B25
二层 11/A-B 轴梁	底筋根数	3
	非加密区箍筋间距	213
	底筋规格及直径	B25
三层 6/A-B 轴梁	底筋根数	3
	非加密区箍筋间距	207
	底筋规格及直径	B22
三层 8/C-E 轴梁	底筋根数	3
	非加密区箍筋间距	212
	底筋规格及直径	B22
三层 9/A-B 轴梁	底筋根数	3
	非加密区箍筋间距	191
	箍筋规格及直径	A6
	底筋规格及直径	B22

（6）结构侧向位移检测

根据现场实际条件对该建筑布置 5 个测点量测侧向位移，量测结果见表 3.8.2-8 的图中"→"表示结构侧移方向。数据表明，该建筑实测最大顶点侧向位移为 14mm。各测点位移均未超过《民用建筑安全性鉴定标准》（GB 50292—2015）中表 7.3.10 限值 $H/330$（33mm）。

表 3.8.2-8 侧向位移检测结果

测 点 号	侧向位移/mm	测 点 号	侧向位移/mm
测点 1	12	测点 2	14
测点 3	7	测点 4	9
测点 5	12	—	—

测点布置及侧移方向示意图：

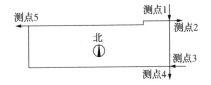

5）结构承载力验算

（1）验算原则：

① 结构重要性系数 γ_0 取 1.1；

② 构件截面尺寸，材料强度等参数，以实际检测结果为准；

③ 荷载与作用取值按照现阶段使用用途及现行规范确定；

④ 结构验算分析采用盈建科结构设计软件进行。

（2）计算荷载：

① 风荷载：基本风压 $0.35kN/m^2$；

② 雪荷载：基本雪压 $0.20kN/m^2$；

③ 教室楼面活荷载：$2.5kN/m^2$；

④ 卫生间活荷载：$2.5kN/m^2$；

⑤ 走廊活荷载：$3.5kN/m^2$；

⑥ 楼梯间活荷载：$3.5kN/m^2$；

⑦ 不上人屋面活荷载：$0.5kN/m^2$。

（3）承载力计算分析

依据现场检测数据，采用盈建科计算软件建立该结构整体分析计算模型并进行结构承载能力验算分析，如图 3.8.2-9 所示。

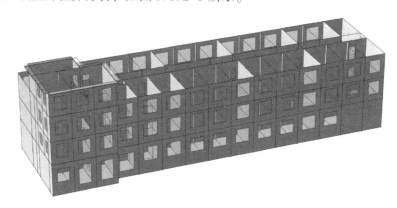

图 3.8.2-9　结构整体计算模型

① 墙体构件计算结果

计算结果表明，该建筑一层 1/C-E 轴、13-16/F 轴，二层 14-16/F 轴，三层 13-16/F 轴墙体构件的实际承载能力均小于计算作用效应，即 $R<\gamma_0 S$，抗压承载力不满足要求；其余各墙体构件的实际承载能力均大于计算作用效应，即 $R>\gamma_0 S$，抗压承载力满足要求。该建筑各墙体构件的高厚比均满足要求。

② 梁构件计算结果

计算结果表明，各梁构件的实际抗力均大于作用效应，实际承载能力均大于计算作用效应，即 $R>\gamma_0 S$，承载力满足要求。

6）结构安全性鉴定

（1）构件安全性鉴定评级

砌体结构构件的安全性鉴定，应按承载能力、构造、不适于承载的位移和裂缝或其他损伤等四个检查项目，分别评定每一受检构件的等级，并应取其中最低一级作为该构件的安全性等级。

混凝土结构构件的安全性鉴定，应按承载能力、构造、不适于承载的位移或变形、裂缝或其他损伤等四个检查项目，分别评定每一受检构件的等级，并取其中最低一级作为该构件安全性等级。

根据现场检查和检测结果，以及基于检查、检测结果进行的结构验算分析结果，按照《民用建筑可靠性鉴定标准》（GB 50292—2015）的有关规定，对该结构构件的安全性进行了分析评定，具体评定过程和评定结果如下：

① 墙体

计算结果表明，该建筑一层 1/C-E 轴、13-16/F 轴，二层 14-16/F 轴，三层 13-16/F 轴墙体的实际承载能力小于 0.90 倍的计算作用效应，即 $R<0.90\gamma_0 S$，按照承载能力检查项目评级，上述墙体构件安全性等级均评定结果均为 d_u 级；其余各墙体构件的实际承载能力均大于计算作用效应，即 $R>\gamma_0 S$，抗压承载力满足要求，按照承载能力检查项目评级，其余墙体构件安全性等级评定结果均为 a_u 级；计算结果表明，该建筑各墙体构件的高厚比均符合规范要求，连接及砌筑方式正确，构造符合国家现行相关规范规定，基本无缺陷，工作无异常，按连接及构造检查项目评级，该建筑各墙体构件的安全性等级评定结果均为 b_u 级；经现场检查检测，未发现该建筑各墙体构件出现不适于继续承载的位移。按照不适于承载的位移检查项目评级，该建筑各墙体构件的安全性等级评定结果均为 b_u 级；经现场检查检测，除个别墙体存在内墙体抹灰层局部有开裂、破损、脱落情况，未发现可能影响结构安全的其他损伤，按照可能影响结构安全的裂缝或其他损伤检查项目评级，墙体构件的安全性等级评定结果均为 b_u 级。

综合以上各检查项目安全等级评定结果，该建筑一层 1/C-E 轴、13-16/F 轴，二层 14-16/F 轴，三层 13-16/F 轴墙体安全性等级评定结果为 d_u 级；其余墙体安全性等级评定结果均为 b_u 级。

② 梁构件

计算结果表明，该建筑钢筋混凝土梁构件的实际抗力均大于考虑结构重要性系数后的作用效应，即 $R>\gamma_0 S$，承载力满足要求。按照承载能力检查项目评级，梁构件评定结果均为 a_u 级；梁构件的构造合理；连接方式正确，基本满足国家现行规范要求，工作无异常。按照构造检查项目评级，梁构件评定结果均为 a_u 级；未发现明显不适于承载的位移或变形，未发现框架梁有明显不合理挠度。按

101

照不适于承载的位移或变形检查项目评级，框架梁评定结果均为 b_u 级；未发现不适于继续承载的裂缝及可能影响结构安全的其他损伤。按照不适于承载的裂缝宽度或其他损伤检查项目评级，框架梁评定结果均为 b_u 级。

综合以上项目安全等级评定结果，该建筑梁构件的评定结果均为 b_u 级。

③ 板

楼、屋面板均为预制钢筋混凝土空心板，该构件未受结构性改变、修复、修理或用途，或使用条件改变的影响、未遭明显的损坏、工作正常且不怀疑其可靠性不足，并在下一目标使用年限内，该构件所承受的作用和所处的环境，与过去相比不会发生显著变化。根据其实际完好程度评定结果均为 b_u 级。

（2）子单元的安全性鉴定评级

民用建筑安全性的第二层次子单元鉴定评级，应按地基基础、上部承重结构和围护系统的承重部分划分为三个子单元，并应分别按照《民用建筑可靠性鉴定标准》（GB 50292—2015）的鉴定方法和评级标准进行评定。

根据现场观测、调查、检测结果和结构验算分析结果，结合本案例 6）中（1）构件安全性评定结果，对该建筑三个子单元的安全性进行评定。

① 地基基础子单元评级

现场检查，上部结构构件未见由不均匀沉降等引起的墙体开裂及下陷等现象；室外地面与主体结构之间未出现明显的相对位移；建筑地基基础无静载缺陷，地基基础现状基本完好。根据不均匀沉降在上部结构中反应的检查结果，该结构地基基础子单元安全性等级间接评为 B_u 级。

综合以上各检查项目安全等级评定结果，该建筑地基基础子单元安全性等级评定结果为 B_u 级。

② 上部承重结构子单元评级

上部承重结构子单元的安全性鉴定评级，应根据其结构承载功能等级、结构整体性等级及结构侧向位移等级的评定结果进行确定。

a. 上部结构承载功能评级

该建筑为地上三层砌体结构，该楼各层可分别作为代表层，依据规范主要构件集安全性等级的评定标准，一~三层墙体构件集的安全性等级为 C_u 级；一~三层梁构件集的安全性等级为 B_u 级；一~三层板构件集的安全性等级均为 B_u 级。故该建筑一~三层各代表层的安全性等级均为 C_u 级。综合评定该建筑上部结构承载功能的安全性等级为 D_u 级。

b. 上部结构整体牢固性评级

本工程结构布置合理，可形成完整体系，结构传力路线清晰，故其结构布置及构造可评为 B_u 级；结构、构件设计基本合理、无疏漏；连接方式正确、可靠，无松动变形或其他残损，故结构及构件间的联系可评为 B_u 级；现场检查发现，

102

该建筑沿内墙设有钢筋混凝土圈梁，后期抗震加固沿外墙设有外圈梁及构造柱，但部分外置圈梁及构造柱破损露筋严重，故该建筑圈梁及构造柱的布置与构造可评为 C_u 级。综合评定该建筑结构整体牢固性的安全等级为 B_u 级。

c. 上部承重结构侧向位移等级

现场量测各测点墙顶点位移最大值为 14mm 未超过《民用建筑可靠性鉴定标准》（GB 50292—2015）规范限值 33mm（$H/330$）的要求。故按照不适于承载的侧向位移的安全等级评为 A_u 级。

综合以上各检查项目安全等级评定结果，该建筑上部承重结构子单元安全性等级评定结果为 B_u 级。

③ 围护系统承重部分子单元评级

该建筑围护墙体承重部分未出现不适于承载的倾斜、开裂等变形损伤，部分墙体窗洞四角出现轻微开裂。故围护系统的承重部分的承载功能的安全性等级评定结果为 B_u 级。围护系统的承重部分结构布置及构造、结构和构件间的连接基本符合国家现行标准规范要求，围护系统承重部分的结构整体性评级为 B_u 级。但根据标准中 7.4.6 条规定，围护系统承重部分的安全性等级，不应高于上部承重结构的等级，故围护系统承重部分的结构整体性等级为 D_u 级。

综合以上各检查项目安全等级评定结果，该建筑围护系统的承重部分子单元安全性等级评定结果为 D_u 级。

（3）鉴定单元综合鉴定评级

民用建筑第三层次鉴定单元的安全性鉴定评级，应根据其地基基础、上部承重结构和围护系统承重部分各子单元的安全性等级进行评定，根据现场调查、检测结果和结构验算分析结果，该楼鉴定单元的安全性等级评定为 D_{su} 级。

7）结论及建议

（1）结论：依据《民用建筑可靠性鉴定标准》（GB 50292—2015）等相关标准、规范，经对该建筑的现场检查、检测，计算及分析，该建筑的安全性鉴定评级结果为 D_{su} 级。

（2）建议：对已发现裂缝及其他损伤进行修复处理，但不限于已发现裂缝、损伤，包括修复过程中发现的其他问题；对评为 d_u 级的墙体构件进行加固处理。

3.8.3 砌体结构的安全性鉴定案例分析（事故类）

1）项目概况

某民用住宅楼为地上六层砌体结构，建筑面积约为 4000m²。于 2006 年 6 月建成，该建筑一~六层层高均为 2.90m，室内外高差为 0.75m，总长约为 51m，总宽约为 15m，建筑总高为 18.15m。因城市持续降水，该建筑东侧散水整体出现轻微下陷、局部断裂并与建筑主体脱开，且部分住户家里墙体近期陆续出现裂缝，此后几日内该建筑部分墙体再次陆续出现新裂缝。为掌握该建筑物目前的结构安全性能，需对该建筑进行结构安全性鉴定。建筑外立面现状见图 3.8.3-1。

图 3.8.3-1　建筑外立面现状

2）检验标准及依据

（1）《建筑结构可靠性设计统一标准》（GB 50068—2018）；

（2）《民用建筑可靠性鉴定标准》（GB 50292—2015）；

（3）《砌体结构设计规范》（GB 50003—2011）；

（4）《建筑结构荷载规范》（GB 50009—2012）；

（5）《建筑地基基础设计规范》（GB 50007—2011）；

（6）《建筑结构检测技术标准》（GB/T 50344—2019）；

（7）《砌体工程现场检测技术标准》（GB/T 50315—2011）；

（8）《砌体结构工程施工质量验收规范》（GB 50203—2011）；

（9）《贯入法检测砌筑砂浆抗压强度技术规程》（JGJ/T 136—2017）；

（10）《建筑变形测量规范》（JGJ 8—2016）；

（11）委托方提供的设计图纸、竣工资料及地勘报告等相关技术资料。

3）检查、检测项目及内容

（1）对该建筑物的基本情况进行调查；核查设计图纸及地质勘查报告，对建筑物的结构布置进行检查、检测；对建筑物的现有损伤状况进行检查并记录，主要包括渗水、开裂、露筋、锈蚀、地面沉陷、装饰脱落等；现场开挖探井，对散水下回填土体进行检查。

（2）采用贯入法对砌筑用砂浆抗压强度进行检测。

（3）采用回弹法对砌筑块材抗压强度进行检测。

（4）采用回弹法对钢筋混凝土构件的混凝土抗压强度进行随机抽样检测。

（5）采用电磁感应法对钢筋混凝土梁底部受力纵筋根数、箍筋间距以及现浇钢筋混凝土板底钢筋间距进行随机抽样检测。

（6）采用全站仪、钢卷尺等工具对该建筑物顶点侧向（水平）位移进行检测。

（7）根据现场检查、检测情况确定构件的实际强度以及实际有效截面，对该建筑主体结构承载力进行复核验算。

（8）按照国家有关规范要求，并依据现场检查、检测结果及结构计算分析结果，对该建筑的主体结构安全性进行综合鉴定评价。

（9）提出相应的处理建议。

4）检查、检测结果

（1）结构布置调查、基本情况调查及现状普查

① 基本情况调查

通过对该建筑的结构布置进行检测，绘制结构平面布置图见图3.8.3-2。该建筑结构布置较规则，楼板无开大洞；结构构件连接方式基本正确、可靠，砌筑方式基本正确；为地上六层砌体结构，一～三层外墙为370mm厚，四～六层外墙为240mm厚，一～六层内墙为240mm厚，均采用KP1型烧结多孔砖砌筑；阳台及厨房位于南北两侧悬挑区域，悬挑梁为截面尺寸为（200×400）mm的钢筋混凝土梁，悬挑板为现浇钢筋混凝土板；一～五层除1-29/B-C轴范围内顶板为现浇钢筋混凝土板外，其他顶板均为预应力空心楼板，六层顶板（屋面板）为现浇钢筋混凝土板，屋面为不上人屋面。该建筑建成后一直作为居民住宅楼使用，现场无高温、腐蚀作用，使用过程中未遭受爆炸、火灾等灾害作用，也未进行过加固改造及使用用途的改变。

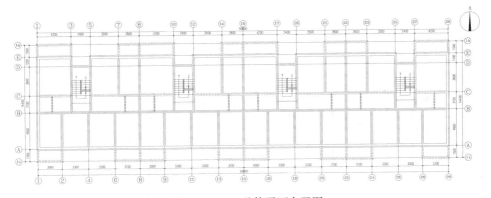

图3.8.3-2 总体平面布置图

② 地基基础检查

在该建筑东侧中部和西侧中部散水处开挖探井发现，在探井深度范围内未见灰土，散水做法未按设计要求的做法施工；且散水底～1.500m范围内回填土掺杂有建筑垃圾，土壤密实度较低；建筑东侧中部-1.500～-2.000m深度范围内回填土中含有细砂，土壤含水量高于上层回填土，且密实度比上层回填土小；西侧

中部基顶至混凝土垫层底深度范围内回填土为素土，呈现泥状；混凝土垫层底部为灰土垫层，土质坚硬。本工程场地湿陷等级为三级自重湿陷性黄土，地基处理采用灰土垫层换填，为填方场地。具体见图3.8.3-3。

在探井深度范围内未见灰土，回填土中掺有建筑垃圾　　　建筑东侧中部回填土中含有细砂

图3.8.3-3　现场开挖地基基础照片

③上部结构及围护系统检查

该建筑物东侧屋面排水管出水口此前一直设于主体与散水交界处，雨水可以通过主体与散水之间的裂缝直接流入回填土渗入地基中。由于城市近期持续降水，该建筑东侧散水出现整体轻微下陷且与主体结构之间完全脱开，距离散水边缘东侧约5cm处回填土地坪沿南北方向有明显裂缝，四单元一层北部纵墙外散水局部横向断裂；部分住户家里部分纵向墙体出现斜向裂缝，卫生间局部墙面装饰瓷砖有斜向开裂，部分纵墙上的户内门无法闭合，极少数顶板梁底及侧面存在表面抹灰层开裂；部分户内顶板存在预制板接缝处开裂的情况；个别户内客厅地面中间沿南北方向轻微下陷。具体见图3.8.3-4。

散水横向断裂，裂缝长度约为1.5m、宽度约为3cm　　　东侧散水出现整体轻微下陷且与主体结构之间彻底断裂

图3.8.3-4　现场检查典型照片

106

东南角围墙近期出现斜向贯通裂缝

散水东侧地坪沿南北方向有明显裂缝

部分纵向墙体出现斜向裂缝

梁底及梁两侧抹灰层有竖向裂缝

墙体外侧窗洞下角有斜裂缝

建筑东北角处下水管道井内有积水

两楼之间的自来水管道存在较严重渗漏情况

两楼中间位置排水管道排水不畅,
管道井内大量积水直接渗入地下土层

图 3.8.3-4　现场检查典型照片(续)

（2）依据《建筑结构检测技术标准》（GB/T 50344—2004）和《贯入法检测砌筑砂浆抗压强度技术规程》（JGJ/T 136—2017）等规范的相关规定，对该建筑物墙体砌筑砂浆强度进行检测，墙体砌筑砂浆强度检测结果见表 3.8.3-1。检测结果显示，该建筑物一~四层墙体砌筑砂浆抗压强度推定值为 9.6MPa，五~六层墙体砌筑砂浆抗压强度推定值为 7.2MPa。

表 3.8.3-1　砂浆抗压强度检测结果

检测单元	测区编号	构件名称及部位	测区贯入深度平均值 m_{dj} / mm	测区砂浆强度换算值 $f_{2,j}^{c}$ / MPa	砂浆强度推定值一 $f_{2,e1}^{c}$ /MPa	砂浆强度推定值二 $f_{2,e2}^{c}$ /MPa	砂浆强度推定值 $f_{2,e}^{c}$ /MPa
1	1	一层 3-5/B 轴墙体	3.72	9.3	9.6	11.0	9.6
	2	二层 3-5/B 轴墙体	3.52	10.5			
	3	二层 10-12/B 轴墙体	3.71	9.3			
	4	三层 25-27/B 轴墙体	3.57	10.2			
	5	三层 17-19/B 轴墙体	3.09	13.8			
	6	四层 25-27/B 轴墙体	3.58	10.1			
2	1	五层 3-5/B 轴墙体	4.11	7.5	7.2	7.6	7.2
	2	五层 10-12/B 轴墙体	4.00	8.0			
	3	五层 25-27/B 轴墙体	4.43	6.4			
	4	六层 3-5/B 轴墙体	3.50	10.6			
	5	六层 10-12/B 轴墙体	4.29	6.9			
	6	六层 17-19/B 轴墙体	3.94	8.2			
结论		所抽检一~四层墙体砌筑砂浆抗压强度推定值为 9.6MPa；五~六层墙体砌筑砂浆抗压强度推定值为 7.2MPa					

（3）依据《砌体工程现场检测技术标准》（GB/T 50315—2011）等规范的相关规定进行，采用砖回弹仪对该建筑砌体结构承重墙砖进行抽检，检测结果见表 3.8.3-2。检测结果显示，该建筑物墙体砖抗压强度推定等级为 MU10。

表 3.8.3-2　墙体砖的回弹值检测结果

检测单元	测区编号	构件名称及位置	测区抗压强度平均值 f_i/MPa	单元抗压强度平均值/MPa	强度变异系数 δ	抗压强度标准值/MPa	抗压强度推定等级
1	1	一层 3-5/B 轴墙体	12.07	12.05	0.02	11.60	MU10
	2	一层 10-12/B 轴墙体	12.14				

检测单元	测区编号	构件名称及位置	测区抗压强度平均值 f_i/MPa	单元抗压强度平均值/MPa	强度变异系数 δ	抗压强度标准值/MPa	抗压强度推定等级
1	3	一层 17-19/B 轴墙体	11.56	12.05	0.02	11.60	MU10
	4	一层 25-27/B 轴墙体	11.88				
	5	二层 3-5/B 墙体	11.94				
	6	二层 10-12/B 墙体	12.12				
	7	二层 17-19/B 墙体	12.38				
	8	二层 25-27/B 墙体	12.12				
	9	三层 25-27/B 墙体	12.41				
	10	三层 17-19/B 墙体	11.88				
2	1	三层 3-5/B 轴墙体	11.50	11.74	0.04	10.91	
	2	四层 10-12/B 轴墙体	12.80				
	3	四层 3-5/B 轴墙体	11.79				
	4	四层 25-27/B 轴墙体	11.58				
	5	五层 3-5/B 轴墙体	11.29				
	6	五层 10-12/B 轴墙体	11.26				
	7	五层 17-19/B 轴墙体	11.39				
	8	六层 3-5/B 轴墙体	11.84				
	9	六层 10-12/B 轴墙体	12.07				
	10	六层 25-27/B 轴墙体	11.85				

结论：所抽检烧结多孔砖抗压强度推定等级为 MU10

（4）依据《混凝土结构现场检测技术标准》（GB/T 50784—2013）、《回弹法检测混凝土抗压强度技术规程》（JGJ/T 23—2011）中的相关规定，现场抽取部分框架柱、梁采用回弹法检测其混凝土抗压强度，抽检钢筋混凝土梁的混凝土抗压强度等级达到 C30，见表 3.8.3-3。

表 3.8.3-3　混凝土构件抗压强度检测结果

构件名称及部位	混凝土抗压强度换算值/MPa			现龄期混凝土强度推定值/MPa
	平均值	标准差	最小值	
一层(8-10)/B-C 轴梁	36.2	0.83	35.1	34.8
一层 15/E-(1/E) 轴梁	37.5	1.60	35.5	34.9
二层(22-23)/B-C 轴梁	39.0	1.73	36.8	36.2

构件名称及部位	混凝土抗压强度换算值/MPa			现龄期混凝土强度推定值/MPa
	平均值	标准差	最小值	
二层 8/E-(1/E)轴梁	37.0	1.92	33.3	33.8
二层(27-29)/B-C 轴梁	36.4	2.09	32.6	33.0
三层 22/A-(1/A)轴梁	38.3	2.27	35.1	34.6
三层 5-7/C 轴梁	39.4	2.31	35.1	35.6
三层(21-22)/B-C 轴梁	37.0	1.34	34.2	34.8
四层(22-23)/B-C 轴梁	37.5	1.60	35.5	34.9
四层 28/A-(1/A)轴梁	36.1	2.53	33.3	31.9
五层 23-25/C 轴梁	38.2	2.11	34.9	34.7
五层 8-10/(1/E)轴梁	40.6	1.08	38.6	37.2
六层(7-8)/B-C 轴梁	35.4	1.05	34.2	32.4
六层 17/E-(1/E)轴梁	34.8	1.49	32.7	31.0

（5）抽检梁构件的受力纵筋根数、钢筋直径与设计图纸相符，梁的箍筋间距及板底的钢筋间距偏差满足《混凝土结构工程施工质量验收规范》（GB 50204—2015）表 5.5.3 中的相关规定。

梁钢筋配置检测结果见表 3.8.3-4，楼板钢筋配置检测结果见表 3.8.3-5。

表 3.8.3-4　梁钢筋配置检测结果

构件名称	检测内容	检测结果
一层(8-10)/B-C 轴梁	底筋根数	3
	加密区箍筋间距	110
	非加密区箍筋间距	208
	底筋规格及直径	B25
一层 15/E-(1/E)轴梁	底筋根数	3
	加密区箍筋间距	98
	非加密区箍筋间距	212
	底筋规格及直径	B25
二层 8/E-(1/E)轴梁	底筋根数	3
	加密区箍筋间距	108
	非加密区箍筋间距	196
	底筋规格及直径	B25

构 件 名 称	检 测 内 容	检 测 结 果
三层(21-22)/B-C轴梁	底筋根数	3
	非加密区箍筋间距	206
	底筋规格及直径	B22
四层(22-23)/B-C轴梁	底筋根数	3
	非加密区箍筋间距	194
	底筋规格及直径	B22
五层23-25/C轴梁	底筋根数	3
	非加密区箍筋间距	213
	底筋规格及直径	B22
六层17/E-(1/E)轴梁	底筋根数	3
	非加密区箍筋间距	207
	底筋规格及直径	B25

表 3.8.3-5　楼板钢筋配置检测结果

构 件 名 称	检 测 内 容	设 计 要 求	检 测 结 果
一层 5-(1/7)/B-C轴顶板	板底钢筋间距	X向：180	X向：182
		Y向：180	Y向：183
二层 1-3/E-(1/E)轴顶板	板底钢筋间距	X向：120	X向：123
		Y向：120	Y向：127
三层 8-10/E-(1/E)轴顶板	板底钢筋间距	X向：120	X向：124
		Y向：120	Y向：123
四层 12-(1/14)/B-C轴顶板	板底钢筋间距	X向：180	X向：183
		Y向：180	Y向：187
五层 15-17/A-(1/A)轴顶板	板底钢筋间距	X向：120	X向：125
		Y向：120	Y向：123
六层 19-(1/21)/B-C轴顶板	板底钢筋间距	X向：180	X向：183
		Y向：180	Y向：187

（6）根据现场实际条件对该建筑布置 6 个测点量测侧向位移（见表 3.8.3-6），数据表明，该建筑实测最大顶点侧向位移为 36mm，各测点移均未超过《民用建筑可靠性鉴定标准》（GB 50292—2015）中表 7.3.10 的限值 H/330，且各测点侧移方向无明显一致性。

表 3.8.3-6　建筑物顶点侧向位移检测结果

测 点 号	侧向位移/mm	测 点 号	侧向位移/mm
测点 1	16	测点 2	23
测点 3	20	测点 4	24
测点 5	16	测点 6	36

测点布置及侧移方向示意图:

5) 结构承载力验算

(1) 验算原则

① 结构重要性系数取 1.0;

② 构件截面尺寸,材料强度等参数,以实际检测结果为准;

③ 荷载与作用取值根据现阶段使用用途按现行规范确定;

④ 结构验算分析采用盈建科和 PKPM 结构设计软件进行。

(2) 计算荷载

① 风荷载:基本风压 0.35kN/m²;

② 雪荷载:基本雪压 0.20kN/m²;

③ 不上人屋面活荷载:0.5kN/m²;

④ 厨房、阳台活荷载:2.5kN/m²;

⑤ 楼梯间活荷载:2.0kN/m²;

⑥ 客厅、卧室、卫生间活荷载:2.0kN/m²。

(3) 承载力计算分析

依据现场检测数据,采用盈建科和 PKPM 计算软件建立该结构整体分析计算模型并进行结构承载能力验算分析,如图 3.8.3-5 所示。

计算结果表明,考虑现阶段实际使用功能的荷载条件下,该建筑楼、屋面板和一~六层梁、承重墙体的实际抗力均大于考虑结构重要性系数后的作用效应,承载力均满足要求。

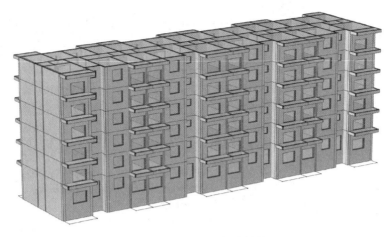

图 3.8.3-5　结构整体计算模型

6）构安全性鉴定

（1）构件安全性鉴定评级

砌体结构构件的安全性鉴定，应按承载能力、构造、不适于承载的位移和裂缝或其他损伤等四个检查项目，分别评定每一受检构件的等级，并应取其中最低一级作为该构件的安全性等级。

根据现场检查和检测结果，以及基于检查、检测结果进行的结构验算分析结果，按照本书第 3.3.2 节和国家现行规范的有关规定，对该结构构件的安全性进行分析评定。如表 3.8.3-7 所示。

表 3.8.3-7　构件安全性鉴定评级表

受检构件	检查项目	检查项目安全等级	构件安全性等级
梁	承载能力	计算结果表明，该建筑一~六层梁构件的实际抗力均大于考虑结构重要性系数后的作用效应，即 $R>\gamma_0 S$，承载力满足要求 按照承载能力检查项目评级，该建筑一~六层梁构件的安全性等级评定结果均为 a_u 级	综合以上各检查项目安全等级评定结果，该建筑所有梁构件的安全性等级评定结果均为 b_u 级
	构造	该建筑一~六层梁构件构造基本合理；连接方式正确，基本满足国家现行规范要求，工作无异常；受力可靠，无变形、滑移、松动 按照构造检查项目评级，该建筑一~六层梁构件的安全性等级评定结果均为 a_u 级	
	不适于承载的位移或变形	经对该建筑一~六层梁构件的检查检测，未出现不适于继续承载的位移和变形，未发现明显不合理挠度 按照不适于承载的位移或变形检查项目评级，该建筑一~六层梁构件的安全性等级评定结果均为 b_u 级	

受检构件	检查项目	检查项目安全等级	构件安全性等级
梁	裂缝或其他损伤	经对该建筑一~六层悬挑梁的检查检测，除 27-29/C 轴、1-3/C 轴梁底及侧面抹灰有细微裂缝外，未发现不适于继续承载的裂缝及可能影响结构安全的其他损伤 按照裂缝或其他损伤检查项目评级，该建筑一~六层梁构件的安全性等级评定结果均为 b_u 级	综合以上各检查项目安全等级评定结果，该建筑所有梁构件的安全性等级评定结果均为 b_u 级
墙体	承载能力	计算结果表明，该建筑所有墙体构件的实际抗力均大于考虑结构重要性系数后的作用效应，即 $R>\gamma_0 S$，承载力均满足要求 按照承载能力检查项目评级，该建筑一~六层墙体构件的安全性等级评定结果均为 a_u 级	综合以上各检查项目安全等级评定结果，该建筑出现裂缝的墙体构件评为 c_u 级，其余墙体构件的安全性等级评定结果均为 b_u 级
	构造	该建筑一~六层墙体高厚比符合规范要求，符合国家现行标准规范要求；连接及砌筑方式基本正确，连接构造基本符合国家现行标准规范要求；该建筑一~五层各层楼板底部及六层屋面板处分别设有板底及板平钢筋混凝土圈梁，宽度<600mm 的门窗洞口上端均设有钢筋砖过梁，其余门窗洞口上端均设有钢筋混凝土过梁；工作无异常，对主体结构的安全没有不利影响，按照构造检查项目评级，该建筑一~六层墙体构件的安全性等级评定结果均为 b_u 级	
	不适于承载的位移	经对该建筑一~六层墙体的检查检测，未发现存在不适于继续承载的位移 按照不适于承载的位移检查项目评级，该建筑一~六层墙体构件的安全性等级评定结果均为 b_u 级	
	裂缝或其他损伤	经对该建筑一~六层墙体的检查检测，仅少部分墙体构件出现裂缝，其余墙体未发现可能影响结构安全的其他损伤 按照可能影响结构安全的裂缝或其他损伤检查项目评级，该建筑出现裂缝的墙体构件安全性等级评定结果均为 c_u 级，其他墙体构件的安全性等级评定结果均为 b_u 级	
板	承载能力	根据计算结果表明，该建筑一~六层板的实际抗力均大于考虑结构重要性系数后的作用效应，即 $R>\gamma_0 S$，承载力满足要求 按照承载能力检查项目评级，该建筑一~六层板构件的安全性等级评定结果均为 a_u 级	综合以上各检查项目安全等级评定结果，该建筑所有板构件的安全性等级评定结果均为 b_u 级
	构造	各层楼、屋面板构造基本合理，工作无异常 按照构造检查项目评级，该建筑一~六层板构件的安全性等级评定结果均为 a_u 级	

受检构件	检查项目	检查项目安全等级	构件安全性等级
板	不适于承载的位移和变形	经对各层楼、屋面板的检查检测，未发现明显不适于承载的位移或变形，未发现楼、屋面板有明显不合理挠度 按照不适于承载的位移或变形检查项目评级，该建筑一~六层板构件的安全性等级评定结果均为 b_u 级	综合以上各检查项目安全等级评定结果，该建筑所有板构件的安全性等级评定结果均为 b_u 级
	裂缝或其他损伤	经对各层楼、屋面板的检查检测，除个别顶板存在预制板接缝处开裂的情况外，未发现其他可能影响结构安全的裂缝或其他损伤 按照可能影响结构安全的裂缝或其他损伤检查项目评级，该建筑一~六层板构件的安全性等级评定结果均为 b_u 级	

（2）子单元的安全性鉴定评级

砌体结构安全性的第二层次子单元鉴定评级，应按地基基础、上部承重结构和围护系统的承重部分划分为三个子单元，并应分别按照本书 3.4 节及国家现行规范的鉴定方法和评级标准进行评定。

① 本工程子单元(地基基础部分)的具体评定过程和评定结果见表 3.8.3-8。

表 3.8.3-8　子单元(地基基础部分)安全性鉴定评级表

子单元名称	检查项目	检查项目评级	评定结果
地基基础	地基变形	该建筑东侧散水出现整体轻微下陷且与主体结构之间彻底断裂、散水局部横向断裂；距离散水边缘东侧约 5cm 处地坪沿南北方向有明显裂缝；部分住户家里少数墙体、极少数顶板梁底及侧面存在裂缝；东侧散水全部重修后，该建筑部分墙体再次陆续出现新裂缝，原有部分墙体裂缝进一步扩展；根据不均匀沉降在上部结构中反应的检查结果，评定结果均为 C_u 级	综合以上各检查项目安全等级评定结果，该建筑地基基础子单元安全性等级评定结果为 C_u 级
	边坡场地稳定性	该建筑物东侧的小区围墙外场地出现较大面积的凹陷及地面开裂；东南角围墙出现贯通斜向、竖向裂缝，围墙东侧为缓坡；距离该建筑约东北方向不远处的地质灾害观察点周围地面出现大面积的开裂、下陷；按照边坡场地稳定性项目评级，评定结果均为 C_u 级	

② 上部承重结构子单元的安全性鉴定评级，应根据其结构承载功能等级、结构整体性等级及结构侧向位移等级的评定结果进行确定。该建筑为地上六层砌体结构，子单元(上部承重结构部分)的具体评定过程和评定结果见表 3.8.3-9。

表 3.8.3-9　子单元(上部承重结构)安全性鉴定评级表

子单元名称	检查项目	检查项目评级	评定结果
上部承重结构	上部结构承载功能	该建筑共有地上六层,该楼各层可分别作为代表层,一~二层墙体构件集的安全性等级为 C_u 级、梁、板构件集的安全性等级均为 B_u 级;其余各层墙、梁、板构件集的安全性等级均为 B_u 级。故该建筑一~二层的安全性等级均为 C_u 级,三~六层的安全性等级均为 B_u 级。综合评定该建筑上部结构承载功能的安全性等级为 C_u 级	综合以上各检查项目安全等级评定结果,该建筑上部承重结构子单元安全性等级评定结果为 C_u 级
	上部结构整体牢固性	结构布置及构造 本工程结构及构件布置合理,可形成完整体系,结构选型及传力路线清晰,故其结构布置及构造可评为 A_u 级	
		结构、构件间的联系 本工程结构、构件设计合理、无疏漏;锚固、连接方式正确、可靠,纵横墙交接处设有拉结筋,无松动变形或其他残损。故结构及构件间的联系可评为 B_u 级	
		圈梁及构造柱的布置与构造 该建筑一~五层各层楼板底部及六层屋面板处分别设有板底及板平钢筋混凝土圈梁,宽度<600mm 的门窗洞口上端均设有钢筋砖过梁,其余门窗洞口上端均设有钢筋混凝土过梁。在建筑物四角、楼梯四角、楼梯斜梯段上下端对应的墙体、内外墙交接处均设有钢筋混凝土构造柱。故其圈梁及构造柱的布置与构造可评为 A_u 级	
		综上所述,该建筑结构整体牢固性等级为 B_u 级	
	上部结构侧向位移	现场检查该建筑各测点顶点位移均未超过《民用建筑可靠性鉴定标准》(GB 50292—2015)规范限值($H/330 = 55mm$)的要求。故按照不适于承载的侧向位移等级评为 B_u 级	

③ 围护系统承重部分子单元的安全性鉴定评级,应根据该部分结构承载功能等级和结构整体性等级的评定结果进行确定。子单元(围护系统的承重部分)的具体评定过程和评定结果见表 3.8.3-10。

表 3.8.3-10　子单元(围护系统的承重部分)安全性鉴定评级表

子单元名称	检查项目	检查项目评级	评定结果
围护系统的承重部分	承重部分的承载功能	围护系统的承重部分的承载功能的安全性等级为 B_u 级	综合以上各检查项目安全等级评定结果,结合《民用建筑可靠性鉴定标准》7.4.6 条第 3 款之规定,该建筑围护系统的承重部分子单元安全性等级评定结果为 C_u 级
	承重部分的结构整体性	围护系统的承重部分结构布置及构造、结构和构件间的连系均基本符合要求,围护系统承重部分的结构整体性等级为 B_u 级	

（3）鉴定单元综合鉴定评级

砌体结构第三层次鉴定单元的安全性鉴定评级，应根据其地基基础、上部承重结构和围护系统承重部分各子单元的安全性等级进行评定，根据现场调查、检测结果和结构验算分析结果，结合本款（1）、（2）评定结果，该鉴定单元的安全性等级评定为 C_{su} 级。

7）结论及建议

（1）结论

① 该建筑的安全性鉴定评级结果为 C_{su} 级，安全性不符合鉴定标准对 A_{su} 级的要求，显著影响整体承载，应采取措施，且可能有极少数构件必须及时采取措施。

② 对现场的检查检测发现该建筑物上部主体结构平面布置及材料强度与设计图纸基本相符，室外散水做法与设计图纸不符，未按照设计变更采用 2：8 灰土回填；室内房心土因有住户不具备开挖条件。

③ 该建筑物墙体出现开裂局部有一定倾斜的主要原因是小区的局部室外管网破裂且持续一段时间一直未被发现，造成小区内部地下大面积的渗水，加之前段时间持续降水，建筑物的散水未按照设计图纸要求进行施工，且小区内部局部排水不畅，引起地基不均匀沉降进而造成上部主体结构墙体开裂，建筑物整体东边沉降高于西边。

（2）建议

① 现场对墙体开裂处采取贴石膏饼的办法进行裂缝观测，待沉降稳定裂缝未发展后再进行修复处理；

② 对小区内部的室外管网进行全面检查，及时发现渗漏点采取有效措施进行维修，对老化、锈蚀、破损管道立即更换确保管网无渗漏情况；

③ 结合室外管网做好小区的整体排水，避免局部积水；

④ 建议对该建筑东侧四单元下地基进行加固处理，可采用锚杆静压桩方法进行施工，桩底须进入 4 层黄土层；

⑤ 建议对该建筑散水及其下回填土做法按照原图纸设计要求进行重新施工；

⑥ 对该建筑修补后的墙体及梁的裂缝进行定期检查观测，同时也对未有变形、裂缝的墙体及梁进行定期检查观测。

3.8.4 砌体结构的可靠性鉴定案例分析

1）项目概况

西安市某小学教学楼为建筑地上四层，局部五层，结构形式为砌体结构，建于 1998 年。总长约 63.01m，总宽约 16.80m，室内外高差 0.30m，一层层高 3.75m，二~四层层高均为 3.30m，五层层高 3.50m，建筑高度 17.450m，总建筑面积4864.27m²。该建筑分为1-7轴、8-10轴两单元，中间设有抗震缝隔开。楼、屋面板均为混凝土现浇板，屋面形式为平屋面。为了解该建筑主体结构现阶段使用荷载状况下的安全性，需对该建筑进行结构安全性鉴定。建筑外立面现状见图3.8.4-1。结构平面图现状见图3.8.4-2、图3.8.4-3。

图3.8.4-1 建筑外立面现状

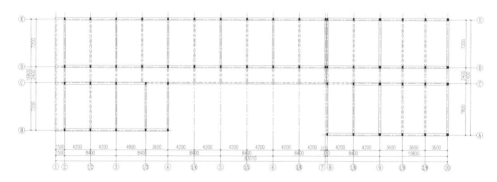

图3.8.4-2 一层~四层顶结构平面布置图

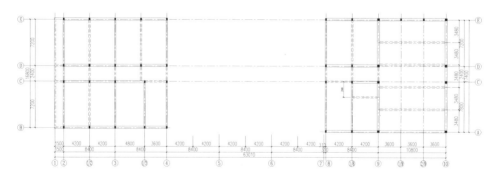

图3.8.4-3 五层顶结构平面布置

2）检验标准及依据

（1）《建筑结构可靠性设计统一标准》（GB 50068—2018）；

（2）《砌体结构设计规范》（GB 50003—2011）；

（3）《砌体工程现场检测技术标准》（GB/T 50315—2011）；

（4）《贯入法检测砌筑砂浆抗压强度技术规程》（JGJ/T 136—2017）；

（5）《建筑结构检测技术标准》（GB/T 50344—2019）；

（6）《砌体结构工程施工质量验收规范》（GB 50203—2011）；

（7）《回弹法检测混凝土抗压技术规程》（JGJ/T 23—2011）；

（8）《混凝土中钢筋检测技术规程》（JGJ/T 152—2019）；

（9）《建筑结构荷载规范》（GB 50009—2012）；

（10）《建筑地基基础设计规范》（GB 50007—2011）；

（11）《建筑变形测量规范》（JGJ 8—2016）；

（12）《民用建筑可靠性鉴定标准》（GB 50292—2015）；

（13）委托方提供的相关信息资料。

3）检查、检测项目及内容

（1）现场对该建筑物的基本情况进行调查，主要包括设计信息、使用历史、使用功能、结构布置和构造措施等。对该建筑的现有损伤状况进行检查并记录，主要包括渗水、开裂、露筋、锈蚀、地面沉陷、装饰脱落等。

（2）采用回弹法对砌筑用烧结砖抗压强度进行检测。

（3）采用砌体砂浆强度贯入检测仪对建筑的砌筑砂浆抗压强度进行抽样检测。

（4）采用回弹法对混凝土构件进行混凝土抗压强度检测。

（5）采用电磁法对钢筋混凝土梁钢筋配置进行检测，并剔凿检测钢筋直径。

（6）采用尺量方法对构件截面尺寸进行检测。

（7）建筑物顶点侧向(水平)位移检测。

（8）根据现场检查、检测情况确定构件的实际强度以及实际有效截面，对该建筑主体结构承载力进行复核验算。

（9）按照国家有关规范要求，并依据现场检查、检测结果及结构计算分析结果，对本建筑的主体结构的安全性鉴定。

（10）提出相应的处理建议。

4）检查、检测结果

（1）建筑物基本情况调查及结构现状检查

① 基本情况调查

该建筑地上四层，局部五层，结构形式为砌体结构，建于 1998 年。总长约

63.01m，总宽约 16.80m，室内外高差 0.30m，一层层高 3.75m，二~四层层高均为 3.30m，五层层高 3.50m，建筑高度 17.450m，总建筑面积 4864.27m²。该建筑分为 1-7 轴、8-10 轴两部分，7 轴与 8 轴间设有抗震缝。该建筑楼、屋面板均采用混凝土现浇板，屋面为上人屋面，墙体均采用烧结多孔砖砌筑，烧结多孔砖的容重为 14.3（纵向墙体墙厚为 370mm，横向墙体墙厚为 240mm）。该建筑所处地区抗震设防烈度为 8 度（0.20g），设计地震分组为第二组，基本风压为 0.35kN/m²，基本雪压为 0.25kN/m²（查阅相关设计规范得到），现场无高温、腐蚀作用。作为教学楼使用至今，使用过程中未遭受爆炸、火灾等灾害作用，也未进行过加固改造及使用用途的变更。

② 地基基础检查

本工程地基为 I 级非自重湿陷性黄土，地基处理方式为灰土换填 3.6m，处理范围为从建筑物轴线外放 3m，灰土压实系数不得小于 0.95。现场检查发现室内外地面与主体结构之间未出现明显的相对位移，上部结构中未发现因地基不均匀沉降所引起的变形、裂缝等缺陷。

③ 上部结构及围护系统检查

现场检查，该建筑形体及构件布置规则，房屋无错层，楼板无开大洞；结构构件连接方式正确、可靠，无松动变形或其他残损；建筑物四角、楼梯间四角及纵横墙交接处均设置有构造柱，各层纵横墙顶均设有圈梁。该建筑在楼层及屋盖处混凝土构件均表面基本平整、表观密实，未发现影响结构安全和使用功能的严重缺陷。一层 6-7/D 轴窗下装饰面层出现斜向裂缝，三层 8-9/D 轴窗下装饰面层出现斜向裂缝，(1/3)-4/B-C 轴楼梯间顶板有渗水、抹灰脱落现象。现场检查典型照片如图 3.8.4-4 所示。

建筑物外立面现状　　　　　一层6-7/D轴东低西高斜向裂缝，缝长1.9m，缝宽0.5mm

图 3.8.4-4　现场检查典型照片

三层8-9/D轴东低西高斜向裂缝，缝长0.6m，宽0.2mm　　一层计划拆除南北两侧墙体现状照片

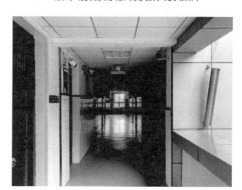

（1/3）-4/B-C楼梯间渗水、抹灰层脱落现状照片　　　　　　走廊现状照片

图3.8.4-4　现场检查典型照片(续)

（2）砌筑块材抗压强度检测

依据《砌体工程现场检测技术标准》（GB/T 50315—2011）等规范的相关规定进行，采用砖回弹仪进行抽检，检测结果见表3.8.4-1。检测结果显示，该建筑物墙体砖抗压强度推定等级为 MU10。

表 3.8.4-1　承重墙砖的回弹值检测结果

检验批	构件名称及位置	测区抗压强度平均值 f_i/MPa	单元抗压强度平均值/MPa	强度变异系数 δ	标准差	抗压强度标准值/MPa	抗压强度推定等级
1	一层墙 5-6/D	12.56	12.34	0.03	0.34	11.72	MU10
	一层墙 5/D-E	12.11					
	一层墙 3-4/D	12.77					
	一层墙 4/D-E	12.25					

检验批	构件名称及位置	测区抗压强度平均值 f_i/MPa	单元抗压强度平均值/MPa	强度变异系数 δ	标准差	抗压强度标准值/MPa	抗压强度推定等级
1	一层墙 8-9/E	11.97	12.34	0.03	0.34	11.72	MU10
	二层墙 8/D-E	11.83					
	二层墙 2-3/C	12.76					
	二层墙 3/B-C	12.64					
	二层墙 4-5/D	12.05					
	二层墙 4/D-E	12.47					
2	三层墙 6-7/D	12.65	12.16	0.05	0.59	11.09	MU10
	三层墙 8/A-C	12.32					
	三层墙 2/D-E	12.48					
	三层墙 2-3/D	12.26					
	三层墙 5-6/D	11.93					
	四层墙 4-5/D	12.52					
	四层墙 4/B-C	12.17					
	四层墙 6-7/D	11.83					
	五层墙 2-3/D	12.73					
	五层墙 8/D-E	10.69					
结论	所抽检烧结砖抗压强度推定值等级 MU10						

（3）砌筑砂浆抗压强度检测

依据《建筑结构检测技术标准》（GB/T 50344—2019）和《贯入法检测砌筑砂浆抗压强度技术规程》（JGJ/T 136—2017）等规范的相关规定，对该建筑物墙体砌筑砂浆强度进行检测，墙体砌筑砂浆强度检测结果见表 3.8.4-2。检测结果显示，该建筑物一~三层墙体砌筑砂浆抗压强度推定值为 7.7MPa，四~五层墙体砌筑砂浆抗压强度推定值为 6.5MPa。

表 3.8.4-2 砂浆抗压强度检测结果

检测单元	测区编号	构件名称及部位	测区贯入深度平均值 m_{dj}/mm	测区砂浆强度换算值 $f^c_{2,j}$/MPa	砂浆强度推定值一 $f^c_{2,e1}$/MPa	砂浆强度推定值二 $f^c_{2,e2}$/MPa	砂浆强度推定值 $f^c_{2,e}$/MPa
1	1	一层墙 5-6/D	3.90	8.4	7.7	7.7	7.7
	2	一层墙 5/D-E	4.40	6.5			

检测单元	测区编号	构件名称及部位	测区贯入深度平均值 m_{dj}/mm	测区砂浆强度换算值 $f_{2,j}^c$/MPa	砂浆强度推定值一 $f_{2,e1}^c$/MPa	砂浆强度推定值二 $f_{2,e2}^c$/MPa	砂浆强度推定值 $f_{2,e}^c$/MPa
1	3	二层墙 3-4/D	4.00	8.0	7.7	7.7	7.7
	4	二层墙 4/D-E	3.61	9.9			
	5	三层墙 2-3/C	3.68	9.5			
	6	三层墙 3/B-C	3.91	8.4			
2	7	四层墙 4-5/D	4.31	6.8	6.5	7.3	6.5
	8	四层墙 4/D-E	4.42	6.5			
	9	四层墙 2-3/D	4.49	6.2			
	10	五层墙 3-4/D	3.68	9.5			
	11	五层墙 8-9/D	4.40	6.5			
	12	五层墙 2-3/D	4.25	7.0			

（4）混凝土抗压强度检测

依据《回弹法检测混凝土抗压强度技术规程》（JGJ/T 23—2011），现场抽取部分混凝土构件采用回弹法检测其混凝土抗压强度，并根据《民用可靠性鉴定标准》（GB 50292—2015）附录 K 进行折减，折减系数为 0.93，构件现龄期混凝土抗压强度检测结果列于表 3.8.4-3。检测结果表明：所检混凝土构件的现龄期混凝土抗压强度推定值区间为 20.1~21.4MPa，混凝土强度等级达到 C20。

表 3.8.4-3 现龄期混凝土构件抗压强度检测结果

序号	构件名称及部位	碳化深度/mm	强度平均值/MPa	标准差/MPa	强度推定值/MPa	结论
1	一层(1/5)/B-C 梁	6.0	21.9	0.35	21.4	C20
2	一层(1/8)/D-E 梁	6.0	21.7	0.58	20.7	C20
3	二层(1/3)/D-E 梁	6.0	22.2	0.73	21.0	C20
4	二层(1/6)/D-E 梁	6.0	21.5	0.85	20.1	C20
5	三层(1/2)/D-E 梁	6.0	21.8	0.85	20.4	C20
6	三层(1/8)/D-E 梁	6.0	21.7	0.64	20.6	C20
7	四层(1/4)/D-E 梁	6.0	21.8	0.70	20.7	C20
8	四层(1/6)/D-E 梁	6.0	21.6	0.82	20.7	C20
9	五层(1/2)/B-C 梁	6.0	21.4	0.55	20.5	C20
10	五层(1/8)/D-E 梁	6.0	21.7	0.64	20.6	C20

（5）混凝土构件中钢筋配置检测

依据《混凝土中钢筋检测技术规程》（JGJ/T 152—2019），抽取部分混凝土结构构件，采用一体式钢筋扫描仪检测其钢筋配置情况。混凝土梁的钢筋分布检测结果见表3.8.4-4。

表3.8.4-4　混凝土梁钢筋分布扫描检测结果

构件名称	检测内容	检测结果
一层(1/5)/B-C梁	底筋根数	3
	加密区箍筋间距	110
	非加密区箍筋间距	208
	底筋规格及直径	B25
一层(1/8)/D-E梁	底筋根数	3
	加密区箍筋间距	98
	非加密区箍筋间距	212
	底筋规格及直径	B25
二层(1/3)/D-E梁	底筋根数	3
	加密区箍筋间距	108
	非加密区箍筋间距	196
	底筋规格及直径	B22
二层(1/6)/D-E梁	底筋根数	3
	非加密区箍筋间距	206
	底筋规格及直径	B22
三层(1/2)/D-E梁	底筋根数	3
	非加密区箍筋间距	194
	底筋规格及直径	B25
三层(1/8)/D-E梁	底筋根数	3
	非加密区箍筋间距	213
	底筋规格及直径	B20
四层(1/4)/D-E梁	底筋根数	3
	非加密区箍筋间距	207
	底筋规格及直径	B22
四层(1/6)/D-E梁	底筋根数	3
	非加密区箍筋间距	212
	底筋规格及直径	B22

构 件 名 称	检 测 内 容	检 测 结 果
五层(1/2)/B-C 梁	底筋根数	3
	非加密区箍筋间距	212
	底筋规格及直径	B22
五层(1/8)/D-E 梁	底筋根数	3
	非加密区箍筋间距	212
	底筋规格及直径	B22

（6）构件尺寸检测

采用钢卷尺对墙体厚度进行检测，砌体构件尺寸检测结果见表3.8.4-5。

表 3.8.4-5　墙体厚度检测结果

序　　号	构件名称及部位	设 计 值	墙体厚度实测值/mm
1	一层 5-6/D	370	373
2	一层 4/B-C	240	246
3	二层 8-10/D	370	372
4	二层 2-3/D	370	368
5	三层 2-3/C	370	372
6	三层 6-7/D	370	374
7	四层 4-5/D	370	371
8	四层 2-3/C	370	374
9	五层 2-3/C	370	375
10	五层 8-9/D	370	372

（7）结构侧向位移检测

根据现场实际条件布置4个测点量测结构倾斜，量测结果列于表3.8.4-6。数据表明，实测最大顶点侧向位移为7mm（含施工误差），根据《民用建筑可靠性鉴定标准》（GB 50292—2015），各测点中最大顶点位移未超过规范限值53mm（H/330）的要求。

表 3.8.4-6　侧向位移检测结果

测点号	侧向位移/mm	测点号	侧向位移/mm	备　　注
测点 1	—	测点 3	—	根据《民用建筑可靠性鉴定标准》（GB 50292—2015）规定，砌体结构不适于继续承载的顶点位移限值为H/330。本工程测斜高度约为17.45m，顶点侧向位移限值为53mm
测点 2	7	测点 4	4	

测点号	侧向位移/mm	测点号	侧向位移/mm	备　注

测点布置示意图：

5）结构承载力验算

（1）验算原则

① 建筑结构的安全等级取一级，结构重要性系数 y_0 取 1.1；

② 构件截面尺寸，材料强度等参数，以实际检测复核结果为准；

③ 荷载与作用取值按照拟改变的使用用途以现行规范确定；

④ 结构验算分析按现行规范，计算采用盈建科结构设计计算软件进行。

（2）计算荷载

① 风荷载：基本风压 0.35kN/m²；

② 雪荷载：基本雪压 0.25kN/m²；

③ 楼梯间活荷载：3.5kN/m²；

④ 上人屋面活荷载：2.0kN/m²；

⑤ 教室活荷载：2.5kN/m²；

⑥ 走廊活荷载：3.5kN/m²。

（3）承载力计算分析

根据现场检测数据，结合委托单位提供的本工程设计施工图纸等相关技术资料，采用盈建科结构计算软件进行结构承载能力验算分析，如图 3.8.4-5、图 3.8.4-6 所示。

① 墙体计算结果

计算结果表明，该建筑物左单元一层部分墙体的实际抗力小于作用效应，其余左单元建筑物墙体的实际抗力均大于作用效应，实际承载能力均大于计算作用效应，承载力满足要求；右单元所有墙体的实际抗力均大于作用效应，实际承载能力均大于计算作用效应，承载力满足要求。

② 梁构件计算结果

计算结果表明，该建筑左单元与右单元各层的梁的实际抗力均大于作用效

126

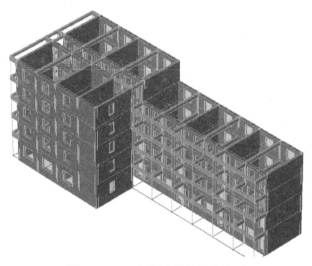

图 3.8.4-5 左单元 结构计算模型

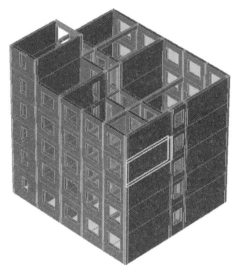

图 3.8.4-6 右单元 结构计算模型

应，实际承载能力均大于计算作用效应，承载力满足要求。

③ 板构件计算结果

计算结果表明，在现使用荷载条件下，该建筑左单元与右单元楼、屋面板的实际抗力均大于作用效应，实际承载能力均大于计算作用效应，承载力满足要求。

6）结构安全性鉴定

（1）构件安全性鉴定评级

砌体结构构件的安全性鉴定，应按承载能力、构造、不适于承载的位移和裂缝或其他损伤等四个检查项目，分别评定每一受检构件等级，并应取其中最低一级作为该构件的安全性等级。

① 砌体墙体

现状结构计算结果表明，该建筑物左单元一层(1/2)/D 轴、(1/3)/C 轴局部小墙垛实际承载能力小于计算作用效应，$\gamma_0 S>R>0.95\gamma_0 S$，可评为 b_u 级，左单元一层(1/4)/D 轴、4/B~C 轴墙体实际承载能力小于计算作用效应，$0.95\gamma_0 S>R>0.9\gamma_0 S$，可评为 c_u 级，左单元一层(1/5)/D 轴、(1/6)/D 轴局部小墙垛的实际抗力小于作用效应，$R<0.9\gamma_0 S$，可评为 d_u 级。左单元其余墙体的实际抗力均大于考虑结构重要性系数后的作用效应，即 $R>\gamma_0 S$，按照承载能力评级，此部分墙体可评定为 a_u 级。

左单元的墙体高厚比符合规范要求，符合国家现行标准规范要求，连接方式正确，墙体无渗水起皮现象，工作无异常；按连接和构造评级，左单元墙体评定结果均为 a_u 级。

对左单元上部结构内外墙的检查检测，未发现明显不适于承载能力的受力裂缝，局部构件表面抹灰层有开裂，按变形及损伤评定，左单元墙体均评为 b_u 级。

对左单元上部结构内外墙的检查检测，未发现明显不适于承载的位移，按照不适于承载的位移或变形检查项目评级，左单元的墙体均评为 b_u 级。

综合以上各检查项目安全等级评定结果，该建筑左单元一层(1/4)/D 轴、4/B~C 轴墙体构件安全性等级评定结果为 c_u 级，占一层墙体构件集 7%，左单元一层(1/5)/D 轴、(1/6)/D 轴局部小墙垛构件安全性等级评定结果为 d_u 级，占一层墙体构件集 7%，其余墙体均评定为 b_u 级。

计算结果表明，该建筑物右单元墙体的实际抗力均大于考虑结构重要性系数后的作用效应，即 $R>\gamma_0 S$；按照承载能力检查项目评级，右单元墙体均评定为 a_u 级。

右单元的墙体高厚比符合规范要求，符合国家现行标准规范要求，连接方式正确，墙体无渗水起皮现象，工作无异常；按连接和构造评级，右单元墙体评定结果均为 a_u 级。

对右单元上部结构内外墙的检查检测，未发现明显不适于承载能力的受力裂缝，局部构件表面抹灰层有开裂，按变形及损伤评定，右单元墙体均评为 b_u 级。

按照不适于承载的位移或变形检查项目评级，右单元的墙体均评为 b_u 级。

综合以上各检查项目安全等级评定结果，该建筑右单元墙体构件安全性等级判定结果均为 b_u 级。

② 梁

计算结果表明，该建筑左单元所有梁承载力满足验算要求，按照承载能力检查项目评级，该建筑左单元梁构件评定结果均为 a_u 级。

左单元各层梁的构造和连接满足规范要求，工作无异常；按照构造检查项目评级，该建筑左单元梁构件评定结果均为 b_u 级。

经对左单元梁的检查检测，梁构件未出现不适于继续承载的位移、裂缝等现象，按照不适于承载的位移或变形检查项目评级，该建筑左单元梁构件评定结果均为 b_u 级。

经对左单元梁的检查检测，未发现可能影响结构安全的裂缝，按照不适于承载的裂缝宽度检查项目评级，该建筑左单元梁构件评定结果均为 a_u 级。

综上所述，该建筑左单元所有梁构件的安全性等级结果均为 b_u 级。

计算结果表明，该建筑右单元所有梁承载力满足验算要求，按照承载能力检查项目评级，该建筑右单元梁构件评定结果均为 a_u 级。

右单元各层梁的构造和连接满足规范要求，工作无异常；按照构造检查项目评级，该建筑右单元梁构件评定结果均为 b_u 级。

经对右单元梁的检查检测，梁构件未出现不适于继续承载的位移、裂缝等现象，按照不适于承载的位移或变形检查项目评级，该建筑右单元梁构件评定结果均为 b_u 级。

经对右单元梁的检查检测，未发现可能影响结构安全的裂缝，按照不适于承载的裂缝宽度检查项目评级，该建筑右单元梁构件评定结果均为 b_u 级。

综上所述，该建筑右单元所有梁构件的安全性等级结果均为 b_u 级。

③ 板

计算结果表明，该建筑左单元的楼、屋面板的实际抗力均大于考虑结构重要性系数后的作用效应，即 $R>\gamma_0 S$，承载力满足要求，按照承载能力检查项目评级，该建筑左单元板构件评定结果均为 a_u 级。

左单元各层楼、屋面板构造合理；工作无异常，按照构造检查项目评级，该建筑左单元板构件评定结果为 a_u 级。

经对各层左单元的楼、屋面板的检查检测，未发现明显不适于承载的位移或变形，未发现楼、屋面板有明显不合理挠度。按照不适于承载的位移或变形检查项目评级，该建筑左单元板构件评定结果均为 a_u 级。

经对左单元各层楼、屋面板的检查检测，未发现不适于继续承载的裂缝，按照不适于承载的裂缝宽度检查项目评级，该建筑左单元的板构件评定结果均为 b_u 级。

综上所述，该建筑左单元板构件的安全性等级结果均为 b_u 级。

计算结果表明，该建筑右单元的楼、屋面板的实际抗力均大于考虑结构重要性系数后的作用效应，即 $R>\gamma_0 S$，承载力满足要求，按照承载能力检查项目评级，该建筑右单元板构件评定结果均为 a_u 级。

右单元各层楼、屋面板构造合理；工作无异常，按照构造检查项目评级，该建筑右单元板构件评定结果为 a_u 级。

经对各层右单元的楼、屋面板的检查检测，未发现明显不适于承载的位移或变形，未发现楼、屋面板有明显不合理挠度。按照不适于承载的位移或变形检查项目评级，该建筑右单元板构件评定结果均为 a_u 级。

经对右单元各层楼、屋面板的检查检测，未发现不适于继续承载的裂缝，按照不适于承载的裂缝宽度检查项目评级，该建筑右单元的板构件评定结果均为 a_u 级。

综合所述，该建筑右单元板构件的安全性等级结果均为 a_u 级。

（2）子单元的安全性鉴定评级

砌体结构安全性的第二层次子单元鉴定评级，应按地基基础、上部承重结构和围护系统的承重部分划分为三个子单元，并应分别按照本书 3.4 节及国家现行规范的鉴定方法和评级标准进行评定。

① 地基基础的安全性鉴定

现场检查，上部结构构件未见由不均匀沉降等引起的墙体开裂及下陷等现象；室外地面与主体结构之间未出现明显的相对位移；建筑地基基础无静载缺陷，地基基础现状基本完好。本工程所处建筑场地较为平整，无泥石流、滑坡、崩塌等不良地质条件，建筑场地地基稳定，无滑动迹象及滑动史。

综合以上各项检查项目安全等级评定结果，该建筑地基基础子单元安全性等级评定结果为 B_u 级。

② 上部承重结构安全性评级

上部承重结构的安全性鉴定评级，应根据其结构承载功能等级、结构整体性等以及结构侧向位移等级的评定结果进行确定。

a. 上部结构承载功能

该建筑为砌体结构，该楼各层可分别作为代表层。一层墙体 b_u 构件数量占总墙体构件数量的 86%，一层墙体 c_u 构件数量占总墙体构件数量的 7%，一层墙体 d_u 构件数量占总墙体构件数量的 7%，故一层墙体构件集评定为 D_u 级。一层梁、板构件集的安全性等级均为 B_u 级，故一层的安全性等级评为 D_u 级。二～五层墙、梁、板构件集的安全性等级均为 B_u 级。综合评定该建筑上部结构承载功能的安全性等级为 D_u 级。

b. 上部结构整体牢固性

本工程结构布置合理，可形成完整体系，结构传力路线清晰；结构、构件设计合理、无疏漏；锚固、拉结、连接方式正确、可靠，无松动变形或其他残损；圈梁布置基本正确，截面尺寸、配筋及材料强度等符合国家现设计规范规定。

综上所述，评定该建筑结构整体牢固性等级为 B_u 级。

c. 上部结构侧向位移

经现场测量，各测点顶点位移均未超过《民用建筑可靠性鉴定标准》（GB

130

50292—2015）规范限值（$H/330$）的要求。

故按照不适于承载的侧向位移等级评为 A_u 级。

综合以上各检查项目安全等级评定结果，该建筑上部承重结构子单元安全性等级评定结果为 D_u 级。

③ 围护系统的承重部分安全性鉴定

围护系统承重部分安全性鉴定评级，应根据该部分结构承载功能等级和结构整体性等级的评定结果进行确定。

a. 承重部分的承载功能

本工程砌体自承重墙基本完好，无明显受力裂缝，因此围护系统的承重部分的承载功能的安全性等级为 B_u 级。

b. 承重部分的结构整体性

围护系统的承重部分结构布置及构造、结构和构件间的联系均符合要求，围护结构构件工作状态未见明显异常，围护系统承重部分的结构整体性等级为 B_u 级。

综合以上各检查项目安全等级评定结果，该建筑围护系统的承重部分子单元安全性等级评定结果均 B_u 级。

（3）鉴定单元综合鉴定评级

民用建筑第三层次鉴定单元的安全性鉴定评级，应根据其地基基础、上部承重结构和围护系统承重部分各子单元的安全性等级进行评定，根据现场调查、检测结果和结构验算分析结果，该楼鉴定单元的安全性等级评定为 D_{su} 级。

7）结论及建议

（1）结论

依据《民用建筑可靠性鉴定标准》（GB 50292—2015）等相关标准、规范，经对该建筑的现场检查、检测、计算及分析，得出结论如下：

该建筑现状的安全性鉴定评级结果为 D_{su} 级，安全性严重不符合本标准对 A_{su} 级的规定，严重影响整体承载，必须立即采取措施。

（2）建议

建议相关单位综合考虑加固解危费效比因素，对该房屋进行加固处理或落地翻建。

3.8.5 施工资料缺失砌体结构的安全性鉴定案例分析

1）项目概况

某中学教师公寓为地上四层砖混结构，建筑面积约为 3984m² ，于 2017 年建成，该建筑一~四层层高均为 3.30m ，长约为 36.3m ，宽约为 35.2m ，建筑高度约为 13.5m ，平面呈 L 型布置，未设置沉降缝。该建筑施工完成后，未经过正规程序进行验收，且施工资料及相关施工设计图纸丢失。为了解该建筑主体结构在现阶段使用荷载状况下的安全性，需对该建筑进行结构安全性鉴定。该建筑外立面现状见图 3.8.5-1。

图 3.8.5-1　建筑外立面现状

2) 检查、检测项目及内容

(1) 对该建筑物的结构布置进行检查、检测，绘制结构布置图；对该建筑物的基本情况进行调查，主要包括设计信息、使用历史、使用功能和构造措施等；对该建筑的现有损伤状况进行检查并记录，主要包括渗水、开裂、露筋、锈蚀、地面沉陷、装饰脱落等。

(2) 采用回弹法对砌筑用烧结砖抗压强度进行抽样检测。

(3) 采用砌体砂浆强度贯入检测仪对建筑的砌筑砂浆抗压强度进行抽样检测。

(4) 采用回弹法对钢筋混凝土构件的混凝土抗压强度进行随机抽样检测。

(5) 采用电磁感应法对钢筋混凝土梁底部受力纵筋根数、箍筋间距以及现浇钢筋混凝土板底钢筋间距进行随机抽样检测，并对部分混凝土构件进行局部剔凿，检测其受力钢筋直径。

(6) 建筑物顶点侧向(水平)位移检测。

(7) 根据现场检查、检测情况确定构件的实际强度以及实际有效截面尺寸，对该建筑主体结构承载力进行复核验算。

(8) 按照国家有关规范要求，并依据现场检查、检测结果及结构计算分析结果，对本建筑的主体结构的安全性鉴定。

(9) 提出相应的处理建议。

3) 检查、检测结果

(1) 结构布置调查、基本情况调查及现状普查如下：

该建筑物平面呈 L 型布置，楼、屋面板均为现浇板，楼板无开大洞；结构构件连接方式正确、可靠，基本无松动变形或其他残损。建筑物楼、屋面处均设有圈梁，能起闭合系统作用；在建筑物四角、楼梯斜梯段上下端对应的墙角、外墙四角、大房间内外墙交接处均设有构造柱。该建筑在楼层及屋面处混凝土构件均表面基本平整，砌体砌筑砂浆基本饱满，墙体平整度较好。未发现该建筑物存在影响结构安全性的严重缺陷。现场检查典型照片见图 3.8.5-2。

通过对该建筑的结构布置进行检测，绘制结构平面布置图如图 3.8.5-3 所示。该建筑上部承重墙体由烧结普通砖、混合砂浆砌筑而成，内外墙厚度均为 240mm，主梁尺寸均为 250mm×700mm，次梁尺寸均为 250mm×600mm，楼、屋面板均采用现浇钢筋混凝土板，屋面为上人屋面，一~四层高均为 3.3m，建筑高度为 13.5m，设有地圈梁，横纵墙交接处及梁下设有构造柱，各层顶板下均设有圈梁。

图 3.8.5-2　现场检查典型照片

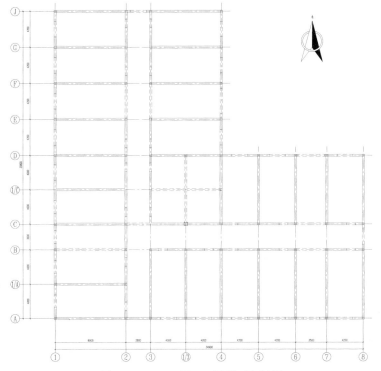

图 3.8.5-3　一层~四层平面布置图

（2）抽检墙体的烧结砖抗压强度推定等级为 MU15。检测结果见表 3.8.5-1。

表 3.8.5-1　烧结砖抗压强度检测结果

检测单元	测区编号	构件名称及部位	测区抗压强度平均值 f_i/MPa	抗压强度平均值/MPa	抗压强度最小值/MPa	强度变异系数 δ	抗压强度标准值/MPa	抗压强度推定等级
1	1	一层墙 3-4/E	15.92	17.62	15.18	0.11	14.09	MU15
	2	一层墙 3-4/F	17.04					
	3	一层墙 3/A-B	17.21					
	4	一层墙 6/C-D	19.20					
	5	一层墙 7/C-D	20.45					
	6	二层墙 3/A-B	19.69					
	7	二层墙 3-4/F	15.63					
	8	二层墙 3-4/E	15.18					
	9	二层墙 1-2/C	19.72					
	10	二层墙 1-2/（1/C）	16.18					
2	1	三层墙 1-2/C	17.24	17.25	15.78	0.06	15.52	MU15
	2	三层墙 1-2/（1/C）	18.82					
	3	三层墙 3/A-B	17.79					
	4	三层墙 6/A-B	17.43					
	5	三层墙 6/C-D	18.20					
	6	四层墙 6/A-B	17.58					
	7	四层墙 6/C-D	16.22					
	8	四层墙 3/A-B	17.28					
	9	四层墙 3-4/F	16.14					
	10	四层墙 3-4/E	15.78					

（3）该建筑物一~二层墙体砌筑砂浆抗压强度推定值为 7.5MPa，三~四层墙体砌筑砂浆抗压强度推定值为 7.6MPa。检测结果见表 3.8.5-2。

表 3.8.5-2　砂浆抗压强度检测结果

检测单元	测区编号	构件名称及部位	测区贯入深度平均值 m_{dj}/mm	测区砂浆强度换算值 $f_{2,j}^c$/MPa	砂浆强度推定值一 $f_{2,e1}^c$/MPa	砂浆强度推定值二 $f_{2,e2}^c$/MPa	砂浆强度推定值 $f_{2,e}^c$/MPa
1	1	一层墙 3-4/E	3.90	8.4	7.5	7.5	7.5
	2	一层墙 3-4/F	4.12	7.5			

检测单元	测区编号	构件名称及部位	测区贯入深度平均值 m_{dj} / mm	测区砂浆强度换算值 $f_{2,j}^c$ / MPa	砂浆强度推定值一 $f_{2,e1}^c$ /MPa	砂浆强度推定值二 $f_{2,e2}^c$ /MPa	砂浆强度推定值 $f_{2,e}^c$ /MPa
1	3	一层墙 7/C-D	4.07	7.7	7.5	7.5	7.5
	4	二层墙 3/A-B	3.86	8.6			
	5	二层墙 1-2/C	3.89	8.5			
	6	二层墙 1-2/(1/C)	3.85	8.6			
2	1	三层墙 1-2/C	3.80	8.9	7.8	7.5	7.6
	2	三层墙 1-2/(1/C)	3.94	8.2			
	3	三层墙 6/C-D	3.99	8.0			
	4	四层墙 6/A-B	3.86	8.6			
	5	四层墙 3/A-B	3.92	8.3			
	6	四层墙 6/C-D	4.05	7.8			

（4）抽检钢筋混凝土梁的混凝土抗压强度等级达到 C30。检测结果见表3.8.5-3。

表 3.8.5-3　混凝土构件抗压强度检测结果

构件名称及部位	混凝土抗压强度换算值/MPa			现龄期混凝土强度推定值/MPa
	平均值	标准差	最小值	
一层 1-2/B 轴梁	36.2	0.83	35.1	34.8
一层 3-4/(1/C) 轴梁	37.5	1.60	35.5	34.9
二层 2/E-F 轴梁	39.0	1.73	36.8	36.2
二层 (1/3)/C-D 轴梁	37.0	1.92	33.3	33.8
三层 3/E-F 轴梁	36.4	2.09	32.6	33.0
三层 6-7/B 轴梁	38.3	2.27	35.1	34.6
四层 3-4/(1/C) 轴梁	39.4	2.31	35.1	35.6
四层 (1/3)/C-D 轴梁	37.0	1.34	34.2	34.8

（5）混凝土构件中钢筋配置检测

依据《混凝土中钢筋检测技术规程》（JGJ/T 152—2019），抽取部分混凝土结构构件，采用一体式钢筋扫描仪检测其钢筋配置情况。混凝土梁的钢筋分布检测结果见表3.8.5-4。

表 3.8.5-4　混凝土梁钢筋配置扫描检测结果

构 件 名 称	检 测 内 容	检 测 结 果
一层 1-2/B 轴梁	底筋根数	3
	加密区箍筋间距	110
	非加密区箍筋间距	208
	底筋规格及直径	B22
一层 3-4/(1/C)轴梁	底筋根数	3
	加密区箍筋间距	98
	非加密区箍筋间距	212
	底筋规格及直径	B22
二层 2/E-F 轴梁	底筋根数	3
	加密区箍筋间距	108
	非加密区箍筋间距	196
	底筋规格及直径	B20
二层(1/3)/C-D 轴梁	底筋根数	3
	非加密区箍筋间距	206
	底筋规格及直径	B20
三层 3/E-F 轴梁	底筋根数	3
	非加密区箍筋间距	194
	底筋规格及直径	B25
三层 6-7/B 轴梁	底筋根数	3
	非加密区箍筋间距	213
	底筋规格及直径	B25
四层 3-4/(1/C)轴梁	底筋根数	3
	非加密区箍筋间距	207
	底筋规格及直径	B25
四层(1/3)/C-D 轴梁	底筋根数	3
	非加密区箍筋间距	212
	底筋规格及直径	B22

　　(6)根据现场实际条件对该建筑布置 8 个测点量测侧向位移,结果表明该建筑实测最大顶点侧向位移满足现行国家规范要求,且各测点侧移方向无明显一致性。侧向位移检测结果见表 3.8.5-5。测点布置及侧移方向示意图见图 3.8.5-4。

表 3.8.5-5　侧向位移检测结果

测 点 号	侧向位移/mm	测 点 号	侧向位移/mm
测点 1	10	测点 3	13
测点 2	7	测点 4	4
测点 5	15	测点 6	3
测点 7	6	测点 8	8

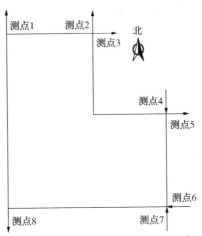

图 3.8.5-4　测点布置及侧移方向示意图

4）结构承载力验算

（1）验算原则

① 结构重要性系数取 1.0；

② 恒载分项系数取 1.3，活载分项系数取 1.5；

③ 构件截面尺寸，材料强度等参数，以实际检测结果为准；

④ 荷载与作用取值根据使用用途按现行规范确定；

⑤ 结构分析按现行规范，计算采用盈建科结构设计软件进行。

（2）计算荷载

① 风荷载：基本风压 $0.35kN/m^2$；

② 雪荷载：基本雪压 $0.25kN/m^2$；

③ 上人屋面活荷载：$2.0kN/m^2$；

④ 室内活荷载：$2.0kN/m^2$；

⑤ 楼梯间活荷载：$3.5kN/m^2$；

⑥ 走廊活荷载：$3.5kN/m^2$；

⑦ 卫生间活荷载：$2.5kN/m^2$。

（3）承载力计算分析

依据现场检测数据，采用盈建科计算软件建立该结构整体分析计算模型并进行结构承载能力验算分析，如图 3.8.5-5 所示。

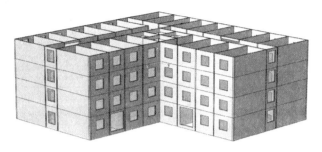

图 3.8.5-5　结构整体计算模型

计算结果表明，考虑现阶段实际使用功能的荷载条件下，该建筑楼、屋面板和一~四层梁、承重墙体的实际抗力均大于考虑结构重要性系数后的作用效应，承载力均满足要求。

5) 结构安全性鉴定

（1）构件安全性鉴定评级

砌体结构构件的安全性鉴定，应按承载能力、构造、不适于承载的位移和裂缝或其他损伤等四个检查项目，分别评定每一受检构件的等级，并应取其中最低一级作为该构件的安全性等级。

混凝土结构构件的安全性鉴定，应按承载能力、构造、不适于承载的位移或变形、裂缝或其他损伤等四个检查项目，分别评定每一受检构件的等级，并取其中最低一级作为该构件安全性等级。

根据现场检查和检测结果，以及基于检查、检测结果进行的结构验算分析结果，按照本书第 3.3.2 节和国家现行规范的有关规定，对该结构构件的安全性进行分析评定，见表 3.8.5-6。

表 3.8.5-6　构件安全性鉴定评级表

受检构件	检查项目	检查项目安全等级	构件安全性等级
梁	承载能力	计算结果表明，该建筑一~四层顶板梁的实际抗力均大于考虑结构重要性系数后的作用效应，即 $R>\gamma_0 S$，承载力满足要求 按照承载能力检查项目评级，该建筑一~四层顶板梁评定结果均为 a_u 级	综合以上各检查项目安全等级评定结果，该建筑所有梁构件的安全性等级评定结果均为 b_u 级
	构造	该建筑一~四层顶板梁构造合理；连接方式正确，基本满足国家现行规范要求，工作无异常；受力可靠，无变形、滑移、松动或其他损坏 按照构造检查项目评级，该建筑一~四层顶板梁评定结果均为 b_u 级	

138

受检构件	检查项目	检查项目安全等级	构件安全性等级
梁	不适于承载的位移或变形	经对该建筑一~四层顶板梁的检查检测，梁构件未出现不适于继续承载的位移、裂缝，未发现明显不合理挠度 按照不适于承载的位移或变形检查项目评级，该建筑一~四层顶板梁评定结果均为 b_u 级	综合以上各检查项目安全等级评定结果，该建筑所有梁构件的安全性等级评定结果均为 b_u 级
	裂缝或其他损伤	经对该建筑一~四层顶板梁的检查检测，未发现不适于继续承载的裂缝及可能影响结构安全的其他损伤 按照不适于承载的裂缝宽度或其他损伤检查项目评级，该建筑一~四层顶板梁评定结果均为 b_u 级	
墙体	承载能力	计算结果表明，该建筑一~四层墙体的实际抗力均大于考虑结构重要性系数后的作用效应，即 $R > \gamma_0 S$，承载力满足要求 按照承载能力检查项目评级，该建筑一~四层墙体评定结果均为 a_u 级	综合以上各检查项目安全等级评定结果，该建筑所有墙体的安全性等级评定结果均为 b_u 级
	构造	该建筑一~四层墙体高厚比符合规范要求，符合国家现行标准规范要求；连接及砌筑方式正确，连接构造符合国家现行标准规范要求，无缺陷或损伤，工作无异常，对主体结构的安全没有不利影响，按照构造检查项目评级，该建筑一~四层墙体评定结果均为 b_u 级	
	不适于承载的位移	经对该建筑一~四层墙体的检查检测，未发现存在不适于继续承载的位移 按照不适于承载的位移或变形检查项目评级，该建筑一~四层墙体评定结果均为 b_u 级	
	裂缝或其他损伤	经对该建筑一~四层墙体的检查检测，未发现可能影响结构安全的其他损伤 按照可能影响结构安全的其他损伤检查项目评级，该建筑一~四层墙体评定结果均为 b_u 级	
板	承载能力	根据计算结果表明，该建筑一~四层楼、屋面板的实际抗力均大于考虑结构重要性系数后的作用效应，即 $R > \gamma_0 S$，承载力满足要求 按照承载能力检查项目评级，该建筑一~四层板构件评定结果均为 a_u 级	综合以上各检查项目安全等级评定结果，该建筑所有板构件的安全性等级评定结果均为 b_u 级
	构造	各层楼屋面板构造合理，工作无异常 按照构造检查项目评级，该建筑一~四层板构件评定结果均为 b_u 级	

受检构件	检查项目	检查项目安全等级	构件安全性等级
板	不适于承载的位移或变形	经对各层楼屋面板的检查检测，未发现明显不适于承载的位移或变形，未发现楼屋面板有明显不合理挠度 按照不适于承载的位移或变形检查项目评级，该建筑一～四层板构件评定结果均为 b_u 级	综合以上各检查项目安全等级评定结果，该建筑所有板构件的安全性等级评定结果均为 b_u 级
	裂缝或其他损伤	经对各层楼屋面板的检查检测，未发现可能影响结构安全的其他损伤 按照可能影响结构安全的其他损伤检查项目评级，该建筑一～四层板构件评定结果均为 b_u 级	

（2）子单元的安全性鉴定评级

民用建筑安全性的第二层次子单元鉴定评级，应按地基基础、上部承重结构和围护系统的承重部分划分为三个子单元，并应分别按照本书 3.4 节及国家现行规范的鉴定方法和评级标准进行评定。

① 本工程子单元(地基基础部分)的具体评定过程和评定结果见表 3.8.5-7。

表 3.8.5-7　子单元(地基基础部分)安全性鉴定评级表

子单元名称	检查项目	检查项目评级	评定结果
地基基础	地基变形	现场检查，该建筑上部结构构件未见由不均匀沉降等引起的墙体开裂、下陷及倾斜等现象。室外地面与主体结构之间未出现明显的相对位移；建筑地基基础无静载缺陷，地基基础现状基本完好 根据不均匀沉降在上部结构中反应的检查结果及明显不均匀沉降在上部结构中反应的检查结果，该结构地基基础子单元安全性等级间接评为 B_u 级	综合以上各检查项目安全等级评定结果，该建筑地基基础子单元安全性等级评定结果均为 B_u 级
	斜坡场地稳定性	本工程所处建筑场地较为平整，无泥石流、滑坡、崩塌等不良地质条件，建筑场地地基稳定，无滑动迹象及滑动史 按照边坡场地稳定性项目评级，地基基础子单元评定为 A_u 级	

② 上部承重结构子单元的安全性鉴定评级，应根据其结构承载功能等级、结构整体性等级及结构侧向位移等级的评定结果进行确定。该建筑为地上四层砌体结构，子单元(上部承重结构部分)的具体评定过程和评定结果见表 3.8.5-8。

表 3.8.5-8　子单元(上部承重结构)安全性鉴定评级表

子单元名称	检查项目	检查项目评级	评定结果
上部承重结构	上部结构承载功能	该建筑共有四层，该楼各层可分别作为代表层，一~四层所有梁、承重墙体、板构件集的安全性等级为 B_u 级，故该建筑一~四层的安全性等级均为 B_u 级。综合评定该建筑上部结构承载功能的安全性等级为 B_u 级	综合以上各检查项目安全等级评定结果，该建筑上部承重结构子单元安全性等级评定结果为 B_u 级
	上部结构整体牢固性	结构布置及构造 本工程结构及构件布置合理，可形成完整体系，结构选型及传力路线清晰，故其结构布置及构造可评为 B_u 级	综合以上各检查项目安全等级评定结果，该建筑上部承重结构子单元安全性等级评定结果为 B_u 级
		结构、构件间的联系 本工程结构、构件设计合理、无疏漏；锚固、拉结、连接方式正确、可靠，无松动变形或其他残损，故结构及构件间的联系可评为 B_u 级	
		圈梁及构造柱的布置与构造 圈梁布置及构造柱基本正确，无裂缝或其他残损，能起闭合作用，故其圈梁及构造柱的布置与构造可评为 B_u 级	
		综上所述，评定该建筑结构整体牢固性等级为 B_u 级	
	上部结构侧向位移	现场检查该教学楼各测点顶点位移均未超过《民用建筑可靠性鉴定标准》(GB 50292—2015)规范限值($H/330$)的要求。故按照不适于承载的侧向位移等级评为 A_u 级	

③ 围护系统承重部分子单元的安全性鉴定评级，应根据该部分结构承载功能等级和结构整体性等级的评定结果进行确定。子单元(围护系统的承重部分)的具体评定过程和评定结果见表 3.8.5-9。

表 3.8.5-9　子单元(围护系统的承重部分)安全性鉴定评级表

子单元名称	检查项目	检查项目评级	评定结果
围护系统的承重部分	承重部分的承载功能	围护系统的承重部分的承载功能的安全性等级为 B_u 级	综合以上各检查项目安全等级评定结果，该建筑围护系统的承重部分子单元安全性等级评定结果均 B_u 级
	承重部分的结构整体性	围护系统的承重部分结构布置及构造、结构和构件间的连系均符合要求，围护结构构件工作状态未见明显异常，围护系统承重部分的结构整体性等级为 B_u 级	

（3）鉴定单元综合鉴定评级

砌体结构第三层次鉴定单元的安全性鉴定评级，应根据其地基基础、上部承重结构和围护系统承重部分各子单元的安全性等级进行评定，根据现场调查、检测结果和结构验算分析结果，结合本款（1）、（2）评定结果，该楼鉴定单元的安全性等级评定为 B_{su} 级。

6）结论及建议

（1）结论

该建筑的安全性鉴定评级结果为 B_{su} 级，安全性略低于鉴定标准对 A_{su} 级的要求，可满足教师公寓安全使用要求。

（2）建议

使用过程中，不得随意增加荷载，改变建筑使用功能，定期进行安全检查和日常维护，并随时排查和预防可能出现的任何安全隐患。

第4章 砌体结构抗震鉴定

地震属于一种自然灾害，不仅具有很强的破坏性，而且不可预见，目前来看，我国发生地震灾害的频率越来越高。在我国的相关建筑设计规范中，明确规定和要求了建筑房屋的抗震性能，一方面要做好其鉴定工作，另一方面要对未达到抗震要求的房屋结构进行相应的加固处理，以此来保证人们的财产和生命安全。砌体结构房屋不仅涉及范围较为广泛，并且数量众多，尤其对于灾后重建建筑来说，砌体结构的应用更加普遍。针对这种类型房屋的特点，需要加强其结构抗震性能，并采取科学有效的加固措施来保障房屋的稳定性，因此做好砌体结构房屋的抗震鉴定工作是非常重要的。

4.1 砌体结构抗震鉴定的基本原则

4.1.1 适用范围

抗震设防烈度为 6~9 度地区的现有建筑的抗震鉴定。

注：1. 以下将"抗震设防烈度为 6 度、7 度、8 度、9 度"简称"6 度、7 度、8 度、9 度"。

　　2. 对新建建筑，抗震安全性评估属于判断房屋的设计和施工是否符合抗震设计及施工规范要求的质量要求；对现有建筑，抗震安全性评估是从抗震承载力和抗震构造两方面综合判断结构实际具有的抗御地震灾害的能力。

4.1.2 抗震鉴定的原则

1) 下列情况下，现有建筑应进行抗震鉴定

(1) 接近或超过设计使用年限需要继续使用的建筑。

(2) 原设计未考虑抗震设防或抗震设防要求提高的建筑。

(3) 需要改变结构的用途和使用环境的建筑。

(4) 其他有必要进行抗震鉴定的建筑。

2) 需要进行抗震鉴定的现有建筑分类

(1) 使用年限在设计基准期内且设防烈度不变，但原规定的抗震设防类别提

高的建筑。

（2）虽然抗震设防类别不变，但现行的区划图设防烈度提高后又使之可能不符合相应设防要求的建筑。

（3）设防类别和设防烈度同时提高的建筑。

3）现有建筑后续使用年限的确定

（1）在20世纪70年代及以前建造经耐久性鉴定可继续使用的现有建筑，其后续使用年限不应少于30年；在80年代建造的现有建筑，宜采用40年或更长，且不得少于30年。

（2）在20世纪90年代（按当时施行的抗震设计规范系列设计）建造的现有建筑，后续使用年限不宜少于40年，条件许可时应采用50年。

（3）在2001年以后（按当时施行的抗震设计规范系列设计）建造的现有建筑，后续使用年限宜采用50年。

4）抗震鉴定方法的确定

应根据不同后续使用年限的现有建筑确定其抗震鉴定的方法，应符合下列要求：

（1）后续使用年限30年的建筑（简称A类建筑），应采用本书中规定的A类建筑抗震鉴定方法。

（2）后续使用年限40年的建筑（简称B类建筑），应采用本书中规定的B类建筑抗震鉴定方法。

（3）后续使用年限50年的建筑（简称C类建筑），应按现行国家标准《建筑抗震设计规范》（GB 50011）的要求进行抗震鉴定。

5）抗震鉴定要求

（1）丙类建筑：应按本地区设防烈度的要求核查其抗震措施并进行抗震验算。

（2）乙类建筑：6~8度应按比本地区设防烈度提高一度的要求核查其抗震措施，9度时应适当提高要求；抗震验算应按不低于本地区设防烈度的要求采用。

（3）甲类建筑：应经专门研究按不低于乙类的要求核查其抗震措施，抗震验算应按高于本地区设防烈度的要求采用。

（4）丁类，7~9度时，应允许按比本地区设防烈度降低一度的要求核查其抗震措施，抗震验算应允许比本地区设防烈度适当降低要求；6度时应允许不做抗震鉴定。

注：甲类、乙类、丙类、丁类，分别为现行国家标准《建筑工程抗震设防分类标准》（GB 50223）特殊设防类、重点设防类、标准设防类、适度设防类的简称。

144

4.1.3　基本规定

1）现有建筑的抗震鉴定应包括下列内容及要求

（1）搜集建筑的勘察报告、施工和竣工验收的相关原始资料；当资料不全时，应根据鉴定的需要进行补充实测。

（2）调查建筑现状与原始资料相符合的程度、施工质量和维护状况，发现相关的非抗震缺陷。

（3）根据各类建筑结构的特点、结构布置、构造和抗震承载力等因素，采用相应的逐级鉴定方法，进行综合抗震能力分析。

（4）对现有建筑整体抗震性能作出评价，对符合抗震鉴定要求的建筑应说明其后续使用年限，对不符合抗震鉴定要求的建筑提出相应的抗震减灾对策和处理意见。

2）抗震鉴定分级

抗震鉴定分为两级，第一级鉴定应以宏观控制和构造鉴定为主进行综合评价，第二级鉴定应以抗震验算为主结合构造影响进行综合评价。

A 类建筑的抗震鉴定，当符合第一级鉴定的各项要求时，建筑可评为满足抗震鉴定要求，不再进行第二级鉴定；当不符合第一级鉴定要求时，除本书各章有明确规定的情况外，应由第二级鉴定作出判断。

B 类建筑的抗震鉴定，应检查其抗震措施和现有抗震承载力再作出判断。当抗震措施不满足鉴定要求而现有抗震承载力较高时，可通过构造影响系数进行综合抗震能力的评定；当抗震措施鉴定满足要求时，主要抗侧力构件的抗震承载力不低于规定的 95%、次要抗侧力构件的抗震承载力不低于规定的 90%，也可不要求进行加固处理。

C 类建筑的抗震鉴定，应按现行国家标准《建筑抗震设计规范》（GB 50011）的要求进行抗震鉴定。

3）抗震验算注意事项

6 度时可不进行抗震验算；当 6 度第一级鉴定不满足时，可通过抗震验算进行综合抗震能力评定；其他情况，至少在两个主轴方向分别按本书规定的具体方法进行结构的抗震验算。

当抗震鉴定规范未给出具体方法时，可采用《建筑抗震鉴定标准》（GB 50023—2009）和现行国家标准《建筑抗震设计规范》（GB 50011）规定的方法，按下式进行结构构件抗震验算：

$$S \leqslant R/\gamma_{Ra}$$

式中　S——结构构件内力（轴向力、剪力、弯矩等）组合的设计值；计算时，有关的荷载、地震作用、作用分项系数、组合值系数，应按现行国家标准《建筑抗震设计规范》(GB 50011)的规定采用；其中，场地的设计特征周期可按表 4.1.3-1 确定，地震作用效应(内力)调整系数应按抗震鉴定规范的规定采用，8、9 度的大跨度和长悬臂结构应计算竖向地震作用。

R——结构构件承载力设计值，按 GB 50011 的规定采用；其中，各类结构材料强度的设计指标应按 GB 50023—2009 附录 A 采用，材料强度等级按现场实际情况确定。

γ_{Ra}——抗震鉴定的承载力调整系数，除本标准各章节另有规定外，一般情况下，可按 GB 50011 的承载力抗震调整系数值采用，A 类建筑抗震鉴定时，钢筋混凝土构件应按 GB 50011 承载力抗震调整系数值的 0.85 倍采用。

表 4.1.3-1 特征周期值

s

设计地震分组	场 地 类 别			
	I	II	III	IV
第一、二组	0.20	0.30	0.40	0.65
第三组	0.25	0.40	0.55	0.85

4) 多层砌体房屋抗震鉴定的一般规定

(1) 适用范围：

用于烧结普通黏土砖、烧结多孔黏土砖、混凝土中型空心砌块、混凝土小型空心砌块、粉煤灰中型实心砌块砌体承重的多层房屋。

注：1. 对于单层砌体房屋，当横墙间距不超过三开间时，可按本章规定的原则进行抗震鉴定；

2. 本章中烧结普通黏土砖、烧结多孔黏土砖、混凝土小型空心砌块、混凝土中型空心砌块、粉煤灰中型实心砌块分别简称为普通砖、多孔砖、混凝土小砌块、混凝土中砌块、粉煤灰中砌块。

(2) 现有多层砌体房屋抗震鉴定时，房屋的高度和层数、抗震墙的厚度和间距、墙体实际达到的砂浆强度等级和砌筑质量、墙体交接处的连接以及女儿墙、楼梯间和出屋面烟囱等易引起倒塌伤人的部位应重点检查；7~9 度时，尚应检查墙体布置的规则性，检查楼、屋盖处的圈梁，检查楼、屋盖与墙体的连接构造等。

(3) 多层砌体房屋的外观和内在质量应符合下列要求：

① 墙体不空鼓、无严重酥碱和明显歪闪。

② 支承大梁、屋架的墙体无竖向裂缝，承重墙、自承重墙及其交接处无明显裂缝。

146

③ 木楼、屋盖构件无明显变形、腐朽、蚁蚀和严重开裂。

④ 混凝土梁、柱及其节点的混凝土仅有少量微小开裂或局部剥落，钢筋无露筋、锈蚀；无明显变形、倾斜或歪扭。

（4）现有砌体房屋的抗震鉴定，应按房屋高度和层数、结构体系的合理性、墙体材料的实际强度、房屋整体性连接构造的可靠性、局部易损易倒部位构件自身及其与主体结构连接构造的可靠性以及墙体抗震承载力的综合分析，对整幢房屋的抗震能力进行鉴定。

当砌体房屋层数超过规定时，应评为不满足抗震鉴定要求；当仅有出入口和人流通道处的女儿墙、出屋面烟囱等不符合规定时，应评为局部不满足抗震鉴定要求。

（5）A类砌体房屋应进行综合抗震能力的两级鉴定。在第一级鉴定中，墙体的抗震承载力应依据纵、横墙间距进行简化验算，当符合第一级鉴定的各项规定时，应评为满足抗震鉴定要求；不符合第一级鉴定要求时，除有明确规定的情况外，应在第二级鉴定中采用综合抗震能力指数的方法，计入构造影响作出判断。

B类砌体房屋，在整体性连接构造的检查中尚应包括构造柱的设置情况，墙体的抗震承载力应采用《建筑抗震设计规范》（GB 50011）的底部剪力法等方法进行验算，或按照A类砌体房屋计入构造影响进行综合抗震能力的评定。

C类砌体房屋，按GB 50011的要求进行抗震鉴定。

5）内框架和底层框架砖房抗震鉴定的一般规定

（1）适用范围：

适用于按丙类设防的黏土砖墙与钢筋混凝土柱混合承重的内框架、底层框架砖房、底层框架-抗震墙砖房。

（2）现有内框架和底层框架砖房抗震鉴定时，对房屋的高度和层数、横墙的厚度和间距、墙体的砂浆强度等级和砌筑质量应重点检查，并应根据结构类型和设防烈度重点检查下列薄弱部位：

① 底层框架和底层内框架砖房的底层楼盖类型及底层与第二层的侧移刚度比、结构平面质量和刚度分布及墙体(包括填充墙)等抗侧力构件布置的均匀对称性。

② 多层内框架砖房的屋盖类型和纵向窗间墙宽度。

③ 7~9度设防时，尚应检查框架的配筋和圈梁及其他连接构造。

（3）房屋的外观和内在质量应符合下列要求：

① 砖墙体应符合《建筑抗震鉴定标准》（GB 50023—2009）第5.1.3条的有关规定。

② 混凝土构件应符合GB 50023—2009第6.1.3条的有关规定。

（4）现有内框架和底层框架砖房的抗震鉴定，应按房屋高度和层数、混合承重结构体系的合理性、墙体材料的实际强度、结构构件之间整体性连接构造的可靠性、局部易损易倒部位构件自身及其与主体结构连接构造的可靠性，以及墙体和框架抗震承载力的综合分析，对整幢房屋的抗震能力进行鉴定。

当房屋层数超过规定或底部框架砖房的上下刚度比不符合规定时，应评为不满足抗震鉴定要求；当仅有出入口和人流通道处的女儿墙等不符合规定时，应评为局部不满足抗震鉴定要求。

（5）对 A 类内框架和底层框架砖房，应进行综合抗震能力的两级评定。符合第一级鉴定的各项规定时，应评为满足抗震鉴定要求；不符合第一级鉴定要求时，除有明确规定的情况外，应在第二级鉴定采用屈服强度系数和综合抗震能力指数的方法，计入构造影响作出判断。

对 B 类内框架和底层框架砖房，应根据所属的抗震等级和构造柱设置等进行结构布置和构造检查，并应通过内力调整进行抗震承载力验算，或按照 A 类房屋计入构造影响对综合抗震能力进行评定。

对 C 类内框架和底层框架砖房，应按《建筑抗震设计规范》（GB 50011）的要求进行抗震鉴定。

（6）内框架和底层框架砖房的砌体部分和框架部分，除符合本章规定外，尚应分别符合 GB 50023—2009 第 5 章、第 6 章的有关规定。

6）单层砖柱厂房和空旷房屋抗震鉴定的一般规定

（1）适用范围：

适用于砖柱（墙垛）承重的单层厂房和砖墙承重的单层空旷房屋。

注：单层厂房包括仓库、泵房等，单层空旷房屋指剧场、礼堂、食堂等。

（2）抗震鉴定时，影响房屋整体性、抗震承载力和易倒塌伤人的下列关键薄弱部位应重点检查：

① 6 度时，应检查女儿墙、门脸和出屋面小烟囱和山墙山尖。

② 7 度时，除按第①款检查外，尚应检查舞台口大梁上的砖墙、承重山墙。

③ 8 度时，除按第①、②款检查外，尚应检查承重柱（墙垛）、舞台口横墙、屋盖支撑及其连接、圈梁、较重装饰物的连接及相邻附属房屋的影响。

④ 9 度时，除按第①~③款检查外，尚应检查屋盖的类型等。

注：单层砖柱厂房，6 度时尚应重点检查变截面柱和不等高排架柱的上柱，7 度时尚应检查与排架刚性连接但不到顶的砌体隔墙、封檐墙。

（3）砖柱厂房和空旷房屋的外观和内在质量宜符合下列要求：

① 承重柱、墙无酥碱、剥落、明显裂缝、露筋或损伤。

② 木屋盖构件无腐朽、严重开裂、歪斜或变形，节点无松动。

③ 混凝土构件符合《建筑抗震鉴定标准》（GB 50023—2009）第 6.1.3 条的有

关规定。

（4）A类单层砖柱厂房，应按（GB 50023—2009）第9.2章的规定检查结构布置、构件形式、材料强度、整体性连接和易损部位的构造等；当检查的各项均符合要求时，一般情况下可评为满足抗震鉴定要求，但对《建筑抗震鉴定标准》（GB 50023—2009）第9.2.7条规定的情况，尚应结合抗展承载力验算进行综合抗震能力评定。

B类砖柱厂房，应按 GB 50023—2009 第9.4节检查结构布置、构件形式、材料强度、整体性连接和易损部位的构造等，并应按《建筑抗震鉴定标准》（GB 50023—2009）第9.4.7条的规定进行抗震承载力验算，然后评定其抗震能力。

C类砖柱厂房，应按《建筑抗震设计规范》（GB 50011）的要求进行抗震鉴定。

当关键薄弱部位不符合本章规定时，应要求加固或处理；一般部位不符合规定时，可根据不符合的程度和影响的范围，提出相应对策。

（5）单层空旷房屋，应根据结构布置和构件形式的合理性、构件材料实际强度、房屋整体性连接构造的可靠性和易损部位构件自身构造及其与主体结构连接的可靠性等，进行结构布置和构造的检查。

对A类空旷房屋，一般情况，当结构布置和构造符合要求时，应评为满足抗震鉴定要求；对有明确规定的情况，应结合抗震承载力验算进行综合抗震能力评定。

对B类空旷房屋，应检查结构布置和构造并按规定进行抗震承载力验算，然后评定其抗震能力。

对C类空旷房屋，应按 GB 50011 的要求进行抗震鉴定。

当关键薄弱部位不符合规定时，应要求加固或处理；一般部位不符合规定时，应根据不符合的程度和影响的范围，提出相应对策。

（6）砖柱厂房和空旷房屋的钢筋混凝土部分和附属房屋的抗震鉴定，应根据其结构类型分别按本章的有关规定进行，但附属房屋与大厅或车间相连的部位，尚应符合本章的要求并计入相互的不利影响。

4.1.4 抗震鉴定流程

流程见图4.1.4-1。

图 4.1.4-1　抗震鉴定流程图

接受委托

成立检查小组,勘察现场

编写抗震鉴定方案

现场检查、检测及补充调查

内业数据及分析处理

报告编写

4.1.5 检测内容及方法

见表 4.1.5-1。

表 4.1.5-1　检测内容与方法表

序号	检查内容		检查方法
1	图纸资料		查阅
2	施工资料(原材料报告、隐蔽验收、技术核定单、施工记录、验收资料等施工、监理资料)		查阅
3	主体结构类型检查		询问、目测、查看图纸
4	主要存在的问题、现象		询问、现场勘察
5	裂缝	周边地面、墙体、房屋裂缝	超声法、量测法、描绘法、摄影摄像法、目测法、定期跟踪观测法等以及其他方法
		基础部位裂缝	
		结构构件裂缝	
6	构件变形		量测法
7	房屋沉降		沉降观测
8	房屋倾斜		投点法及标准规定的其他方法
9	承载力		结构试验、结构计算与分析
10	节点构造、连接		目测、量测
11	构件截面尺寸		量测
12	混凝土构件配筋、保护层厚度		无损检测法、局部凿开量测法
13	构件材料强度		回弹法、贯入法及规定的其他方法
14	钢筋锈蚀		腐蚀电位法
15	荷载		调查、量测法
16	施工情况(施工顺序、施工荷载等)		调查、目测
17	周边环境		目测、量测、调查
18	周边施工(开挖、堆土、降水、振动、爆破等)		调查、目测、量测、监测
备注	根据项目委托内容及特点,选择上述检查内容及标准规定的其他内容		

4.2　砌体房屋的抗震鉴定

4.2.1　现状的调查与评估

1) 基本情况调查、结构布置调查及现状普查

现场对所检建筑物的基本情况进行调查,主要包括建筑物名称、建成时间、使

用历史、使用功能等。核查设计图纸等技术资料，对建筑物的结构布置进行全数检查、检测，主要包括建筑物室内外高差、轴线位置及命名、结构构件截面尺寸、楼层层高、隔墙材料及位置、门窗洞口位置及尺寸、楼梯间位置及尺寸；圈梁、构造柱、拉结筋的布置；楼、屋面板的形式、厚度及布置；场地、地基基础现状等。

对建筑物的现有损伤状况进行检查并记录，主要包括地面沉陷、装饰脱落；混凝土构件及墙体的渗水、开裂、露筋及钢筋锈蚀等；砌体承重墙的表观缺陷，包括砌筑用砂浆的饱满度、砌筑用砌块的完整程度、砌筑质量、墙体垂直度及平整度、施工缺陷等；围护系统各构件的工作状态及现状等。

2）场地、地基和基础

（1）场地

① 6、7 度时及建造于对抗震有利地段的建筑，可不进行场地对建筑影响的抗震鉴定。

注：1. 对建造于危险地段的建筑，场地对建筑影响应按专门规定鉴定；

2. 有利、不利等地段和场地类别，按《建筑抗震设计规范》（GB 50011）划分。

② 对建造于危险地段的现有建筑，应结合规划更新(迁离)；暂时不能更新的，应进行专门研究，并采取应急的安全措施。

③ 7~9 度时，建筑场地为条状突出山嘴、高耸孤立山丘、非岩石和强风化岩石陡坡、河岸和边坡的边缘等不利地段，应对其地震稳定性、地基滑移及对建筑的可能危害进行评估；非岩石和强风化岩石陡坡的坡度及建筑场地与坡脚的高差均较大时，应估算局部地形导致其地震影响增大的后果。

④ 建筑场地有液化侧向扩展且距常时水线 100m 范围内，应判明液化后土体流滑与开裂的危险。

（2）地基和基础

① 地基基础现状的鉴定，应着重调查上部结构的不均匀沉降裂缝和倾斜，基础有无腐蚀、酥碱、松散和剥落，上部结构的裂缝、倾斜以及有无发展趋势。

② 符合下列情况之一的现有建筑，可不进行其地基基础的抗震鉴定：

丁类建筑；

地基主要受力层范围内不存在软弱土、饱和砂土和饱和粉土或严重不均匀土层的乙类、丙类建筑；

6 度时的各类建筑；

7 度时，地基基础现状无严重静载缺陷的乙类、丙类建筑。

③ 对地基基础现状进行鉴定时，当基础无腐蚀、酥碱、松散和剥落，上部结构无不均匀沉降裂缝和倾斜，或虽有裂缝、倾斜但不严重且无发展趋势，该地基基础可评为无严重静载缺陷。

存在软弱土、饱和砂土和饱和粉土的地基基础，应根据烈度、场地类别、建筑现状和基础类型，进行液化、震陷及抗震承载力的两级鉴定。符合第一级鉴定的规定时，应评为地基符合抗震要求，不再进行第二级鉴定。静载下已出现严重缺陷的地基基础，应同时审核其静载下的承载力。

④ 地基基础的第一级鉴定应符合下列要求：

a. 基础下主要受力层存在饱和砂土或饱和粉土时，对下列情况可不进行液化影响的判别：

对液化沉陷不敏感的丙类建筑；

符合 GB 50011 液化初步判别要求的建筑。

b. 基础下主要受力层存在软弱土时，对下列情况可不进行建筑在地震作用下沉陷的估算：

8、9 度时，地基土静承载力特征值分别大于 80kPa 和 100kPa；

8 度时，基础底面以下的软弱土层厚度不大于 5m。

c. 采用桩基的建筑，对下列情况可不进行桩基的抗震验算：

GB 50011 规定可不进行桩基抗震验算的建筑；

位于斜坡但地震时土体稳定的建筑。

⑤ 地基基础的第二级鉴定应符合下列要求：

a. 饱和土液化的第二级判别，应按现行国家标准《建筑抗震设计规范》(GB 50011) 的规定，采用标准贯入试验判别法。判别时，可计入地基附加应力对土体抗液化强度的影响。存在液化土时，应确定液化指数和液化等级，并提出相应的抗液化措施。

b. 软弱土地基及 8、9 度时Ⅲ、Ⅳ类场地上的高层建筑和高耸结构，应进行地基和基础的抗震承载力验算。

⑥ 现有天然地基的抗震承载力验算，应符合下列要求：

a. 天然地基的竖向承载力，可按 GB 50011 规定的方法验算，其中，地基土静承载力特征值应改用长期压密地基土静承载力特征值，其值可按下式计算：

$$f_{sE} = \zeta_s f_{sc}$$
$$f_{sc} = \zeta_c f_s$$

式中　f_{sE}——调整后的地基土抗震承载力特征值，kPa；

ζ_s——地基土抗震承载力调整系数，可按《建筑抗震设计规范》(GB 50011) 采用；

f_{sc}——长期压密地基土静承载力特征值，kPa；

f_s——地基土静承载力特征值，kPa，其值可按《建筑地基基础设计规范》(GB 50007) 采用；

ζ_c——地基土静承载力长期压密提高系数，其值可按表 4.2.1-1 采用。

152

表 4.2.1-1　地基土静承载力长期压密提高系数

年限与岩土类型	p_o/f_s			
	1.0	0.8	0.4	<0.4
2 年以上的砾、粗、中、细、粉砂	1.2	1.1	1.05	1.0
5 年以上的粉土和粉质黏土				
8 年以上地基土静承载力标准值大于 1000kPa				

注：1　p_o 指基础底面实际平均压应力（kPa）；
　　2　使用期不够或岩石、碎石土、其他软弱土，提高系数值可取 1.0

b. 承受水平力为主的天然地基验算水平抗滑时，抗滑阻力可采用基础底面摩擦力和基础正侧面土的水平抗力之和；基础正侧面土的水平抗力，可取其被动土压力的 1/3；抗滑安全系数不宜小于 1.1；当刚性地坪的宽度不小于地坪孔口承压面宽度的 3 倍时，尚可利用刚性地坪的抗滑能力。

⑦ 桩基的抗震承载力验算，可按 GB 50011 规定的方法进行。

⑧ 7~9 度时山区建筑的挡土结构、地下室或半地下室外墙的稳定性验算，可采用 GB 50007 规定的方法；抗滑安全系数不应小于 1.1，抗倾覆安全系数不应小于 1.2。验算时，土的重度应除以地震角的余弦，墙背填土的内摩擦角和墙背摩擦角应分别减去地震角和增加地震角。地震角可按表 4.2.1-2 采用。

表 4.2.1-2　挡土结构的地震角

类别	7 度		8 度		9 度
	0.1g	0.15g	0.2g	0.3g	0.4g
水上	1.5°	2.3°	3°	4.5°	6°
水下	2.5°	3.8°	5°	7.5°	10°

⑨ 同一建筑单元存在不同类型基础或基础埋深不同时，宜根据地震时可能产生的不利影响，估算地震导致两部分地基的差异沉降，检查基础抵抗差异沉降的能力，并检查上部结构相应部位的构造抵抗附加地震作用和差异沉降的能力。

4.2.2　A 类砌体房屋抗震鉴定

1）A 类多层砌体房屋的抗震鉴定

（1）第一级鉴定

① 现有砌体房屋的结构体系判别

a）现有砌体房屋的高度和层数应符合下列要求：

a. 房屋的高度和层数不宜超过下表所列的范围。对横向抗震墙较少的房屋，其适用高度和层数应比表 4.2.2-1 的规定分别降低 3m 和一层；对横向抗震墙很少的房屋，还应再减少一层。

b. 当超过规定的适用范围时，应提高对综合抗震能力的要求或提出改变结构体系的要求等。

表 4.2.2-1　A 类砌体房屋的最大高度（m）和层数限值

墙体类别	墙体厚度/mm	6 度		7 度		8 度		9 度	
		高度	层数	高度	层数	高度	层数	高度	层数
普通砖实心墙	≥240	24	八	22	七	19	六	13	四
	180	16	五	16	五	13	四	10	三
多孔砖墙	180~240	16	五	16	五	13	四	10	三
普通砖空心墙	420	19	六	19	六	13	四	10	三
	300	10	三	10	三	10	三		
普通砖空斗墙	240	10	三	10	三	10	三		
混凝土中砌块墙	≥240	19	六	19	六	13	四		
混凝土小砌块墙	≥190	22	七	22	七	16	五		
粉煤灰中砌块墙	≥240	19	六	19	六	13	四		
	180~240	16	五	16	五	10	三		

注：1. 房屋高度计算方法同《建筑抗震设计规范》（GB 50011）的规定；
　　2. 空心墙指由两片 120mm 厚砖墙或 120mm 厚砖与 240mm 厚砖通过卧砌形成的墙体；
　　3. 乙类设防时应允许按本地区设防烈度查表，但层数应减少一层且总高度应降低 3m；其抗震墙不应为 180mm 普通砖实心墙、普通砖空斗墙。

b）现有砌体房屋的结构体系，应按下列规定进行检查：

a. 房屋实际的抗震横墙间距和高宽比，应符合下列刚性体系的要求：

（a）抗震横墙的最大间距应符合表 4.2.2-2 的规定；

表 4.2.2-2　A 类砌体房屋刚性体系抗震横墙的最大间距　　　　　　　m

楼、屋盖类别	墙体类别	墙体厚度/mm	6、7 度	8 度	9 度
现浇或装配整体式混凝土	砖实心墙	≥240	15	15	11
	其他墙体	≥180	13	10	
装配式混凝土	砖实心墙	≥240	11	11	7
	其他墙体	≥180	10	7	
木、砖拱	砖实心墙	≥240	7	7	4

注：对Ⅳ类场地，表内的最大间距值应减少 3m 或 4m 以内的一开间

（b）房屋的高度与宽度（有外廊的房屋，此宽度不包括其走廊宽度）之比不宜大于 2.2，且高度不大于底层平面的最长尺寸。

b. 7~9 度时，房屋的平、立面和墙体布置宜符合下列规则性的要求：

（a）质量和刚度沿高度分布比较规则均匀，立面高度变化不超过一层，同一

154

楼层的楼板标高相差不大于 500mm;

（b）楼层的质心和计算刚心基本重合或接近。

（c）跨度不小于 6m 的大梁，不宜由独立砖柱支承；乙类设防时不应由独立砖柱支承。

（d）教学楼、医疗用房等横墙较少、跨度较大的房间，宜为现浇或装配整体式楼、屋盖。

② 整体性判别

a）现有房屋的整体性连接构造，应着重检查下列要求：

a. 墙体布置在平面内应闭合，纵横墙交接处应有可靠连接，不应被烟道、通风道等竖向孔道削弱；乙类设防时，尚应按本地区抗震设防烈度和表 4.2.2-3 检查构造柱设置情况。

表 4.2.2-3　乙类设防时 A 类砖房构造柱设置要求

房屋层数				设 置 部 位	
6 度	7 度	8 度	9 度		
四、五	三、四	二、三		外墙四角、错层部位横墙与外纵墙交接处、较大洞口两侧，大房间内外墙交接处	7、8 度时，楼梯间、电梯间四角
六、七	五、六	四	二		隔开间横墙（轴线）与外墙交接处，山墙与内纵墙交接处；7~9 度时，楼梯间、电梯间四角
		五	三		内墙（轴线）与外墙交接处，内墙的局部较小墙垛处，7~9 度时，楼梯间、电梯间四角；9 度时内纵墙与横墙（轴线）交接处

注：横墙较少时，按增加一层的层数查表。砌块房屋按表中提高一度的要求检查芯柱或构造柱。

b. 木屋架不应为无下弦的人字屋架，隔开间应有一道竖向支撑或有木望板和木龙骨顶棚。

c. 装配式混凝土楼盖、屋盖(或木屋盖)砖房的圈梁布置和配筋，不应少于表 4.2.2-4 的规定；纵墙承重房屋的圈梁布置要求应相应提高；空斗墙、空心墙和 180mm 厚砖墙的房屋，外墙每层应有圈梁。

表 4.2.2-4　A 类砌体房屋圈梁的布置和构造要求

位置和配筋量		7 度	8 度	9 度
屋盖	外墙	除层数为二层的预制板或有木望板、木龙骨吊顶时，均应有	均应有	均应有
	内墙	同外墙，且纵纵横墙上圈梁水平间距分别不应大于 8m 和 16m	纵横墙上圈梁的水平间距分别不应大于 8m 和 12m	纵横墙上圈梁的水平间距均不应大于 8m

位置和配筋量		7 度	8 度	9 度
楼盖	外墙	横墙间距大于 8m 或层数超过四层时应隔层有	横墙间距大于 8m 时每层应有，横墙间距不大于 8m 层数超过三层时，应隔层有	层数超过二层且横墙间距大于 4m 时，每层均应有
	内墙	横墙间距大于 8m 或层数超过四层时，应隔层有且圈梁的水平间距不应大于 16m	同外墙，且圈梁的水平间距不应大于 12m	同外墙，且圈梁的水平间距不应大于 8m
配筋量		4ϕ8	4ϕ10	4ϕ12

注：6 度时，同非抗震要求。

d. 装配式混凝土楼盖、屋盖的砌块房屋，每层均应有圈梁；其中，6~8 度时内墙上圈梁的水平间距与配筋应分别符合表 4.2.2-4 中 7~9 度时的规定。

b）现有房屋的整体性连接构造，尚应满足下列要求：

a. 纵横墙交接处应咬槎较好；当为马牙槎砌筑或有钢筋混凝土构造柱时，沿墙高每 10 皮砖（中型砌块每道水平灰缝）或 500mm 应有 2ϕ6 拉结钢筋；空心砌块有钢筋混凝土芯柱时，芯柱在楼层上下应连通，且沿墙高每隔 600mm 应有 ϕ4 点焊钢筋网片与墙拉结。

b. 楼盖、屋盖的连接应符合下列要求：

（a）楼盖、屋盖构件的支承长度不应小于表 4.2.2-5 的规定。

表 4.2.2-5 楼盖、屋盖构件的最小支承长度   mm

构件名称	混凝土预制板		预制进深梁	木屋架、木大梁	对接檩条	木龙骨、木檩条
位置	墙上	梁上	墙上	墙上	屋架上	墙上
支承长度	100	80	180 且有梁垫	240	60	120

（b）混凝土预制构件应有坐浆；预制板缝应有混凝土填实，板上应有水泥砂浆面层。

（c）圈梁的布置和构造尚应符合下列要求：

现浇和装配整体式钢筋混凝土楼盖、屋盖可无圈梁；

圈梁截面高度，多层砖房不宜小于 120mm，中型砌块房屋不宜小于 200mm，小型砌块房屋不宜小于 150mm；

圈梁位置与楼盖、屋盖宜在同一标高或紧靠板底；

砖拱楼盖、屋盖房屋，每层所有内外墙均应有圈梁，当圈梁承受砖拱楼盖、屋盖的推力时，配筋量不应少于 4ϕ12；

屋盖处的圈梁应现浇；楼盖处的圈梁可为钢筋砖圈梁，其高度不小于 4 皮砖，砌筑砂浆强度等级不低于 M5，总配筋量不少于表 4.2.2-4 中的规定；现浇钢筋混凝土板墙或钢筋网水泥砂浆面层中的配筋加强带可代替该位置上的圈梁；与纵墙圈梁有可靠连接的进深梁或配筋板带也可代替该位置上的圈梁。

③ 砌体材料强度等级

承重墙体的砖、砌块和砂浆实际达到的强度等级，应符合下列要求：

a）砖强度等级不宜低于 MU7.5，且不低于砌筑砂浆强度等级；中型砌块的强度等级不宜低于 MU10，小型砌块的强度等级不宜低于 MU5。砖、砌块的强度等级低于上述规定一级以内时，墙体的砂浆强度等级宜按比实际达到的强度等级降低一级采用。

b）墙体的砌筑砂浆强度等级，6 度时或 7 度时二层及以下的砖砌体不应低于 M0.4，当 7 度时超过二层或 8、9 度时不宜低于 M1；砌块墙体不宜低于 M2.5。砂浆强度等级高于砖、砌块的强度等级时，墙体的砂浆强度等级宜按砖、砌块的强度等级采用。

④ 易损部位构件判别

a）房屋中易引起局部倒塌的部件及其连接，应着重检查下列要求：

a. 出入口或人流通道处的女儿墙和门脸等装饰物应有锚固。

b. 出屋面小烟囱在出入口或人流通道处应有防倒塌措施。

c. 钢筋混凝土挑檐、雨罩等悬挑构件应有足够的稳定性。

b）楼梯间的墙体，悬挑楼层、通长阳台或房屋尽端局部悬挑阳台，过街楼的支承墙体，与独立承重砖柱相邻的承重墙体，均应提高有关墙体承载能力的要求。

c）房屋中易引起局部倒塌的部件及其连接，尚应分别符合下列规定：

a. 现有结构构件的局部尺寸、支承长度和连接应符合下列要求：

（a）承重的门窗间墙最小宽度和外墙尽端至门窗洞边的距离及支承跨度大于 5m 的大梁的内墙阳角至门窗洞边的距离，7、8、9 度时分别不宜小于 0.8m、1.0m、1.5m；

（b）非承重的外墙尽端至门窗洞边的距离，7、8 度时不宜小于 0.8m，9 度时不宜小于 1.0m；

（c）楼梯间及门厅跨度不小于 6m 的大梁，在砖墙转角处的支承长度不宜小于 490mm；

（d）出屋面的楼梯间、电梯间和水箱间等小房间，8、9 度时墙体的砂浆强度等级不宜低于 M2.5；门窗洞口不宜过大；预制楼盖、屋盖与墙体应有连接。

b. 非结构构件的现有构造应符合下列要求：

（a）隔墙与两侧墙体或柱应有拉结，长度大于 5.1m 或高度大于 3m 时，墙顶还应与梁板有连接；

（b）无拉结女儿墙和门脸等装饰物，当砌筑砂浆的强度等级不低于 M2.5 且厚度为240mm时，其突出屋面的高度，对整体性不良或非刚性结构的房屋不应大于0.5m；对刚性结构房屋的封闭女儿墙不宜大于0.9m。

⑤ 抗震承载力简化验算

第一级鉴定时，房屋的抗震承载力可采用抗震横墙间距和宽度的下列限值进行简化验算：

a. 层高在3m左右，墙厚为240mm的普通黏土砖房屋，当在层高的1/2处门窗洞所占的水平截面面积，对承重横墙不大于总截面面积的25%、对承重纵墙不大于总截面面积的50%时，其承重横墙间距和房屋宽度的限值宜按表4.2.2-7采用，设计基本地震加速度为0.15g和0.30g时，应按表中数值采用内插法确定；其他墙体的房屋，应按表4.2.2-7的限值乘以表4.2.2-6规定的抗震墙体类别修正系数采用。

表4.2.2-6　抗震墙体类别修正系数

墙体类别	空斗墙	空心砖		多孔砖墙	小型砌块墙	中型砌块墙	实心墙		
厚度/mm	240	300	420	190	t	t	180	370	480
修正系数	0.6	0.9	1.4	0.8	$0.8t/240$	$0.6t/240$	0.75	1.4	1.8

注：t指小型砌块墙体的厚度。

表4.2.2-7　抗震承载力简化验算的抗震横墙间距和房屋宽度限值　　　m

楼层总数	检查楼层	砂浆强度等级																			
		M0.4		M1		M2.5		M5		M10		M0.4		M1		M2.5		M5		M10	
		L	B	L	B	L	B	L	B	L	B	L	B	L	B	L	B	L	B	L	B
		6度										7度									
二	2	6.9	10	11	15	15	15	—	—	—	—	4.8	7.1	7.9	11	12	15	15	15	—	—
	1	6.0	8.8	9.2	14	13	15	—	—	—	—	4.2	6.2	6.4	9.5	9.2	13	12	15	—	—
三	3	6.1	9.0	10	14	15	15	15	15	—	—	—	—	7.0	10	11	15	15	15	—	—
	1~2	4.7	7.1	7.0	11	9.8	14	14	15	—	—	—	—	5.0	7.4	6.8	10	9.2	13	—	—
四	4	5.7	8.4	9.4	14	14	15	15	15	—	—	—	—	6.6	9.5	9.8	12	12	12	—	—
	3	4.3	6.3	6.6	9.6	9.3	14	15	15	—	—	—	—	4.6	6.7	6.5	9.5	8.9	12	—	—
	1~2	4	6.0	5.9	8.9	8.1	12	11	15	—	—	—	—	4.1	6.2	5.7	8.5	7.5	11	—	—
五	5	5.6	9.2	9.0	12	12	12	12	12	—	—	—	—	6.3	9.0	9.4	12	12	12	—	—
	4	3.8	6.5	6.1	9.0	8.7	12	12	12	—	—	—	—	4.3	6.3	6.1	8.9	8.3	12	—	—
	1~3	—	—	5.2	7.9	7.0	10	9.1	12	—	—	—	—	3.6	5.4	4.9	7.4	6.4	9.4	—	—
六	6	—	—	8.9	12	12	12	12	12	—	—	—	—	6.1	8.8	9.2	12	12	12	—	—
	5	—	—	5.9	8.6	8.3	12	11	12	—	—	—	—	4.1	6.0	5.8	8.5	7.8	11	—	—
	4	—	—	—	—	6.8	10	9.1	12	—	—	—	—	—	—	4.8	7.1	6.4	9.3	—	—
	1~3	—	—	—	—	6.3	9.4	8.1	12	—	—	—	—	—	—	4.4	6.6	5.7	8.4	—	—

楼层总数	检查楼层	M0.4		M1		M2.5		M5		M10		M0.4		M1		M2.5		M5		M10	
		L	B	L	B	L	B	L	B	L	B	L	B	L	B	L	B	L	B	L	B
		6度										7度										
七	7	—	—	8.2	12	12	12	12	12	—	—	—	—	—	—	3.9	7.2	3.9	7.2	—	—
	6	—	—	5.2	8.3	8.0	11	11	12	—	—	—	—	—	—	3.9	7.2	3.9	7.2	—	—
	5	—	—	—	—	6.4	9.6	8.5	12	—	—	—	—	—	—	3.9	7.2.	3.9	7.2	—	—
	1~4	—	—	—	—	5.7	8.5	7.3	11	—	—	—	—	—	—	—	—	3.9	7.2	—	—
八	6~8	—	—	—	—	3.9	7.8	3.9	7.8	—	—	—	—	—	—	—	—	—	—	—	—
	1~5	—	—	—	—	3.9	7.8	3.9	7.8	—	—	—	—	—	—	—	—	—	—	—	—
		8度										9度										
二	2	—	—	5.3	7.8	7.8	12	10	15	—	—	—	—	3.1	4.6	4.7	7.1	6.0	9.2	11	11
	1	—	—	4.3	6.4	6.2	8.9	8.4	12	—	—	—	—	3.7	5.3	5.0	7.1	6.4	9.0	—	—
三	3	—	—	4.7	6.7	7.0	9.9	9.7	14	13	15	—	—	4.2	5.9	5.8	8.2	7.7	10	—	—
	1~2	—	—	3.3	4.9	4.6	6.8	6.2	8.7	7.7	11	—	—	—	—	3.7	5.3	4.6	6.7	—	—
四	4	—	—	4.4	5.7	6.5	9.2	9.1	12	12	15	—	—	—	—	—	—	3.3	5.8	3.3	5.9
	3	—	—	—	—	4.3	6.3	5.9	8.5	7.6	11	—	—	—	—	—	—	—	—	3.3	4.8
	1~2	—	—	—	—	3.8	5.1	5	7.3	6.2	9.1	—	—	—	—	—	—	—	—	2.8	4
五	5	—	—	—	—	—	—	—	—	—	—	—	—	—	—	—	—	—	—	—	—
	4	—	—	—	—	6.3	8.9	8.8	12	11	12	—	—	—	—	—	—	—	—	—	—
	1~3	—	—	—	—	—	—	—	—	—	—	—	—	—	—	—	—	—	—	—	—
六	6	—	—	—	—	3.9	6.0	3.9	6.0	3.9	5.9	—	—	—	—	—	—	—	—	—	—
	5	—	—	—	—	—	—	3.9	5.5	3.9	5.9	—	—	—	—	—	—	—	—	—	—
	4	—	—	—	—	—	—	3.2	4.7	3.9	5.9	—	—	—	—	—	—	—	—	—	—
	1~3	—	—	—	—	—	—	—	—	3.9	5.9	—	—	—	—	—	—	—	—	—	—

注：1. L指240mm厚承重横墙间距限值；楼盖、屋盖为刚性时取平均值，柔性时取最大值，中等刚性可相应换算；

2. B指240mm厚纵墙承重的房屋宽度限值；有一道同样厚度的内纵墙时可取1.4倍，有2道时可取1.8倍；平面局部突出时，房屋宽度可按加权平均值计算；

3. 楼盖为混凝土而屋盖为木屋架或钢木屋架时，表中顶层的限值宜乘以0.7。

b. 自承重墙的限值，可按本条第a款规定值的1.25倍采用。

c. 对本节第④条第b)款规定的情况，其限值宜按本条第a、b款规定值的0.8倍采用；突出屋面的楼梯间、电梯间和水箱间等小房间，其限值宜按本条第a、b款规定值的1/3采用。

d. 多层砌体房屋符合本节各项规定可评为综合抗震能力满足抗震鉴定要求；

当遇下列情况之一时，可不再进行第二级鉴定，但应评为综合抗震能力不满足抗震鉴定要求，且要求对房屋采取加固或其他相应措施：

房屋高宽比大于3，或横墙间距超过刚性体系最大值4m。

纵横墙交接处连接不符合要求，或支承长度少于规定值的75%。

仅有易损部位非结构构件的构造不符合要求。

本节的其他规定有多项明显不符合要求。

（2）第二级鉴定

① 采用方法

a. A类砌体房屋采用综合抗震能力指数的方法进行第二级鉴定时，应根据房屋不符合第一级鉴定的具体情况，分别采用楼层平均抗震能力指数方法、楼层综合抗震能力指数方法和墙段综合抗震能力指数方法。

b. A类砌体房屋的楼层平均抗震能力指数、楼层综合抗震能力指数和墙段综合抗震能力指数应按房屋的纵横两个方向分别计算。当最弱楼层平均抗震能力指数、最弱楼层综合抗震能力指数或最弱墙段综合抗震能力指数大于等于1.0时，应评定为满足抗震鉴定要求；当小于1.0时，应要求对房屋采取加固或其他相应措施。

② 楼层平均抗震能力指数的计算

现有结构体系、整体性连接和易引起倒塌的部位符合第一级鉴定要求，但横墙间距和房屋宽度均超过或其中一项超过第一级鉴定限值的房屋，可采用楼层平均抗震能力指数方法进行第二级鉴定。楼层平均抗震能力指数应按下式计算：

$$\beta_i = A_i / (A_{bi} \xi_{0i} \lambda)$$

式中　β_i——第 i 楼层纵向或横向墙体平均抗震能力指数；

A_i——第 i 楼层纵向或横向抗震墙在层高1/2处净截面积的总面积，其中不包括高宽比大于4的墙段截面面积；

A_{bi}——第 i 楼层建筑平面面积；

ξ_{0i}——第 i 楼层纵向或横向抗震墙的基准面积率，按抗震鉴定标准附录B采用；

λ——烈度影响系数；6、7、8、9度时，分别按0.7、1.0、1.5和2.5采用，设计基本地震加速度为0.15g和0.30g，分别按1.25和2.0采用。当场地处于本章第4.2.1节2）条中(1)的③款规定的不利地段时，尚应乘以增大系数1.1~1.6。

③ 楼层综合抗震能力指数的计算

现有结构体系、楼（屋）盖整体性连接、圈梁布置和构造及易引起局部倒塌的结构构件不符合第一级鉴定要求的房屋，可采用楼层综合抗震能力指数方法进

160

行第二级鉴定，并应符合下列规定：

a. 楼层综合抗震能力指数应按下式计算：

$$\beta_{ci} = \Psi_1 \Psi_2 \beta_i$$

式中　β_{ci}——第 i 楼层的纵向或横向墙体综合抗震能力指数；

　　　Ψ_1——体系影响系数，可按本条第 b 款确定；

　　　Ψ_2——局部影响系数，可按本条第 c 款确定。

b. 体系影响系数可根据房屋不规则性、非刚性和整体性连接不符合第一级鉴定要求的程度，经综合分析后确定；也可由表 4.2.2-8 各项系数的乘积确定。当砖砌体的砂浆强度等级为 M0.4 时，尚应乘以 0.9；丙类设防的房屋当有构造柱或芯柱时，尚可根据满足本书第 4.2.3 节相关规定的程度乘以 1.0~1.2 的系数；乙类设防的房屋，当构造柱或芯柱不符合规定时，尚应乘以 0.8~0.95 的系数。

c. 局部影响系数可根据易引起局部倒塌各部位不符合第一级鉴定要求的程度，经综合分析后确定；也可由表 4.2.2-9 各项系数中的最小值确定。

表 4.2.2-8　体系影响系数值

项　目	不符合的程度	Ψ_1	影响范围
房屋高宽比 η	$2.2 < \eta < 2.6$	0.85	上部 1/3 楼层
	$2.6 < \eta < 3.0$	0.75	上部 1/3 楼层
横墙间距	超过表 4.2.2-2 最大值 4m 以内	0.90	楼层的 β_{ci}
		1.00	楼段的 β_{cij}
错层高度	>0.5m	0.90	错层上下
立面高度变化	超过一层	0.90	所有变化的楼层
相邻楼层的墙体刚度比 λ	$2 < \lambda < 3$	0.85	刚度小的楼层
	$\lambda > 3$	0.75	刚度小的楼层
楼盖、屋盖构件的支承长度	比规定少 15% 以内	0.90	不满足的楼层
	比规定少 15%~25%	0.80	不满足的楼层
圈梁布置和构造	屋盖外墙不符合	0.70	顶层
	楼盖外墙一道不符合	0.90	缺圈梁的上、下楼层
	楼盖外墙二道不符合	0.80	所有楼层
	内墙不符合	0.90	不满足的上、下楼层

注：单项不符合的程度超过表内规定或者不符合的项目超过 3 项时，应采取加固或其他相应措施。

表 4.2.2-9　局部影响系数值

项　　目	不符合的程度	Ψ_2	影 响 范 围
墙体局部尺寸	比规定少 10% 以内	0.95	不满足的楼层
	比规定少 10%~20%	0.90	不满足的楼层
楼梯间等大梁的支承长度 l	$370mm<l<490mm$	0.80	该楼层的 β_{ci}
		0.70	该楼段的 β_{cij}
出屋面小房间		0.33	出屋面小房间
支承悬挑结构构件的承重墙体		0.80	该楼层和墙段
房屋尽端设过街楼或楼梯间		0.80	改楼层和墙段
有独立砌体柱承重的房屋	柱顶有拉结	0.80	楼层、柱两侧相邻墙段
	柱顶无拉结	0.60	楼层、柱两侧相邻墙段

注：不符合的程度超过表内规定是，应采取加固或其他相应措施。

④ 墙段综合抗震能力指数的计算

a. 实际横墙间距超过刚性体系规定的最大值、有明显扭转效应和易引起局部倒塌的结构构件不符合第一级鉴定要求的房屋，当最弱的楼层综合抗震能力指数小于 1.0 时，可采用墙段综合抗震能力指数方法进行第二级鉴定。墙段综合抗震能力指数应按下式计算：

$$\beta_{cij} = \Psi_1 \Psi_2 \beta_{ij}$$
$$\beta_{ij} = A_{ij}(A_{bij}\xi_0\lambda)$$

式中　β_{cij}——第 i 层第 j 墙段综合抗震能力指数；

　　　β_{ij}——第 i 层第 j 墙段抗震能力指数；

　　　A_{ij}——第 i 层第 j 墙段在 1/2 层高处的净截面面积；

　　　A_{bij}——第 i 层第 j 墙段计及楼盖刚度影响的从属面积。

注：考虑扭转效应时，$\beta_{cij} = \Psi_1 \Psi_2 \beta_{ij}$ 中尚应包括扭转效应系数，其值可按《建筑抗震设计规范》(GB 50011) 的规定，取该墙段不考虑与考虑扭转时的内力比。

b. 房屋的质量和刚度沿高度分布明显不均匀，或 7、8、9 度时房屋的层数分别超过六、五、三层，可按本书第 4.2.3 节的方法进行抗震承载力验算，并可按上条的规定估算构造的影响，由综合评定进行第二级鉴定。

2) A 类内框架和底层框架砖房抗震鉴定

(1) 第一级鉴定

① 现有 A 类内框架和底层框架砖房实际的最大高度和层数宜符合下表 4.2.2-10 规定的限值，当超过规定的限值时，应提高对综合抗震能力的要求或提出采取改变结构体系等减灾措施。

表 4.2.2-10 A类内框架和底层框架砖房最大高度(m)和层数限值

房 屋 类 别	墙体厚度/mm	6度		7度		8度		9度	
		高度	层数	高度	层数	高度	层数	高度	层数
底层框架砖房	≥240	19	六	19	六	16	五	10	三
	180	13	四	13	四	10	三	7	二
底层内框架砖房	≥240	13	四	13	四	10	三		
	180	7	二	7	二	7	二		
多排柱内框架砖房	≥240	18	五	17	五	15	四	8	二
单排柱内框架砖房	≥240	16	四	15	四	12	三	7	二

注:1. 类似的砌块房屋可按照本章规定的原则进行鉴定,但9度时不适用,6~8度时,高度相应降低
3m,层数相应减少一层;

2. 房屋的层数和高度超过表内规定值一层和3m以内时,应进行第二级鉴定。

② 现有房屋的结构体系应按下列规定检查

a. A类内框架和底层框架砖房抗震横墙的最大间距应符合表4.2.2-11的规定,超过时应要求采取相应措施。

表 4.2.2-11 A类内框架和底层框架砖房抗震横墙的最大间距　　　　　　　　m

房 屋 类 型	6度	7度	8度	9度
底层框架砖房的底层	25	21	19	15
底层内框架砖房的底层	18	18	15	11
多排柱内框架砖房	30	30	30	20
单排柱内框架砖房	18	18	15	11

b. 底层框架、底层内框架砖房的底层和第二层,应符合下列要求:

在纵横两个方向均应有砖或钢筋混凝土抗震墙,每个方向第二层与底层侧向刚度的比值,7度时不应大于3.0,8、9度时不应大于2.0,且均不应小于1.0;当底层的墙体在平面布置不对称时,应考虑扭转的不利影响;

底层框架不应为单跨;框架柱截面最小尺寸不宜小于400mm,在重力荷载下的轴压比,7、8、9度分别不宜大于0.9、0.8、0.7;

第二层的墙体宜与底层的框架梁对齐,其实测砂浆强度等级应高于第三层。

c. 内框架砖房的纵向窗间墙的宽度,6、7、8、9度时,分别不宜小于0.8m、1.0m、1.2m、1.5m;8、9时厚度为240mm的抗震墙应有墙垛。

③ 底层框架、底层内框架砖房的底层和多层内框架砖房的砖抗震墙,厚度不应小于240mm,砖实际达到的强度等级不应低于MU7.5;砌筑砂浆实际达到的强度等级,6、7度时不应低于M2.5,8、9度时不应低于M5;框架梁、柱实际达到的强度等级不应低于C20。

④ 现有房屋的整体性连接构造应符合下列规定：

a. 底层框架和底层内框架砖房的底层，8、9 度时应为现浇或装配整体式混凝土楼盖；6、7 度时可为装配式楼盖，但应有圈梁。

b. 多层内框架砖房的圈梁，应符合《建筑抗震鉴定标准》(GB 50023—2009)第 5.2.4 条第 3 款的规定；采用装配式混凝土楼盖、屋盖时，尚应符合下列要求：

顶层应有圈梁；

6 度时和 7 度不超过三层时，隔层应有圈梁；

7 度超过三层和 8、9 度时，各层均应有圈梁。

c. 内框架砖房大梁在外墙上的支承长度不应小于 240mm，且应与垫块或圈梁相连。

d. 多层内框架砖房在外墙四角和楼梯间、电梯间四角及大房间内外墙交接处，7、8 度时超过三层和 9 度时，应有构造柱或沿墙高每 10 皮砖应有 2φ6 拉结钢筋。

⑤ 房屋中易引起局部倒塌的构件、部件及其连接的构造，可按照本节第一项的有关规定鉴定；底层框架、底层内框架砖房的上部各层的第一级鉴定，应符合本节第一项的有关要求；框架梁、柱的第一级鉴定，应符合《建筑抗震鉴定标准》(GB 50023—2009)中第 6.2 节的有关要求。

⑥ 第一级鉴定时，房屋的抗震承载力可采用抗震横墙间距和宽度的下列限值进行简化验算：

a. 底层框架、底层内框架砖房的上部各层，抗震横墙间距和房屋宽度的限值应按本节 1)中第(1)项第⑤款的有关规定采用。

b. 底层框架砖房的底层，横墙厚度为 370mm 时的抗震横墙间距和纵墙厚度为 240mm 时的房屋宽度限值，宜按表 4.2.2-12 采用，其他厚度的墙体，表 4.2.2-12 中数值可按墙厚的比例相应换算。设计基本地震加速度为 0.15g 和 0.30g 时，应按表 4.2.2-12 中数值采用内插法确定。

表 4.2.2-12　底层框架砖房抗震承载力简化验算的底层抗震横墙间距和房屋宽度限值　　　　　　　　　　　　m

楼层总数	6 度				7 度				8 度				9 度			
	砂浆强度等级															
	M2.5		M5		M2.5		M5		M5		M10		M5		M10	
	L	B	L	B	L	B	L	B	L	B	L	B	L	B	L	B
二	25	15	25	15	19	14	21	15	17	13	18	15	11	8	14	10
三	20	15	25	15	15	11	19	14	13	10	16	12	—	—	10	7
四	18	13	22	15	12	9	16	12	11	8	13	10	—	—	—	—
五	15	11	20	15	11	8	14	10	—	—	12	9	—	—	—	—
六	14	10	18	13	—	—	12	9	—	—	—	—	—	—	—	—

注：L 指 370mm 厚横墙的间距限值，B 指 240mm 厚纵墙的房屋宽度限值。

164

c. 底层内框架砖房的底层，抗震横墙间距和房屋宽度的限值，可按底层框架砖房的 0.85 倍采用，9 度时不适用。

d. 多排柱到顶的内框架砖房的抗震横墙间距和房屋宽度限值，顶层可按本节 1) 中第 (1) 项第⑤款规定限值的 0.9 倍采用，底层可分别按本节 1) 中第 (1) 项第⑤款规定限值的 1.4 倍和 1.15 倍采用；其他各层限值的调整可用内插法确定。

e. 单排柱到顶砖房的抗震横墙间距和房屋宽度限值，可按多排柱到顶砖房相应限值的 0.85 倍采用。

⑦ 内框架和底层框架砖房符合本节各项规定可评为综合抗震能力满足抗震要求；当遇下列情况之一时，可不再进行第二级鉴定，但应评为不符合鉴定要求并提出采取加固或其他相应措施：

a. 横墙间距超过表 4.2.2-11 的规定，或构件支承长度少于规定值的 75%，或底层框架、底层内框架砖房第二层与底层侧向刚度比不符合本节 2) 中 (1) 条②项 b 款的规定。

b. 8、9 度时混凝土强度等级低于 C13。

c. 仅有非结构构件的构造不符合《建筑抗震鉴定标准》(GB 50023—2009) 第 5.2.8 条第 2 款的有关要求。

(2) 第二级鉴定

① 内框架和底层框架砖房的第二级鉴定，一般情况下，可采用综合抗震能力指数的方法；房屋层数超过表 4.2.2-10 所列数值时，应按书中第 4.1.3 小节第 3) 项的规定，采用《建筑抗震设计规范》(GB 50011) 的方法进行抗震承载力验算，并可按照本节的规定计入构造影响因素，进行综合评定。

② 底层框架、底层内框架砖房采用综合抗震能力指数方法进行第二级鉴定时，应符合下列要求：

a. 上部各层应按《建筑抗震鉴定标准》第 5.2 节的规定进行。

b. 底层的砖抗震墙部分，可根据房屋的总层数按照本书第 4.2.2 节 1) 条的规定进行。其抗震墙基准面积率，应按《建筑抗震鉴定标准》(GB 50023—2009) 附录 B.0.2 采用；烈度影响系数，6、7、8、9 度时，可分别按 0.7、1.0、1.7、3.0 采用，设计基本地震加速度为 0.15g 和 0.30g，分别按 1.35 和 2.35 采用。

c. 底层的框架部分，可按 GB 50023—2009 第 6.2 节的规定进行。其中，框架承担的地震剪力可按现行国家标准 GB 50011 有关规定采用。

③ 多层内框架砖房采用综合抗震能力指数方法进行第二级鉴定时，应符合下列要求：

a. 砖墙部分可按照本书第 4.2.2 节 1) 条的规定进行。其中，纵向窗间墙不符合第一级鉴定时，其影响系数应按体系影响系数处理；抗震墙基准面积率，应按 GB 50023—2009 附录 B.0.3 采用；烈度影响系数，6、7、8、9 度时，可分别按 0.7、1.0、1.7、3.0 采用，设计基本地震加速度为 0.15g 和 0.30g，分别按 1.35 和 2.35 采用。

b. 框架部分可按照 GB 50023—2009 第 6.2 节的规定进行。其外墙砖柱(墙垛)的现有受剪承载力，可根据对应于重力荷载代表值的砖柱轴向压力、砖柱偏心距限值、砖柱(包括钢筋)的截面面积和材料强度标准值等计算确定。

3) A 类单层砖柱厂房抗震鉴定

(1) 抗震措施鉴定

① 单层砖柱厂房现有的结构布置和构件形式，应符合下列规定:

a. 承重山墙厚度不应小于 240mm，开洞的水平截面面积不应超过山墙截面总面积的 50%。

b. 8、9 度时，砖柱(墙垛)应有竖向配筋。

c. 7 度时 III、IV 场地和 8、9 度时，纵向边柱列应有与柱等高且整体砌筑的砖墙。

② 单层砖柱厂房现有的结构布置和构件形式，尚应符合下列规定:

a. 多跨厂房为不等高时，低跨的屋架(梁)不应削弱砖柱截面。

b. 有桥式吊车、或 6~8 度时跨度大于 12m 且柱顶标高大于 6m、或 9 度时跨度大于 9m 且柱顶标高大于 4m 的厂房，应适当提高其抗震鉴定要求。

c. 与柱不等高的砌体隔墙，宜与柱柔性连接或脱开。

d. 9 度时，不宜为重屋盖厂房，双曲砖拱屋盖的跨度，7、8、9 度时分别不宜大于 15m、12m 和 9m；拱脚处应有拉杆，山墙应有壁柱。

③ 砖柱(墙垛)的材料强度等级和配筋，应符合下列规定:

a. 砖实际达到的强度等级，不宜低于 MU7.5。

b. 砌筑砂浆实际达到的强度等级，6、7 度时不宜低于 M1，8、9 度时不宜低于 M2.5。

c. 8、9 度时，竖向配筋分别不应少于 $4\phi10$、$4\phi12$。

④ 单层砖柱厂房现有的整体性连接构造应符合下列规定:

a. 屋架或大梁的支承长度不宜小于 240mm，8、9 度时尚应通过螺栓或焊接等与垫块连接；支承屋架(梁)的砖柱(墙垛)顶部应有混凝土垫块。

b. 独立砖柱应在两个方向均有可靠连接；8 度且房屋高度大于 8m 或 9 度且房屋高度大于 6m 时，在外墙转角及抗震内墙与外墙交接处，沿墙高每隔 10 皮砖应有 $2\phi6$ 拉结钢筋，且每边伸入墙内不宜少于 1m。

⑤ 单层砖柱厂房现有的整体性连接构造，尚应符合下列规定:

a. 木屋盖的支撑布置，宜符合表 4.2.2-13 的规定；波形瓦、瓦楞铁、石棉瓦等屋盖的支撑布置要求，可按照表 4.2.2-13 中无望板屋盖采用；钢筋混凝土屋盖的支撑布置要求，可按照《建筑抗震鉴定标准》(GB 50023—2009) 第 8 章的有关

166

规定。

表 4.2.2-13　A 类单层砖柱厂房木屋盖的支撑布置

支撑名称		烈　度					
		6、7度	8度		9度		
		各类屋盖	满铺望板		稀铺或无望板	满铺望板		稀铺或无望板
			无天窗	有天窗	有、无天窗	无天窗	有天窗	有、无天窗
屋架支撑	上弦横向支撑	同非抗震要求		房屋单元两端的天窗开洞范围内各有一道	屋架跨度大于 6m 时，房屋单元端开间及每隔 30m 左右有一道	同非抗震要求	同8度	屋架跨度大于 6m 时，房屋单元端开间及每隔 20m 左右各有一道
	下弦横向支撑	同非抗震要求				同上		
	跨中竖向支撑					隔间有，并有下弦通长水平系杆		
天窗架支撑	两侧竖向支撑	天窗两端第一开间各有一道				天窗端开间及每隔 20m 左右各有一道		
	上弦横向支撑	跨度较大的天窗，同无天窗屋盖的屋架支撑布置（在天窗开洞范围内的屋架脊点处应有通长系杆）						

b. 木屋盖的支撑与屋架、天窗架应为螺栓连接，6、7 度时可为钉连接；对接檩条的搁置长度不应小于 60mm，檩条在砖墙上的搁置长度不宜小于 120mm。

c. 8、9 度时，支承钢筋混凝土屋盖的混凝土垫块宜有钢筋网片并与圈梁可靠拉结。

d. 圈梁布置应符合下列要求：

7 度时屋架底部标高大于 4m 和 8、9 度时，屋架底部标高处沿外墙和承重内墙，均应有现浇闭合圈梁一道，并与屋架或大梁等可靠连接。

8 度Ⅲ、Ⅳ类场地和 9 度，屋架底部标高大于 7m 时，沿高度每隔 4m 左右在窗顶标高处还应有闭合圈梁一道。

e. 7 度时，屋盖构件应与山墙可靠连接，山墙壁柱宜通到墙顶，8、9 度时山墙顶尚应有钢筋混凝土卧梁；跨度大于 10m 且屋架底部标高大于 4m 时，山墙壁柱应通到墙顶，竖向钢筋应锚入卧梁内。

f. 房屋易损部位及其连接的构造，应符合下列规定：

7~9 度时，砌筑在大梁上的悬墙、封檐墙应与梁、柱及屋盖等有可靠连接。

女儿墙等应符合《建筑抗震鉴定标准》（GB 50023—2009）第 5.2.8 条第 2 款的有关规定。

（2）抗震承载力验算

A 类单层砖柱厂房的下列部位，应按《建筑抗震设计规范》（GB 50011）的规定进行纵、横向抗震分析，并可按本书 4.1.3 节第 3）项的规定进行结构构件的抗震承载力验算：

① 7 度Ⅰ、Ⅱ类场地，单跨或多跨等高且高度超过 6m 的无筋砖墙垛、高度超过 4.5m 的等截面无筋独立砖柱和混合排架房屋中高度超过 4.5m 的无筋砖柱及不等高厂房中的高低跨柱列。

② 7 度Ⅲ、Ⅳ类场地的无筋砖柱(墙垛)。

③ 8 度时每侧纵筋少于 3φ10 的砖柱(墙垛)。

④ 9 度时每侧纵筋少于 3φ12 的砖柱(墙垛)和重屋盖房屋的配筋砖柱。

⑤ 7~9 度时开洞的水平截面面积超过截面总面积 50% 的山墙。

⑥ 8、9 度时，高大山墙的壁柱应进行平面外的截面抗震验算。

4）A 类单层空旷房屋抗震鉴定

（1）抗震措施鉴定

① A 类单层空旷房屋的大厅，除应按本节的规定进行抗震鉴定外，其他要求应符合本书 4.2.2 节 3）条的有关规定检查；附属房屋的抗震鉴定，应按其结构类型按本章相关条款的规定检查。

② 房屋现有的结构布置和构件形式，应符合下列规定：

a. 大厅与前后厅之间不宜有防震缝；附属房屋与大厅相连，二者之间应有圈梁连接。

b. 单层空旷房屋的大厅，支承屋盖的承重结构，9 度时宜为钢筋混凝土结构。当 7 度时，有挑台或跨度大于 21m 或柱顶标高大于 10m，8 度时，有挑台或跨度大于 18m 或柱顶标高大于 8m，宜为钢筋混凝土结构。

c. 舞台后墙、大厅与前厅交接处的高大山墙，宜利用工作平台或楼层作为水平支撑。

③ 房屋现有的整体性连接构造应符合下列规定：

a. 大厅的屋盖构造，应符合《建筑抗震鉴定标准》（GB 50023—2009）第 8 章和第 9.2 节的要求。

b. 8、9 度时，支承舞台口大梁的墙体应有保证稳定的措施。

c. 大厅柱(墙)顶标高处应有现浇闭合圈梁一道，沿高度每隔 4m 左右在窗顶标高处还应有闭合圈梁一道。

d. 大厅与相连的附属房屋，在同一标高处应有封闭圈梁并在交界处拉通。

e. 山墙壁柱宜通到墙顶；8、9 度时山墙顶尚应有钢筋混凝土卧梁，并与屋盖构件锚拉。

④ 房屋易损部位及其连接的构造，应符合下列规定：

a. 8、9度时，舞台口横墙顶部宜有卧梁，并应与构造柱、圈梁、屋盖等构件有可靠连接。

b. 悬吊重物应有锚固和可靠的防护措施。

c. 悬挑式挑台应有可靠的锚固和防止倾覆的措施。

d. 8、9度时，顶棚等宜为轻质材料。

e. 女儿墙、高门脸等，应符合《建筑抗震鉴定标准》（GB 50023—2009）第5.2.8条第2款的有关规定。

（2）抗震承载力验算

A类单层空旷房屋的下列部位，应按《建筑抗震设计规范》（GB 50011）的规定进行纵、横向抗震分析，并可按本书4.1.3节第3项的规定进行结构构件的抗震承载力验算：

① 悬挑式挑台的支承构件。

② 8、9度时，高大山墙和舞台后墙的壁柱应进行平面外的截面抗震验算。

4.2.3 B类砌体房屋抗震鉴定

1）B类多层砌体房屋抗震鉴定

（1）抗震措施鉴定

① 现有砌体房屋的结构体系判别

a）现有B类多层砌体房屋实际的层数和总高度限值如表4.2.3-1规定；对教学楼、医疗用房等横墙较少的房屋总高度，应比表4.2.3-1的规定降低3m，层数相应减少一层；各层横墙很少的房屋，还应再减少一层。当房屋层数和高度超过最大限值时，应提高对综合抗震能力的要求或提出采取改变结构体系等抗震减灾措施。

表 4.2.3-1 B类多层砌体房屋的层数和总高度限值

砌体类别	最小墙厚/mm	烈　度							
		6		7		8		9	
		高度	层数	高度	层数	高度	层数	高度	层数
普通砖	240	24	八	21	七	18	六	12	四
多孔砖	240	21	七	21	七	18	六	12	四
	190	21	七	18	六	15	五	不宜采用	
混凝土小砌块	190	21	七	18	六	15	五		
混凝土中砌块	200	18	六	15	五	9	三		
粉煤灰中砌块	240	18	六	15	五	9	三		

注：1　房屋高度计算方法同《建筑抗震设计规范》（GB 50011）的规定；

　　2　乙类设防时应允许按本地区设防烈度查表，但层数应减少一层且总高度应降低3m。

b）现有普通砖和240mm厚多孔砖房屋的层高，不宜超过4m；190mm厚多孔砖和砌块房屋的层高，不宜超过3.6m。

c）现有多层砌体房屋的结构体系，应符合下列要求：

a. 房屋抗震横墙的最大间距，不应超过表4.2.3-2的要求。

表4.2.3-2　B类多层砌体房屋的抗震横墙最大间距　　　　　　　　　　m

楼盖、屋盖类别	普通砖、多孔砖房屋				中砌块房屋			小砌块房屋		
	6度	7度	8度	9度	6度	7度	8度	6度	7度	8度
现浇和装配整体式钢筋混凝土	18	18	15	11	13	13	10	15	15	11
装配式钢筋混凝土	15	15	11	7	10	10	7	11	11	7
木	11	11	7	4	不宜采用					

b. 房屋总高度与总宽度的最大比值（高宽比），宜符合表4.2.3-3的要求。

表4.2.3-3　房屋最大宽度比

烈　　度	6	7	8	9
最大高宽比	2.5	2.5	2.0	1.5

注：单面走廊房屋的总宽度不包括走廊宽度。

c. 纵横墙的布置宜均匀对称，沿平面内宜对齐，沿竖向应上下连续；同一轴线上的窗间墙宽度宜均匀。

d. 8、9度时，房屋立面高差在6m以上，或有错层，且楼板高差较大，或各部分结构刚度、质量截然不同时，宜有防震缝，缝两侧均应有墙体，缝宽宜为50～100mm。

e. 房屋的尽端和转角处不宜有楼梯间。

f. 跨度不小于6m的大梁，不宜由独立砖柱支承；乙类设防时不应由独立砖柱支承。

g. 教学楼、医疗用房等横墙较少、跨度较大的房间，宜为现浇或装配整体式楼盖、屋盖。

h. 同一结构单元的基础（或桩承台）宜为同一类型，底面宜埋置在同一标高上，否则应有基础圈梁并应按1∶2的台阶逐步放坡。

② 整体性判别

a）现有砌体房屋的整体性连接构造，应符合下列要求：

a. 墙体布置在平面内应闭合，纵横墙交接处应咬槎砌筑，烟道、风道、垃圾道等不应削弱墙体，当墙体被削弱时，应对墙体采取加强措施。

b. 现有砌体房屋在下列部位应有钢筋混凝土构造柱或芯柱：

（a）砖砌体房屋的钢筋混凝土构造柱应按表4.2.3-4的要求检查，粉煤灰中砌块房屋应根据增加一层后的层数，按表4.2.3-4的要求检查；

表 4.2.3-4　砖砌体房屋构造柱设置要求

房屋层数				设置部位	
6 度	7 度	8 度	9 度		
四、五	三、四	二、三	一	外墙四角，错层部位横墙与外纵横交接处，较大洞口两侧，大房间内外墙交接处	7、8 度时，楼梯间、电梯间四角
六-八	五、六	四	二		隔开间横墙（轴线）与外墙交接处，山墙与外纵横墙交接处；7~9 度时，楼梯间电梯间四角
一	七	五、六	三、四		内墙轴线与外墙交接处，内墙的局部较小墙门垛处，7~9 度时，楼梯间、电梯间四角；9 度时内纵墙与横墙轴线交接处

（b）混凝土小砌块房屋的钢筋混凝土芯柱应按表4.2.3-5 的要求检查；

表 4.2.3-5　混凝土小砌块房屋芯柱设置要求

房屋层数			设置部位	设置数量
6 度	7 度	8 度		
四、五	三、四	二、三	外墙转角，楼梯间四角；大房间内外墙交接处	外墙四角，填实 3 个孔；内外墙交接处，填实 4 个孔
六	五	四	外墙转角楼梯间四角，大房间内外墙交接处，山墙与内纵墙交接处，隔开间横墙（轴线）与外纵墙交接处	
七	六	五	外墙转角楼梯间四角，大房间内外墙交接处，各内墙（轴线）与外纵墙交接处；8 度时，内纵墙与横墙（轴线）交接处和，门洞两侧	外墙四角，填实 5 个孔；内外墙交接处填实 4 个孔；内墙交接处，填实 4~5 个孔；洞口两侧各填实一个孔

（c）混凝土中砌块房屋的钢筋混凝土芯柱应按表4.2.3-6 的要求检查；

表 4.2.3-6　混凝土中砌块房屋芯柱设置要求

烈度	设置部位
6、7 度	外墙四角，楼梯间四角，大房间内外墙交接处，山墙与内纵墙交接处，隔开间横墙（轴线）与纵墙交界处
8 度	外墙四角，楼梯间四角，横墙（轴线）与纵墙交接处，横墙门洞两侧，大房间内外墙交接处

（d）外廊式和单面走廊式的多层房屋，应根据房屋增加一层后的层数，分别按本款第(a)~(c)项的要求检查构造柱或芯柱，且单面走廊两侧的纵墙均应按外墙处理；

（e）教学楼、医疗用房等横墙较少的房屋，应根据房屋增加一层后的层数，分别按本款第(a)~(c)项的要求检查构造柱或芯柱；当教学楼、医疗用房等横墙较少的房屋为外廊式或单面走廊式时，应按本款第(a)~(d)项的要求检查，但6度不超过四层、7度不超过三层和8度不超过二层时应按增加二层后的层数进行检查。

c. 钢筋混凝土圈梁的布置与配筋，应符合下列要求：

（a）装配式钢筋混凝土楼盖、屋盖或木楼盖、屋盖的砖房，横墙承重时，现浇钢筋混凝土圈梁应按表4.2.3-7的要求检查；纵墙承重时每层均应有圈梁，且抗震横墙上的圈梁间距应比表4.2.3-7的规定适当加密；

表4.2.3-7　多层砖房现浇钢筋混凝土圈梁设置和配置要求

墙类和配筋量		烈　　度		
		6、7度	8度	9度
墙类	外墙和内纵墙	屋盖处及隔层楼盖处应有	屋盖处及每层楼该处均应有	屋盖处及每层楼盖处均应有
	内横墙	屋盖处及隔层楼盖处应有；屋盖处间距不应大于7m；楼盖处间距不用大于15m；构造柱对应部位	屋盖处及每层楼盖处均应有；屋盖处沿所有隔墙，且间距不应7m；楼盖处间距不应大于7m；构造柱对应部位	屋盖处及每层楼盖处均应有；各层所有横墙应有
最小纵筋		4φ8	4φ10	4φ12
最大箍筋间距/mm		250	200	150

（b）砌块房屋采用装配式钢筋混凝土楼盖时，每层均应有圈梁，圈梁的间距应按表4.2.3-7提高一度的要求检查。

d. 现有房屋楼盖、屋盖及其与墙体的连接应符合下列要求：

（a）现浇钢筋混凝土楼板或屋面板伸进外墙和不小于240mm厚内墙的长度，不应小于120mm；伸进190mm厚内墙的长度不应小于90mm；

（b）装配式钢筋混凝土楼板或屋面板，当圈梁未设在板的同一标高时，板端伸进外墙的长度不应小于120mm，伸进不小于240mm厚内墙的长度不应小于100mm，伸进190mm厚内墙的长度不应小于80mm，在梁上不应小于80mm；

（c）当板的跨度大于4.8m并与外墙平行时，靠外墙的预制板侧边与墙或圈梁应有拉结；

（d）房屋端部大房间的楼盖，8度时房屋的屋盖和9度时房屋的楼盖、屋盖，当圈梁设在板底时，钢筋混凝土预制板应相互拉结，并应与梁、墙或圈梁拉结。

b）钢筋混凝土构造柱(或芯柱)的构造与配筋，尚应符合下列要求：

a. 砖砌体房屋的构造柱最小截面可为240mm×180mm，纵向钢筋宜为4φ12，箍筋间距不宜大于250mm，且在柱上下端宜适当加密，7度时超过六层、8度时超过五层

172

和 9 度时，构造柱纵向钢筋宜为 4φ14，箍筋间距不应大于 200mm。

　　b. 混凝土小砌块房屋芯柱截面，不宜小于 120mm×120mm；构造柱最小截面尺寸可为 240mm×240mm。芯柱（或构造柱）与墙体连接处应有拉结钢筋网片，竖向插筋应贯通墙身且与每层圈梁连接；插筋数量混凝土小砌块房屋不应少于 1φ12，混凝土中砌块房屋，6 度和 7 度时不应少于 1φ14 或 2φ10，8 度时不应少于 1φ16 或 2φ12。

　　c. 构造柱与圈梁应有连接；隔层设置圈梁的房屋，在无圈梁的楼层应有配筋砖带，仅在外墙四角有构造柱时，在外墙上应伸过一个开间，其他情况应在外纵墙和相应横墙上拉通，其截面高度不应小于四皮砖，砂浆强度等级不应低于 M5。

　　d. 构造柱与墙连接处宜砌成马牙槎，并应沿墙高每隔 500mm 有 2φ6 拉结钢筋，每边伸入墙内不宜小于 1m。

　　e. 构造柱应伸入室外地面下 500mm，或锚入浅于 500mm 的基础圈梁内。

　　c）钢筋混凝土圈梁的构造与配筋，尚应符合下列要求：

　　a. 现浇或装配整体式钢筋混凝土楼盖、屋盖与墙体有可靠连接的房屋，可无圈梁，但楼板应与相应的构造柱有钢筋可靠连接；6～8 度砖拱楼盖、屋盖房屋，各层所有墙体均应有圈梁。

　　b. 圈梁应闭合，遇有洞口应上下搭接。圈梁宜与预制板设在同一标高处或紧靠板底。

　　c. 圈梁在表 4.2.3-7 要求的间距内无横墙时，可利用梁或板缝中配筋替代圈梁。

　　d. 圈梁的截面高度不应小于 120mm，当需要增设基础圈梁以加强基础的整体性和刚性时，截面高度不应小于 180mm，配筋不应少于 4φ12，砖拱楼盖、屋盖房屋的圈梁应按计算确定，但不应少于 4φ10。

　　d）砌块房屋墙体交接处或芯柱、构造柱与墙体连接处的拉结钢筋网片，每边伸入墙内不宜小于 1m，且应符合下列要求：

　　a. 混凝土小砌块房屋沿墙高每隔 600mm 有 φ4 点焊的钢筋网片。

　　b. 混凝土中砌块房屋隔皮有 φ6 点焊的钢筋网片。

　　c. 粉煤灰中砌块 6、7 度时隔皮、8 度时每皮有 φ6 点焊的钢筋网片。

　　e）房屋的楼盖、屋盖与墙体的连接尚应符合下列要求：

　　a. 楼盖、屋盖的钢筋混凝土梁或屋架应与墙、柱（包括构造柱、芯柱）或圈梁可靠连接，梁与砖柱的连接不应削弱柱截面，各层独立砖柱顶部应在两个方向均有可靠连接。

　　b. 坡屋顶房屋的屋架应与顶层圈梁有可靠连接，檩条或屋面板应与墙及屋架有可靠连接，房屋出入口和人流通道处的檐口瓦应与屋面构件锚固；8 度和 9 度时，顶层内纵墙顶宜有支撑端山墙的踏步式墙垛。

③ 砌体材料强度等级

多层砌体房屋材料实际达到的强度等级，应符合下列要求：

a）承重墙体的砌筑砂浆实际达到的强度等级，砖墙体不应低于 M2.5，砌块墙体不应低于 M5。

b）砌体块材实际达到的强度等级，普通砖、多孔砖不应低于 MU7.5，混凝土小砌块不宜低于 MU5，混凝土中型砌块、粉煤灰中砌块不宜低于 MU10。

c）构造柱、圈梁、混凝土小砌块芯柱实际达到的混凝土强度等级不宜低于 C15，混凝土中砌块芯柱混凝土强度等级不宜低于 C20。

④ 易损部位构件判别

a）后砌的非承重砌体隔墙应沿墙高每隔 500mm 有 2φ6 钢筋与承重墙或柱拉结，并每边伸入墙内不应小于 500mm，8 度和 9 度时长度大于 5.1m 的后砌非承重砌体隔墙的墙顶，尚应与楼板或梁有拉结。

b）下列非结构构件的构造不符合要求时，位于出入口或人流通道处应加固或采取相应措施：

a. 预制阳台应与圈梁和楼板的现浇板带有可靠连接；

b. 钢筋混凝土预制挑檐应有锚固；

c. 附墙烟囱及出屋面的烟囱应有竖向配筋。

c）门窗洞处不应为无筋砖过梁；过梁支承长度，6~8 度时不应小于 240mm，9 度时不应小于 360mm。

d）房屋中砌体墙段实际的局部尺寸，不宜小于表 4.2.3-8 的规定。

表 4.2.3-8　房屋的局部尺寸限值　　　　　　　　　　　　m

部　　位	烈　　度			
	6	7	8	9
承重窗间墙最小宽度	1.0	1.0	1.2	1.5
承重外墙尽端至门窗洞边的最小距离	1.0	1.0	1.5	2.0
非承重外墙尽端至门窗洞边的最小距离	1.0	1.0	1.0	1.0
内墙阳角至门窗洞边的最小距离	1.0	1.0	1.5	2.0
无锚固女儿墙(非出入口或人流通道处)最大高度	0.5	0.5	0.5	0.0

⑤ 楼梯间的要求

a）8 度和 9 度时，顶层楼梯间横墙和外墙宜沿墙高每隔 500mm 有 2φ6 通长钢筋；9 度时其他各层楼梯间墙体应在休息平台或楼层半高处有 60mm 厚的配筋砂浆带，其砂浆强度等级不应低于 M5，钢筋不宜少于 2φ10。

b）8 度和 9 度时，楼梯间及门厅内墙阳角处的大梁支承长度不应小于 500mm，并应与圈梁有连接。

174

c）突出屋面的楼梯间、电梯间，构造柱应伸到顶部，并与顶部圈梁连接，内外墙交接处应沿墙高每隔 500mm 有 $2\phi6$ 拉结钢筋，且每边伸入墙内不应小于 1m。

d）装配式楼梯段应与平台板的梁有可靠连接，不应有墙中悬挑式踏步或踏步竖肋插入墙体的楼梯，不应有无筋砖砌栏板。

（2）抗震承载力验算

①B 类现有砌体房屋的抗震分析，可采用底部剪力法，并可按 GB 50011 规定只选择从属面积较大或竖向应力较小的墙段进行抗震承载力验算；当抗震措施不满足要求时，可按 A 类建筑第二级鉴定的方法综合考虑构造的整体影响和局部影响，其中，当构造柱或芯柱的设置不满足本节的相关规定时，体系影响系数尚应根据不满足程度乘以 0.8~0.95 的系数。当场地处于 4.2.1 节 2）条（1）项③款规定的不利地段时，尚应乘以增大系数 1.1~1.6。

② 各类砌体沿阶梯形截面破坏的抗震抗剪强度设计值，应按下式确定：

$$f_{vE} = \xi_N f_v$$

式中　f_{vE}——砌体沿阶梯形截面破坏的抗震抗剪强度设计值；

　　　f_v——非抗震设计的砌体抗剪强度设计值，按表 4.2.3-9 采用；

　　　ξ_N——砌体抗震抗剪强度的正应力影响系数，按表 4.2.3-10 采用。

表 4.2.3-9　砌体非抗震设计的抗剪强度设计值　　　　　　　　N/mm²

砌体类别	砂浆强度等级					
	M10	M7.5	M5	M2.5	M1	M0.4
普通砖、多孔砖	0.18	0.15	0.12	0.09	0.06	0.04
粉煤灰中砌块	0.05	0.04	0.03	0.02	—	—
混凝土中砌块	0.08	0.06	0.05	0.04	—	—
混凝土小砌块	0.10	0.08	0.07	0.05	—	—

表 4.2.3-10　砌体抗震抗剪强度的正应力影响系数

砌体类别	δ_0/f_v								
	0.0	1.0	3.0	5.0	7.0	10.0	15.0	20.0	25.0
普通砖、多孔砖	0.80	1.00	1.28	1.50	1.70	1.95	2.32	—	—
粉煤灰中砌块 混凝土中砌块	—	1.18	1.54	1.90	2.20	2.65	3.40	4.15	4.90
混凝土小砌块	—	1.25	1.75	2.25	2.60	3.10	3.95	4.80	—

注：为对应于重力荷载代表值的砌筑截面平均压应力。

③ 普通砖、多孔砖、粉煤灰中砌块和混凝土中砌块墙体的截面抗震承载力，应按下式验算：

$$V \leqslant f_{vE} A / \gamma_{Ra}$$

式中　V——墙体剪力设计值；

　　　　f_{vE}——砌体沿阶梯形截面破坏的抗震抗剪强度设计值；

　　　　A——墙体横截面面积；

　　　　γ_{Ra}——抗震鉴定的承载力调整系数，应按抗震鉴定规范第 3.0.5 条采用。

　　④ 当按 $V \leqslant f_{vE}A/\gamma_{Ra}$ 验算不满足时，可计入设置于墙段中部、截面不小于 240mm×240mm 且间距不大于 4m 的构造柱对受剪承载力的提高作用，按下列简化方法验算：

$$V \leqslant \frac{1}{\gamma_{Ra}}[\eta_c f_{vE}(A - A_c) + \xi f_t A_c + 0.08 f_y A_s]$$

式中　A_c——中部构造柱的横截面总面积（对横墙和内纵墙，$A_c > 0.15A$ 时，取 0.15A；对外纵墙，$A_c > 0.25A$ 时，取 0.25A）；

　　　　f_t——中部构造柱的混凝土轴心抗拉强度设计值，按抗震鉴定标准表 A.0.2-2 采用；

　　　　A_s——中部构造柱的纵向钢筋截面总面积（配筋率不小于 0.6%，大于 1.4% 取 1.4%）；

　　　　f_y——钢筋抗拉强度设计值，按抗震鉴定标准 GB 50023—2009 中附录 A 中的表 A.0.2-2 采用；

　　　　ξ——中部构造柱参与工作系数；居中设一根时取 0.5，多于一根取 0.4；

　　　　η_c——墙体约束修正系数；一般情况下取 1.0，构造柱间距不大于 2.8m 时，取 1.1。

　　⑤ 横向配筋普通砖、多孔砖墙的截面抗震承载力，可按下式验算：

$$V \leqslant \frac{1}{\gamma_{Ra}}(f_{vE}A + 0.15 f_y A_s)$$

式中　A_s——层间竖向截面中钢筋总截面面积。

　　⑥ 混凝土小砌块墙体的截面抗震承载力，应按下式验算：

$$V \leqslant \frac{1}{\gamma_{Ra}}[f_{vE}A + 0.3 f_t A_c + 0.05 f_y A_s)\xi_c]$$

式中　f_t——芯柱混凝土轴心抗拉强度设计值，按《建筑抗震鉴定标准》（GB 50023—2009）中表 A.0.2-2 采用；

　　　　A_c——芯柱截面总面积；

　　　　A_s——芯柱钢筋截面总面积；

　　　　ξ_c——芯柱影响系数，可按表 4.2.3-11 采用。

表 4.2.3-11　芯柱影响系数

填孔率 ρ	$\rho < 0.15$	$0.15 \leqslant \rho < 0.25$	$0.25 \leqslant \rho < 0.5$	$\rho \geqslant 0.5$
ξ_c	0.0	1.0	1.10	1.15

⑦ 各层层高相当且较规则均匀的 B 类多层砌体房屋，尚可按 A 类建筑规定采用楼层综合抗震能力指数的方法进行综合抗震能力验算。其中，$f_{vE} = \xi_N f_v$ 中的烈度影响系数，6、7、8、9 度时应分别按 0.7、1.0、2.0 和 4.0 采用，设计基本地震加速度为 0.15g 和 0.30g 时应分别按 1.5 和 3.0 采用。

2）B 类内框架和底层框架砖房抗震鉴定

（1）抗震措施鉴定

① 房屋实际的最大高度和层数不宜超过表 4.2.3-12 规定的限值，超过最大限值时，应提高综合抗震能力的要求或提出采取改变结构体系等减灾措施。

表 4.2.3-12　B 类内框架和底层框架砖房最大高度（m）和层数限值

房屋类别	6 度		7 度		8 度		9 度	
	高度	层数	高度	层数	高度	层数	高度	层数
底层框架砖房	19	六	19	六	16	五	11	三
多排柱内框架砖房	16	五	16	五	14	四	7	二
单排柱内框架砖房	14	四	14	四	11	三	不宜采用	

② 现有房屋的结构体系应符合下列规定

a. 抗震横墙的最大间距，应符合表 4.2.3-13 的要求。

表 4.2.3-13　B 类内框架和底层框架砖房抗震横墙的最大间距　　　　　　m

房屋类型		烈度			
		6 度	7 度	8 度	9 度
底层框架砖房	上部各层	同《建筑抗震鉴定标准》（GB 50023—2009）中表 5.3.3-1 砖房部分			
	底层	25	21	18	15
多排柱内框架砖房		30	30	30	30
单排柱内框架砖房		同 GB 50023—2009 中表 5.3.3-1 砖房部分			

b. 底层框架砖房的底层和第二层，应符合下列要求：

在纵横两个方向均应有定数量的抗震墙，每个方向第二层与底层侧向刚度的比值，7 度时不应大于 3.0，8、9 度时不应大于 2.0，且不应小于 1.0；抗震墙宜为钢筋混凝土墙，6、7 度时可为嵌砌于框架间的砌体墙；当底层的墙体在平面布置不对称时，应计入扭转的不利影响；

底层框架不应为单跨；框架柱截面最小尺寸不宜小 400mm，其轴压比，7、8、9 度时分别不宜大于 0.9、0.8、0.7；

第二层的墙体宜与底层的框架梁对齐，在底层框架柱对应部位应有构造柱，其实测砂浆强度等级应高于第三层。

c. 多层内框架砖房的纵向窗间墙宽度，不应小于1.5m；外墙上梁的搁置长度，不应小于300mm，梁应与圈梁连接。

③ 底层框架和多层内框架砖房的砖抗震墙厚度不应小于240mm，砖实际达到的强度等级不应低于MU7.5；砌筑砂浆实际达到的强度等级，6、7度时不应低于M2.5，8、9度时不应低于M5；框架梁、柱实际达到的强度等级不应低于C20，9度时不应低于C30。

④ 房屋的整体性连接构造应符合下列规定：

a) 底层框架砖房的上部，应根据房屋的高度和层数按多层砖房的要求检查钢筋混凝土构造柱设置。多层内框架砖房的下列部位应有钢筋混凝土构造柱：

a. 外墙四角和楼梯间、电梯间四角；

b. 6度不低于五层时，7度不低于四层时，8度不低于三层时和9度时，抗震墙两端以及内框架梁在外墙的支承处(无组合柱时)。

b) 底层框架砖房的底层楼盖和多层内框架砖房的屋盖，应有现浇或装配整体式钢筋混凝土板，采用装配式钢筋混凝土楼盖、屋盖的楼层，均应有现浇钢筋混凝土圈梁。

c) 构造柱截面不宜小于240mm×240mm，纵向钢筋不宜少于4φ14，箍筋间距不宜大于200mm。

(2) 抗震承载力验算

① 底层框架砖房和多层内框架砖房的抗震计算，可采用底部剪力法，应按GB 50011的规定调整地震作用效应，并按本书4.1.3节第3)项的规定进行截面抗震验算；当抗震构造不满足本节2)条(1)项②～④的构造要求时，可按GB 50023—2009第6.2节的方法计入构造的影响进行综合评价。其中，当构造柱的设置不满足本节的相关规定时，体系影响系数尚应根据不满足程度乘以0.8～0.95的系数。

② 多层内框架砖房各柱的地震剪力，可按下式确定：

$$V_c \geq \frac{\varphi_c}{n_b n_s} (\zeta_1 + \zeta_2 \lambda) V$$

式中　V_c——各柱的地震剪力设计值；

　　　V——楼层地震剪力设计值；

　　　φ_c——柱类型系数，钢筋混凝土内柱可采用0.012，外墙组合砖柱可采0.0075，无筋砖柱(墙)可采用0.005；

　　　n_b——抗震横墙间的开间数；

　　　n_s——内框架的跨数；

　　　λ——抗震横墙间距与房屋总宽度的比值，当小于0.75时，采用0.75；

　　　ζ_1、ζ_2分别为计算系数，可按表4.2.3-14采用。

表 4.2.3-14 计算系数

房屋总层数	2	3	4	5
ζ_1	2.0	3.0	5.0	7.5
ζ_2	7.5	7.0	6.5	6.0

③ 外墙砖柱的抗震验算，应符合下列要求：

a. 无筋砖柱地震组合轴向力设计值的偏心距，不宜超过 0.9 倍截面形心到轴向力所在截面边缘的距离；承载力调整系数可采用 0.9。

b. 组合砖柱的配筋应按计算确定，承载力调整系数可采用 0.85。

④ 钢筋混凝土结构抗震等级的划分，底层框架砖房的框架和内框架均可按《建筑抗震鉴定标准》（GB 50023—2009）表 6.3.1 的框架结构采用，抗震墙可按三级采用。

3）B 类单层砖柱厂房抗震鉴定

（1）抗震措施鉴定

① 按 B 类要求进行抗震鉴定的单层砖柱厂房，宜为单跨、等高且无桥式吊车的厂房，6~8 度时跨度不大于 12m 且柱顶标高不大于 6m，9 度时跨度不大于 9m 且柱顶标高不大于 4m。

② 砖柱厂房现有的平立面布置，宜符合《建筑抗震鉴定标准》（GB 50023—2009）第 8 章的有关规定，但防震缝的检查宜符合下列要求：

a. 轻型屋盖厂房，可没有防震缝。

b. 钢筋混凝土屋盖厂房与贴建的建（构）筑物间宜有防震缝，其宽度可采用 50~70mm。

c. 防震缝处宜设有双柱或双墙。

（注：本节轻型屋盖指木屋盖和轻钢屋架、瓦楞铁、石棉瓦屋面的屋盖。）

③ 厂房现有的结构体系，应符合下列要求：

a. 6~8 度时，宜为轻型屋盖，9 度时，应为轻型屋盖。

b. 6、7 度时，可为十字形截面的无筋砖柱；8 度Ⅰ、Ⅱ类场地时，宜为组合砖柱；8 度Ⅲ、Ⅳ类场地和 9 度时，边柱应为组合砖柱，中柱应为钢筋混凝土柱。

c. 厂房纵向独立砖柱柱列，可在柱间由与柱等高的抗震墙承受纵向地震作用，砖抗震墙应与柱同时咬槎砌筑，并应有基础；8 度Ⅲ、Ⅳ类场地钢筋混凝土无檩屋盖厂房，无砖抗震墙的柱顶，应有通长水平压杆。

d. 厂房两端均应有承重山墙。

e. 横向内隔墙宜为抗震墙，非承重隔墙和非整体砌筑且不到顶的纵向隔墙宜为轻质墙，非轻质墙，应考虑隔墙对柱及其与屋架连接节点的附加地震剪力。

179

f.7度、8度和9度时，双曲砖拱的跨度分别不宜大于15m、12m和9m，砖拱的拱脚应有拉杆，并应锚固在钢筋混凝土圈梁内；地基为软弱黏性土、液化土、新近填土或严重不均匀土层时，不应采用双曲砖拱。

④ 砖柱(墙垛)的材料强度等级，应符合下列规定：

a. 砖实际达到的强度等级，不宜低于MU7.5。

b. 砌筑砂浆实际达到的强度等级，不宜低于M2.5。

⑤ 砖柱厂房现有屋盖的检查，应符合下列规定：

a. 木屋盖的支撑布置，宜符合表4.2.3-15的要求。钢屋架、瓦楞铁、石棉瓦等屋面的支撑，可按表中无望板屋盖的规定检查；支撑与屋架、天窗架，应采用螺栓连接。

表4.2.3-15　B类单层砖柱厂房木屋盖的支撑布置

支撑名称		烈度				
		6、7度	8度			9度
		各类屋盖	满铺望板		稀铺或无望板	满铺望板	稀铺或无望板
屋架支撑	上弦横向支撑	同非抗震要求	无天窗	有天窗	屋架跨度大于6m时，房屋单元两端第二开间及每隔20m有一道	屋架跨度大于6m时，房屋单元两端第二开间各有一道	屋架跨度大于6m时，房屋单元两端第二开间及每隔20m有一道
				房屋单元两端天窗开洞范围内各有一道			
	下弦横向支撑	同非抗震要求					屋架跨度大于6m时，房屋单元两端第二开间及每隔20m有一道
	跨中竖向支撑						隔间设置并有下弦通常水平系杆
天窗架支撑	两侧竖向支撑	天窗两端第一开间各有一道				天窗两端第一开间及每隔20m左右有一道	
	上弦横向支撑	跨度较大的天窗，参照物天窗屋架的支撑布置					

b. 钢筋混凝土屋盖的构造鉴定要求，应符合《建筑抗震鉴定标准》(GB 50023—2009)第8.3节的有关规定。

180

⑥ 砖柱厂房现有的连接构造，应按下列规定检查：

a. 柱顶标高处沿房屋外墙及承重内墙应有闭合圈梁，8、9度时还应沿墙每隔 3~4m 增设有圈梁一道，圈梁的截面高度不应小于 180mm，配筋不应少于 4φ12；地基为软弱黏性土、液化土、新近填土或严重不均匀土层时，尚应有基础圈梁一道。

b. 山墙沿屋面应有现浇钢筋混凝土卧梁，并应与屋盖构件锚拉；山墙壁柱的截面和配筋，不宜小于排架柱，壁柱应通到墙顶并与卧梁或屋盖构件连接。

c. 屋架(屋面梁)与墙顶圈梁或柱顶垫块，应为螺栓连接或焊接；柱顶垫块的厚度不应小于 240mm，并应有直径不小于 8、间距不大于 100mm 的钢筋网两层；墙顶圈梁应与柱顶垫块整浇，9度时，在垫块两侧各 500mm 范围内，圈梁的箍筋间距不应大于 100mm。

（2）抗震承载力验算

6 度和 7 度 Ⅰ、Ⅱ 类场地，柱顶标高不超过 4.5m，且两端均有山墙的单跨及多跨等高 B 类砖柱厂房，当抗震构造措施符合本节规定时，可评为符合抗震鉴定要求，不进行抗震验算。其他情况，应按 GB 50011 的规定进行纵、横向抗震分析，并可按本书 4.1.3 节第 3) 项的规定进行结构构件的抗震承载力验算。

4) B 类单层空旷房屋抗震鉴定

（1）抗震措施鉴定

① 单层空旷房屋的结构布置，应按下列要求检查：

a. 单层空旷房屋的大厅，支承屋盖的承重结构，9 度时应为钢筋混凝土结构。当 7 度时，有挑台或跨度大于 21m 或柱顶标高大于 10m。8 度时，有挑台或跨度大于 18m 或柱顶标高大于 8m，应为钢筋混凝土结构。

b. 舞台口的横墙，应符合下列要求：

舞台口横墙两侧及墙两端应有构造柱或钢筋混凝土柱；

舞台口横墙沿大厅屋面处应有钢筋混凝土卧梁，其截面高度不宜小于 180mm，并应与屋盖构件可靠连接；

6~8 度时，舞台口大梁上的承重墙应每隔 4m 有一根立柱，并应沿墙高每隔 3m 有一道圈梁；立柱、圈梁的截面尺寸、配筋及其与墙体的拉结等应符合多层砌体房屋的要求；

9 度时，舞台口大梁上不应由砖墙承重。

② 单层空旷房屋的结构布置，尚应按下列要求检查：

a. 大厅和前后厅之间不宜有防震缝，大厅与两侧附属房屋之间可没有防震缝，但应加强相互之间的连接。

b. 大厅的砖柱宜为组合柱，柱上端钢筋应锚入屋架底部的钢筋混凝土圈梁内；组合柱的纵向钢筋，应按计算确定，且 6 度 Ⅲ、Ⅳ 类场地和 7 度时，不应少于 4φ12，8 度和 9 度时，不应少于 6φ14。

③ 空旷房屋的实际材料强度等级，应符合下列规定：

a. 砖实际达到的强度等级，不宜低于 MU7.5。

b. 砌筑砂浆实际达到的强度等级，不宜低于 M2.5。

c. 混凝土材料实际达到的强度等级，不应低于 C20。

④ 单层空旷房屋的整体性连接，应按下列要求检查：

a. 大厅柱(墙)顶标高处应有现浇圈梁，并宜沿墙高每隔 3m 左右有一道圈梁，梯形屋架端部高度大于 900mm 时还应在上弦标高处有一道圈梁；其截面高度不宜小于 180mm，宽度宜与墙厚相同，配筋不应少于 4φ12，箍筋间距不宜大于 200mm。

b. 大厅与附属房屋不设防震缝时，应在同一标高处设置封闭圈梁并在交接处拉通，墙体交接处应沿墙高每隔不大于 500mm 有 2φ6 拉结钢筋，且每边伸入墙内不宜小于 1m。

c. 悬挑式挑台应有可靠的锚固和防止倾覆的措施。

⑤ 单层空旷房屋的易损部位，应按下列要求检查：

a. 山墙应沿屋面设有钢筋混凝土卧梁，并应与屋盖构件锚拉，山墙应设有构造柱或组合砖柱，其截面和配筋分别不宜小于排架柱或纵墙砖柱，并应通到山墙的顶端与卧梁连接。

b. 舞台后墙、大厅与前厅交接处的高大山墙，应利用工作平台或楼层作为水平支撑。

⑥ 大厅的屋盖构造，以及大厅的其他鉴定要求，可按 GB 50023—2009 第 8.3 节和第 9.4 节的相关要求检查。

（2）抗震承载力验算

B 类单层空旷房屋，应按《建筑抗震设计规范》（GB 50011）的规定进行纵、横向抗震分析，并可按本书 4.1.3 节第 3）项的规定进行结构构件的抗震承载力验算。

4.2.4　C 类砌体房屋抗震鉴定

1）基本原则

C 类砌体房屋抗震鉴定原则，应符合 GB 50011 的要求。

2）地震作用和结构抗震验算

一般规定如下：

（1）各类建筑结构的地震作用，应符合下列规定：

① 一般情况下，应至少在建筑结构的两个主轴方向分别计算水平地震作用，各方向的水平地震作用应由该方向抗侧力构件承担。

② 有斜交抗侧力构件的结构，当相交角度大于 15°时，应分别计算各抗侧力构件方向的水平地震作用。

③ 质量和刚度分布明显不对称的结构，应计入双向水平地震作用下的扭转影响；其他情况，应允许采用调整地震作用效应的方法计入扭转影响。

④ 8、9 度时的大跨度和长悬臂结构及 9 度时的高层建筑，应计算竖向地震作用。

（注：8、9 度时采用隔震设计的建筑结构，应按有关规定计算竖向地震作用。）

（2）建筑结构的地震影响系数应根据烈度、场地类别、设计地震分组和结构自振周期以及阻尼比确定。其水平地震影响系数最大值应按表 4.2.4-1 采用；特征周期应根据场地类别和设计地震分组按表 4.2.4-2 采用，计算罕遇地震作用时，特征周期应增加 0.05s。

（注：周期大于 6.0s 的建筑结构所采用的地震影响系数应专门研究。）

表 4.2.4-1　水平地震影响系数最大值

地震影响	6 度	7 度	8 度	9 度
多遇地震	0.04	0.08(0.12)	0.16(0.24)	0.32
罕遇地震	0.28	0.50(0.72)	0.90(1.20)	1.40

注：括号中数值分别用于设计基本地震加速度为 0.15g 和 0.30g 的地区。

表 4.2.4-2　特征周期值　　　　　　　　　　　　　　　　　　s

设计地震分组	场地类别				
	I_0	I_1	II	III	IV
第一组	0.20	0.25	0.35	0.45	0.65
第二组	0.25	0.30	0.40	0.55	0.75
第三组	0.30	0.35	0.45	0.65	0.90

3）C 类多层砌体房屋和底部框架砌体房屋抗震鉴定

（1）一般规定

本章适用于普通砖（包括烧结、蒸压、混凝土普通砖）、多孔砖（包括烧结、混凝土多孔砖）和混凝土小型空心砌块等砌体承重的多层房屋，底层或底部两层框架-抗震墙砌体房屋。

配筋混凝土小型空心砌块房屋的抗震设计，应符合《建筑抗震设计规范》（GB 50011）中附录 F 的规定。

（注：1. 采用非黏土的烧结砖、蒸压砖、混凝土砖的砌体房屋，块体的材料性能应有可靠的试验数据；当本章未作具体规定时，可按本章普通砖、多孔砖房屋的相应规定执行；

2. 本章中"小砌块"为"混凝土小型空心砌块"的简称；

3. 非空旷的单层砌体房屋，可按本章规定的原则进行抗震设计。

（2）结构体系

其判别应符合现行国家标准《建筑抗震设计规范》（GB 50011）中 7.1.2～7.1.9 节的构造要求。

（3）多层砌体房屋的抗震构造措施鉴定

① 各类多层砖砌体房屋，应按现行国家标准《建筑抗震设计规范》（GB 50011）中 7.3.1 节的要求设置现浇钢筋混凝土构造柱。

② 多层砖砌体房屋的构造柱应符合现行国家标准《建筑抗震设计规范》（GB 50011）中 7.3.2 节的构造要求。

③ 多层砖砌体房屋的现浇钢筋混凝土圈梁设置应符合下列要求：

a. 装配式钢筋混凝土楼、屋盖或木屋盖的砖房，应按表 4.2.4-3 的要求设置圈梁；纵墙承重时，抗震横墙上的圈梁间距应比表内要求适当加密。

b. 现浇或装配整体式钢筋混凝土楼、屋盖与墙体有可靠连接的房屋，应允许不另设圈梁，但楼板沿抗震墙体周边均应加强配筋并应与相应的构造柱钢筋可靠连接。

表 4.2.4-3　多层砖砌体房屋现浇钢筋混凝土圈梁设置要求

墙类	烈度		
	屋盖处及每层楼盖处	屋盖处及每层楼盖处	屋盖处及每层楼盖处
外墙和内纵墙	同上； 屋盖处间距不应大于4.5m； 楼盖处间距不应大于7.2m； 构造柱对应部位	同上； 各层所有横墙，且间距不应大4.5m； 构造柱对应部位	同上； 各层所有横墙

④ 多层砖砌体房屋现浇混凝土圈梁的构造应符合《建筑抗震设计规范》（GB 50011）中 7.3.4 节的要求。

⑤ 多层砖砌体房屋的楼、屋盖应符合下列要求：

a. 现浇钢筋混凝土楼板或屋面板伸进纵、横墙内的长度，均不应小于 120mm。

b. 装配式钢筋混凝土楼板或屋面板，当圈梁未设在板的同一标高时，板端伸进外墙的长度不应小于 120mm，伸进内墙的长度不应小于 100mm 或采用硬架支模连接，在梁上不应小于 80mm 或采用硬架支模连接。

c. 当板的跨度大于4.8m并与外墙平行时，靠外墙的预制板侧边应与墙或圈梁拉结。

d. 房屋端部大房间的楼盖，6度时房屋的屋盖和7~9度时房屋的楼、屋盖，当圈梁设在板底时，钢筋混凝土预制板应相互拉结，并应与梁、墙或圈梁拉结。

⑥ 楼、屋盖的钢筋混凝土梁或屋架应与墙、柱（包括构造柱）或圈梁可靠连接；不得采用独立砖柱。跨度不小于6m大梁的支承构件应采用组合砌体等加强措施，并满足承载力要求。

⑦ 6、7度时长度大于7.2m的大房间，以及8、9度时外墙转角及内外墙交接处，应沿墙高每隔500mm配置2ϕ6的通长钢筋和ϕ4分布短筋平面内点焊组成的拉结网片或ϕ4点焊网片。

⑧ 楼梯间应符合GB 50011中7.3.8节的要求。

⑨ 坡屋顶房屋的屋架应与顶层圈梁可靠连接，檩条或屋面板应与墙、屋架可靠连接，房屋出入口处的檐口瓦应与屋面构件锚固。采用硬山搁檩时，顶层内纵墙顶宜增砌支承山墙的踏步式墙垛，并设置构造柱。

⑩ 门窗洞处不应采用砖过梁；过梁支承长度，6~8度时不应小于240mm，9度时不应小于360mm。

（4）多层砌块房屋抗震构造措施鉴定

① 多层小砌块房屋应按表4.2.4-4的要求设置钢筋混凝土芯柱。对外廊式和单面走廊式的多层房屋、横墙较少的房屋、各层横墙很少的房屋，尚应分别按GB 50011第7.3.1条第2、3、4款关于增加层数的对应要求，按表4.2.4-4的要求设置芯柱。

表4.2.4-4 多层小砌块房屋芯柱设置要求

房屋层数				设置部位	设置数量
6度	7度	8度	9度		
四、五	三、四	二、三		外墙转角，楼、电梯间四角，楼梯斜梯段上下端对应的墙体处；大房间内外墙交接处；错层部位横墙与外纵墙交接处；隔12m或单元横墙与外纵墙交接处	外墙转角，灌实3个孔；内外墙交接处，灌实4个孔楼梯斜段上下端对应的墙体处，灌实2个孔
六	五	四		同上；隔开间横墙（轴线）与外纵墙交接处	
七	六	五	二	同上；各内墙（轴线）与外纵墙交接处；内纵墙与横墙（轴线）交接处和洞口两侧	外墙转角，灌实5个孔；内外墙交接处，灌实4个孔；内墙交接处，灌实4~5个孔；洞口两侧各灌实1个孔

185

房屋层数				设置部位	设置数量
6 度	7 度	8 度	9 度		
七	≥六	≥三		同上；横墙内芯柱间距不大于 2m	外墙转角，灌实 7 个孔；内外墙交接处，灌实 5 个孔；内墙交接处，灌实 4~5 个孔；洞口两侧各灌实 1 个孔

注：外墙转角、内外墙交接处、楼电梯间四角等部位，应允许采用钢筋混凝土造柱替代部分芯柱。

② 多层小砌块房屋的芯柱，应符合 GB 50011 中 7.4.2 节的构造要求。

③ 小砌块房屋中替代芯柱的钢筋混凝土构造柱，应符合 GB 50011 中 7.4.3 节的构造要求。

④ 多层小砌块房屋的现浇钢筋混凝土圈梁的设置位置应按 GB 50011 第 7.3.3 条多层砖砌体房屋圈梁的要求执行，圈梁宽度不应小于 190mm，配筋不应少于 4φ12，箍筋间距不应大于 200mm。

⑤ 小砌块房屋的其他抗震构造措施，尚应符合 GB 50011 第 7.3.5 条至第 7.3.13 条有关要求。其中，墙体的拉结钢筋网片间距应符合本节的相应规定，分别取 600mm 和 400mm。

（5）底部框架-抗震墙砌体房屋抗震构造措施

① 底部框架-抗震墙砌体房屋的上部墙体应设置钢筋混凝土构造柱或芯柱，并应符合下列要求：

a. 钢筋混凝土构造柱、芯柱的设置部位，应根据房屋的总层数分别按《建筑抗震设计规范》（GB 50011）第 7.3.1 条、7.4.1 条的规定设置。

b. 构造柱、芯柱的构造，除应符合下列要求外，尚应符合《建筑抗震设计规范》（GB 50011）第 7.3.2、7.4.2、7.4.3 条的规定：

砖砌体墙中构造柱截面不宜小于 240mm×240mm（墙厚 190mm 时为 240mm×190mm）；

构造柱的纵向钢筋不宜少于 4φ14，箍筋间距不宜大于 200mm；芯柱每孔插筋不应小于 1φ14，芯柱之间沿墙高应每隔 400mm 设 φ4 焊接钢筋网片。

c. 构造柱、芯柱应与每层圈梁连接，或与现浇楼板可靠拉接。

② 过渡层墙体的构造，应符合下列要求：

a. 上部砌体墙的中心线宜与底部的框架梁、抗震墙的中心线相重合；构造柱或芯柱宜与框架柱上下贯通。

b. 过渡层应在底部框架柱、混凝土墙或约束砌体墙的构造柱所对应处设置构造柱或芯柱；墙体内的构造柱间距不宜大于层高；芯柱除按表 4.2.4-4 设置外，最大间距不宜大于 1m。

c. 过渡层构造柱的纵向钢筋，6、7 度时不宜少于 4φ16，8 度时不宜少于 4φ18。过渡层芯柱的纵向钢筋，6、7 度时不宜少于每孔 1φ16，8 度时不宜少于每孔 1φ18。一般情况下，纵向钢筋应锚入下部的框架柱或混凝土墙内；当纵向钢筋锚固在托墙梁内时，托墙梁的相应位置应加强。

d. 过渡层的砌体墙在窗台标高处，应设置沿纵横墙通长的水平现浇钢筋混凝土带；其截面高度不小于 60mm，宽度不小于墙厚，纵向钢筋不少于 2φ10，横向分布筋的直径不小于 6mm 且其间距不大于 200mm。此外，砖砌体墙在相邻构造柱间的墙体，应沿墙高每隔 360mm 设置 2φ6 通长水平钢筋和 φ4 分布短筋平面内点焊组成的拉结网片或 φ4 点焊钢筋网片，并锚入构造柱内；小砌块砌体墙芯柱之间沿墙高应每隔 400mm 设置 φ4 通长水平点焊钢筋网片。

e. 过渡层的砌体墙，凡宽度不小于 1.2m 的门洞和 2.1m 的窗洞，洞口两侧宜增设截面不小于 120mm×240mm（墙厚 190mm 时为 120mm×190mm）的构造柱或单孔芯柱。

f. 当过渡层的砌体抗震墙与底部框架梁、墙体不对齐时，应在底部框架内设置托墙转换梁，并且过渡层砖墙或砌块墙应采取比本小节（5）底部框架-抗震墙砌体房屋抗震措施第②中 d 款更高的加强措施。

③ 底部框架-抗震墙砌体房屋的底部采用钢筋混凝土墙、约束砖砌体墙或者约束小砌块砌体墙时，其截面和构造应符合《建筑抗震设计规范》（GB 50011）第 7.5.3~7.5.5 节的有关要求。

④ 底部框架-抗震墙砌体房屋的框架柱、楼盖、钢筋混凝土托墙梁、材料强度等级和其他抗震构造措施，应符合《建筑抗震设计规范》（GB 50011）第 7.5.6~7.5.10 节的有关要求。

（6）结构抗震验算

① 多层砌体房屋、底部框架-抗震墙砌体房屋的抗震计算，可采用底部剪力法，并应按本节规定调整地震作用效应。

② 普通砖、多孔砖墙体的截面抗震受剪承载力，应按下列规定验算：

a. 一般情况下，应按下式验算：

$$V \leqslant f_{vE} A / \gamma_{RE}$$

式中 V——墙体剪力设计值；

f_{vE}——砖砌体沿阶梯形截面破坏的抗震抗剪强度设计值；

A——墙体横截面面积，多孔砖取毛截面面积；

γ_{RE}——承载力抗震调整系数，承重墙按《建筑抗震设计规范》（GB 50011）表 5.4.2 采用，自承重墙按 0.75 采用。

b. 采用水平配筋的墙体，应按下式验算：

$$V \leqslant \frac{1}{\gamma_{RE}}(f_{vE}A + \zeta_s f_{yh}A_{sh})$$

式中　f_{yh}——水平钢筋抗拉强度设计值；

　　　A_{sh}——层间墙体竖向截面的总水平钢筋面积，其配筋率应不小于 0.07% 且不大于 0.17%；

　　　ζ_s——钢筋参与工作系数，可按表 4.2.4-5 采用。

表 4.2.4-5　钢筋参与工作系数

墙体高宽比	0.4	0.6	0.8	1.0	1.2
ζ_s	0.10	0.12	0.14	0.15	0.12

③ 底层框架-抗震墙砌体房屋中嵌砌于框架之间的普通砖或小砌块的砌体墙，当符合《建筑抗震设计规范》(GB 50011) 第 7.5.4 条、第 7.5.5 条的构造要求时，其抗震验算应符合《建筑抗震设计规范》(GB 50011) 第 7.2.9 条的规定。

4.3　砌体结构抗震鉴定中遇到的问题及处理

4.3.1　抗震鉴定的基本程序及要求

具体见图 4.3.1-1。

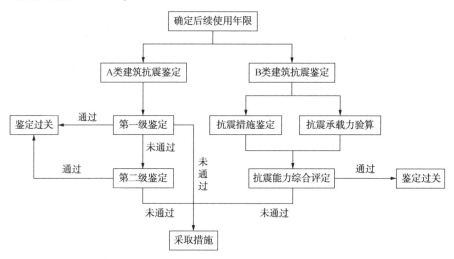

图 4.3.1-1　抗震鉴定的基本程序及要求

（1）第一级鉴定：宏观控制、构造鉴定

（2）第二级鉴定：抗震验算+构造影响=综合抗震能力评估

（3）建筑抗震性能好坏的衡量标准：结构综合抗震能力 = 承载能力 + 变形能力

① 承载能力较高时，可适当放宽构造措施；

② 构造措施较好时，适当降低承载力要求。

（4）注意两个区别对待：①同一结构中，区别检查重点部位与一般部位；②综合评定时，要区别对待结构整体影响与局部影响。

4.3.2　建筑物后续使用年限的判定

《建筑抗震鉴定标准》（GB 50023—2009）引入了建筑后续使用年限的概念，将建筑物后续使用年限分为30年（A类建筑）、40年（B类建筑）、50年（C类建筑）。在建筑物鉴定前必须首先明确后续使用年限，这将直接关系到抗震鉴定方法的选择，达到的抗震设防目标略有不同影响抗震鉴定结论。这主要表现在：A类建筑通常指在89规范执行之前建造的建筑，A类建筑抗震鉴定基本保持了原95鉴定标准的有关规定；B类建筑是指遵从89规范建造的建筑；C类建筑是指按现行2001版抗震设计规范建造的建筑，抗震鉴定按照现行抗震设计规范的规定进行。

（1）A类建筑：通常指在89版规范正式执行前设计建造的房屋，各地执行89规范的时间可能不同，一般不晚于1993年7月1日。

（2）B类建筑：通常指在89版设计规范正式执行后，2001版设计规范正式执行前设计建造的房屋，各地执行2001版规范的时间，一般不晚于2003年1月1日。对于按89规范系列设计建造的现有建筑，由于本地区提高设防烈度或建筑抗震设防类别提高而进行抗震鉴定时，参照国际标准《结构可靠性总原则》（ISO 2394）的规定，当"出于经济理由"选择40年的后续使用年限确有困难时，允许略少于40年。

（3）C类建筑：其鉴定要求，完全采用现行设计规范的有关要求。

4.3.3　A类多层砌体房屋抗震鉴定的思路及要点

1）抗震鉴定思路

具体见图4.3.1-2。

2）抗震鉴定要点

（1）第一级鉴定的主要内容

① 层数、高度；

② 结构体系：刚性体系的横墙最大间距、高宽比、7~9度时平立面的规则性；

③ 材料强度；

④ 整体连接；

⑤ 局部易损部位；

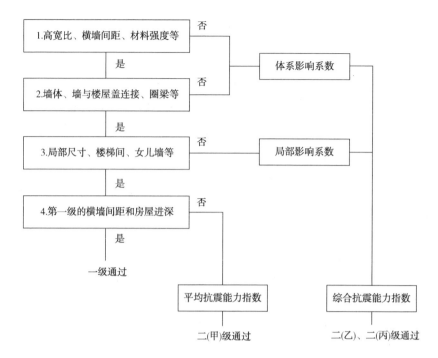

图 4.3.1-2　A 类多层砌体房屋两级鉴定

⑥ 进行抗震承载力简化验算——抗震墙的间距与房屋宽度。

注意：1. 抗震横墙较少（同一层内开间大于 4.2m 的房间占该层总面积的 40% 以上）的房屋，高度和层数应分别降低 3m 和一层，对抗震横墙很少（同一层内开间不大于 4.2m 的房间占该层总面积不到 20% 且开间大于 4.8m 的房间占 50% 以上）的房屋，还应再减少一层；

2. 乙类设防按照设防烈度查表，但层数应减少一层且总高度应降低 3m；

3. 乙类设防其抗震墙不允许用 180mm 普通砖实心墙、普通砖空斗墙；

4. 房屋的高宽比（有外走廊的房屋，不包括其走廊宽度）之比不宜大于 2.2 且高度不大于底层平面的最长尺寸；

5. 刚性体系：为了能采用底部剪力法进行抗震承载力简化计算；

6. 抗震横墙的最大间距：为了防止地震时纵墙发生平面弯曲破坏，当不符合程度较小时，用体系影响系数修正；

7. 抗震承载力简化验算——抗震横墙的间距 L 与房屋宽度 B：依据砂浆强度、设防烈度按《建筑抗震鉴定标准》（GB 50023—2009）中检验抗震横墙间距和房屋宽度。

1) 240mm 厚、3m 层高实心黏土砖墙；

2) 承重纵、横向开洞的水平面积率分别为 50% 和 25%；

190

3）单位面积重力荷载代表值12kN/m²。

《建筑抗震鉴定标准》（GB 50023—2009）中表5.2.9-1中数值是基于以上三个条件计算得到，使用该表时，应根据结构的具体情况对表内数据进行修正，如设计基本地震加速度为0.15g和0.30g时，应按表中数据采用内插法确定；其他墙体的房屋，应按表中数据乘以相应的抗震墙体类别修正系数采用等。

（2）第二级鉴定的主要内容

A类房屋的第二级鉴定可采用综合楼层抗震能力指数的方法鉴定，并根据房屋不符合第一级鉴定的具体情况，分别采用楼层平均抗震能力指数法（二甲级鉴定）、楼层综合抗震能力指数法（二乙级鉴定）和墙段综合抗震能力指数法（二丙级鉴定）。指数大于等于1.0，满足要求。

注意：《建筑抗震鉴定标准》（GB 50023—2009）构造影响系数表5.2.14-1和表5.2.14-2的数值，要根据房屋的具体情况酌情调整：

① 当该项规定不符合的程度较重时，该项影响系数取较小值，该项规定不符合的程度较轻时，该项影响系数取较大值；

② 当鉴定的要求相同时，烈度高时影响系数取较小值；

③ 当构件支承长度、圈梁、构造柱和墙体局部尺寸等的构造符合新设计规范要求时，该项影响系数可大于1.0；对于丙类设防的房屋，有构造柱、芯柱时，按照符合B类建筑构造柱、芯柱要求的程度，可乘以1.0~1.2的构造影响系数；对于乙类设防的房屋则相反，不符合要求时需乘以影响系数0.8~0.95；

④ 各体系影响系数的乘积，最好采用加权方法，不用简单乘法。

4.3.4　B类多层砌体房屋抗震鉴定的思路及要点

1）抗震鉴定思路

详见图4.3.4-1。

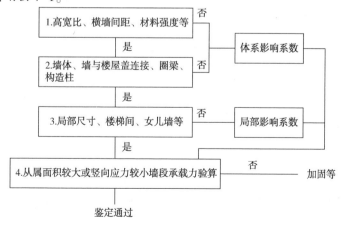

图4.3.4-1　B类多层砌体房屋抗震鉴定思路图

191

2）抗震鉴定要点

（1）B 类多层砌体房屋的抗震鉴定也是主要从房屋高度和层数、墙体实际材料强度、结构体系的合理性、主要构件整体性连接构造的可靠性、局部易损构件自身及与主体结构连接的可靠性和抗震承载力验算要求等几个方面进行综合评定。

（2）B 类房屋的抗震鉴定，分为抗震措施鉴定和抗震承载力验算两部分。

（3）B 类房屋针对按 89 规范设计建造的房屋，抗震鉴定的主要内容是依据 89 规范中的有关条文，从鉴定的角度归纳、整理而成，并根据需要增补了部分内容，总体上，抗震措施要求和抗震验算基本保持与 89 规范相当的水平。

与 89 规范相比，在抗震措施和抗震验算方面主要补充如下内容：

① 明确乙类设防时层数、总高度应允许按本地区设防烈度表，但层数应减少一层且总高度应降低 3m。

② 跨度不小于 6m 的大梁，不宜由独立砖柱支承；乙类设防时不应由独立砖柱支承。

③ 教学楼、医疗用房等横墙较少、跨度较大的房间，宜为现浇或装配整体式楼、屋盖。

④ 抗震承载力验算时，对于墙体中部有构造柱的情况，参照《建筑抗震设计规范》（GB 50011—2001）的规定予以考虑。

（4）B 类砌体房屋的抗震分析，可采用底部剪力法，并可按抗震设计规范规定的方法进行。当抗震措施不满足要求时，可按 A 类房屋第二级鉴定的方法综合考虑构造的整体影响和局部影响。各层层高相当且较规则均匀的 B 类多层砌体房屋，还可按《建筑抗震鉴定标准》（GB 50023—2009）第 5.2.12~5.2.15 条的规定采用楼层综合抗震能力指数的方法进行综合抗震能力验算。其中，公式（5.2.13）中的烈度影响系数，6、7、8、9 度时应分别按 0.7、1.0、2.0 和 4.0 采用，设计基本地震加速度为 0.15g 和 0.30g 时应分别按 1.5 和 3.0 采用。

4.3.5 A、B 类建筑分级鉴定方法的异同

（1）A 类建筑：逐级鉴定、综合评定。第一级鉴定通过时，可不进行第二级鉴定，评定为满足鉴定要求。（楼层综合抗震能力指数：不要求每个构件按设计规范进行逐个检查和分析）

（2）B 类建筑：并行鉴定、综合评定。需进行并行鉴定后，进行综合评定（一般采用设计规范的方法，并考虑构造影响抗震承载力验算）。多层砌体砌体结构可选择从属面积较大或竖向应力较小的墙段进行截面抗震验算，对各层层高相当且规则均匀的砌体结构也可参照 A 类建筑用楼层综合抗震能力指数的方法。

4.3.6 教学楼抗震鉴定注意点

1）后续使用年限的确定

（1）有正规设计图纸：按原设计规范确定；

（2）无正规设计图纸：按建造年代确定。

2）多层砌体房屋

（1）层数与高度控制

① 乙类比丙类减1层、降3m；

② 横墙较少，再减1层、降3m；

③ 各层横墙很少，还要减1层、降3m。

（2）构造柱设置要求

① 一般按提高1度要求检查；

② 横墙较少，按增加1层要求检查；

③ 外走廊或单面走廊时按增加1层要求检查。

4.4 工程案例分析

4.4.1 A类砌体结构抗震鉴定案例分析

1）项目概况

某训练队宿舍楼建成于1987年，为地上四层砌体结构；建成后一直作为训练队宿舍使用过数年，现一、二层分别用于储物、一般资料档案室，三、四层处于空置状态。该建筑东西方向总长约为27m，南北方向总宽约为13m，单层建筑面积均为326.07m²，总建筑面积为1304.28m²；室内外高差为0.15m，一～三层层高均为3.00m，四层层高为3.60m，建筑物总高度为12.75m。

为了解该建筑结构现状下的抗震性能，需对其进行抗震鉴定。根据《建筑抗震鉴定标准》（GB 50023—2009）中的有关要求，后续使用年限按30年考虑，按A类建筑要求进行抗震鉴定，该建筑外立面现状如图4.4.1-1所示。

2）检查、检测项目及内容

（1）基本情况调查、结构布置调查及现状普查

现场对所检建筑物的基本情况进行调查，主要包括建筑物名称、建成时间、使

图4.4.1-1 建筑物外立面现状

用历史、使用功能等。核查设计图纸等技术资料，对建筑物的结构布置进行全数检查、检测，主要包括建筑物室内外高差、轴线位置及命名、结构构件截面尺寸、楼层层高、隔墙材料及位置、门窗洞口位置及尺寸、楼梯间位置及尺寸；圈梁、构造柱、拉结筋的布置；楼、屋面板的形式、厚度及布置；场地、地基基础现状等。

对建筑物的现有损伤状况进行检查并记录，主要包括地面沉陷、装饰脱落；混凝土构件及墙体的渗水、开裂、露筋及钢筋锈蚀等；砌体承重墙的表观缺陷，包括砌筑用砂浆的饱满度、砌筑用砌块的完整程度、砌筑质量、墙体垂直度及平整度、施工缺陷等；围护系统各构件的工作状态及现状等。

（2）砌筑块材抗压强度检测

依据《砌体工程现场检测技术标准》（GB/T 50315—2011）中的相关规定，采用回弹法对砌体结构的承重墙体砌筑用烧结砖抗压强度进行随机抽样检测。

（3）砌筑砂浆抗压强度检测

依据《砌体工程现场检测技术标准》（GB/T 50315—2011）、《贯入法检测砌筑砂浆抗压强度技术规程》（JGJ/T 136—2017）中的相关规定，采用贯入法对砌体结构建筑的承重墙体砌筑用砂浆抗压强度进行随机抽样检测。

（4）建筑物侧向（水平）位移检测

依据《建筑结构检测技术标准》（GB/T 50344—2019）中的相关规定，根据现场实际情况，采用经纬仪、钢尺等测量工具对所检建筑物进行顶点侧向（水平）位移检测。

（5）结构抗震措施核查

依据《建筑抗震鉴定标准》（GB 50023—2009）中的相关规定，根据建筑的后续使用年限，对所检建筑的结构抗震措施进行核查。

（6）鉴定分析

按照《建筑抗震鉴定标准》（GB 50023—2009）及国家有关规范要求，并依据现场检查、检测结果及结构计算分析结果，对所检建筑结构的抗震性能进行综合鉴定评价并给出建议。

3）检查、检测结果

（1）基本情况调查、结构布置调查及现状普查

① 基本情况调查

经现场检查、检测，该建筑一层除 2/A-B 轴横墙厚度为 240mm 外，其余横墙厚度均为 370mm，纵墙厚度均为 240mm；二~四层所有内、外墙体厚度均为 240mm，所有墙体均采用烧结普通砖与混合砂浆共同砌筑而成；除卫生间顶板、阳台板、屋面悬挑板、楼梯楼层平台板为现浇钢筋混凝土板外，其余楼、屋面板均为钢筋混凝土预制空心楼板；屋面形式为平顶不上人屋面。该建筑一层、二~三层、四层的结构平面布置图分别如图 4.4.1-2~图 4.4.1-4 所示。

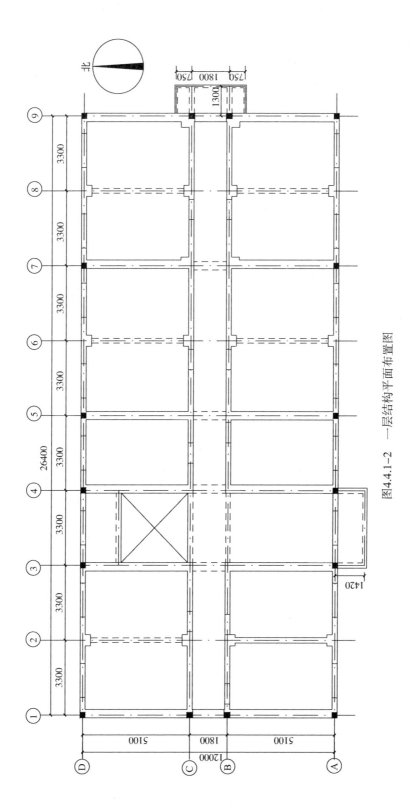

图4.4.1-2 一层结构平面布置图

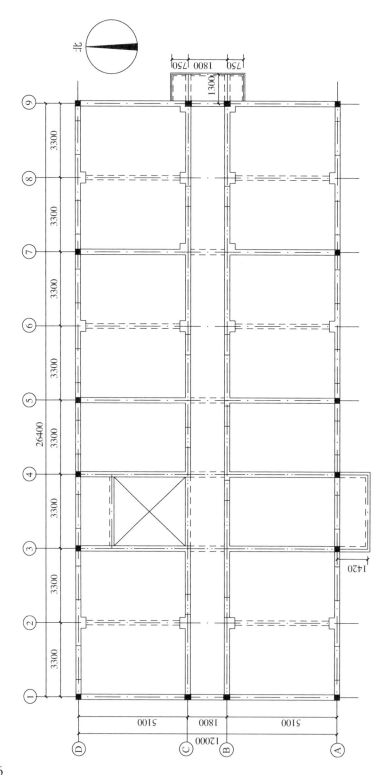

图4.4.1-3 二、三层结构平面布置图

196

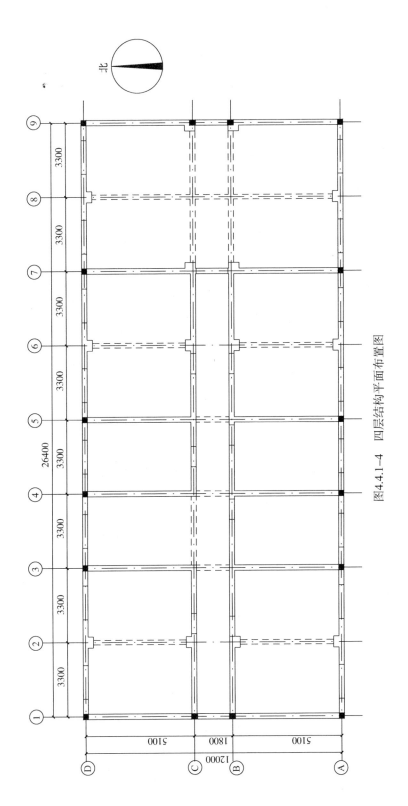

北

图4.4.1-4 四层结构平面布置图

197

该建筑所处地区抗震设防烈度为 8 度(0.20g),抗震设计分组为第二组;场地类别按 II 类考虑,依据《建筑抗震鉴定标准》(GB 50023—2009)中 3.0.5 条的相关规定,特征周期取 0.30s;地面粗糙类别为 C 类;抗震设防类别为丙类;基本风压为 0.35kN/m²,基本雪压为 0.25kN/m²。建成后作为训练队宿舍使用过数年,现一、二层用于储物,三、四层处于空置状态;现场无高温、腐蚀作用,使用过程中未遭受爆炸、火灾等灾害作用,也未进行过加固处理及使用用途的变更。

② 场地、地基基础检查

查阅该建筑结构施工图得知:该建筑基础采用墙下 3∶7 灰土条形基础,条基宽度范围为 0.80~1.80m,高度均为 0.45m;基底标高均为 -2.000m,基顶标高均为 -1.550m;墙脚两侧均采用放大脚形式砌筑,放脚阶数不同,分一阶、四阶、六阶、八阶,每阶递减宽度均为 60mm,自下而上每阶高度分别按 120mm、60mm 依次砌筑;纵、横墙在标高 -0.060m 处分别均设有截面尺寸为(240×180)mm、(370×180)mm 的地圈梁,混凝土抗压强度设计标号为 200#(C18)。

现场检查、检测,该建筑所处场地较为平整,无泥石流、滑坡、崩塌等不良地质条件,建筑场地地基稳定,无滑动迹象及滑动史;未发现上部结构构件由地基不均匀沉降等引起的墙体开裂及下陷、倾斜等现象,建筑地基基础无静载缺陷,地基基础现状基本完好。

③ 上部结构及围护系统检查

经现场检查,该建筑物结构、构件布置基本规则,房屋无错层,楼板未出现大洞口及局部不连续,未发现楼、屋面板出现受力裂缝及不适于承载的损伤;主要承重结构构件连接方式基本正确、可靠,无松动变形或其他可能影响结构安全的残损;建筑物四角、未设置砖壁柱的内外墙体交接处均设有钢筋混凝土构造柱;开间大于 6m 的房间纵墙在中部均设有砖壁柱,一层砖砖壁柱的规格有(620×490)mm、(490×490)mm,二~四层砖壁柱的规格均为(490×490)mm;跨度大于 4.8m 的钢筋混凝土梁下设有混凝土垫块;楼、屋盖处及内墙顶部均设有钢筋混凝土圈梁;门窗洞口上端均设有钢筋混凝土过梁;墙体构件表面基本平整,与构造柱、砖壁柱交接处均设置拉结筋;女儿墙采用钢筋混凝土结构,厚度为 70mm,高度为 0.5m;屋面板向四周悬挑净宽度约 0.7m。现场检查发现了以下几点主要问题:

a. 一~三层阳台板、三层东侧顶板、四层屋面板普遍渗水严重,对应区域板底抹灰层普遍开裂、脱落;

b. 三、四层多数墙体有明显渗水情况,对应区域墙体表面抹灰层开裂、脱落;

c. 三层 4-5/C-D 轴卫生间顶板局部有渗水、露筋的情况;

d. 部分墙体表面抹灰层有开裂、脱落的情况；

e. 室外散水与主体结构之间的施工缝在局部位置有轻微开裂的情况；

f. 部分墙体砂浆存在局部不饱满、空洞的情况；

g. 三层 5-7/C-D 轴房间内楼板上满载杂物；

h. 部分预制板在拼接处有明显开裂、渗水的情况；

i. 阳台围护栏板与阳台板连接处钢管普遍锈蚀，个别栏板局部有明显的开裂。

（2）该建筑所抽检一、二层及三、四层砌体墙烧结普通砖的抗压强度推定等级分别为 MU15、MU10。

（3）该建筑所抽检一、二层及三、四层墙体的砌筑砂浆抗压强度推定值分别为 3.7MPa、3.3MPa。

（4）根据现场实际情况，采用经纬仪、钢尺等测量工具，在该建筑物顶点布置 5 个测点对其侧向（水平）位移进行检测。该建筑实测最大顶点侧向位移为 25mm（所检测数据包含外装饰面层装修误差），且各测点侧移方向无明显一致性。

4）抗震鉴定

依据《建筑抗震鉴定标准》（GB 50023—2009）中第 3.0.3 条的规定，A 类建筑的抗震鉴定分为两级，第一级鉴定应以宏观控制和构造鉴定为主进行综合评价，第二级鉴定应以抗震验算为主结合构造影响进行综合评价。

A 类砌体结构建筑应进行综合抗震能力的两级鉴定。在第一级鉴定中，墙体的抗震承载力应依据纵、横墙间距进行简化验算，当符合第一级鉴定规定的各项规定时，应评为满足抗震鉴定要求；不符合第一级鉴定要求时，除有明确规定的情况外，应在第二级鉴定中采用综合抗震能力指数的方法，计入构造影响作出判断。

（1）抗震验算及鉴定原则

① 后续使用年限按 30 年考虑，按 A 类建筑的要求进行抗震鉴定；

② 抗震设防类别为丙类，抗震措施按本地区设防烈度的要求核查；

③ 抗震承载力验算按抗震设防烈度为 8 度（0.20g）要求进行；

④ 构件截面尺寸，材料强度等参数，以实际检测结果为准；

⑤ 一、二层荷载与作用取值按照现阶段使用用途及现行规范确定，三、四层现为空置状态，其荷载与作用取值按照委托方提供的建筑施工图设计使用用途及现行规范确定；

⑥ 第二级抗震鉴定采用盈建科结构设计软件进行。

（2）计算荷载取值

① 风荷载：基本风压 0.35kN/m²；

② 雪荷载：基本雪压 0.25kN/m²；

③ 宿舍、办公室、走廊活荷载：2.0kN/m²；

④ 卫生间、盥洗室、一般资料档案室、阳台活荷载：2.5kN/m²；

⑤ 楼梯间活荷载：3.5kN/m²；

⑥ 不上人屋面活荷载：0.5kN/m²。

（3）场地、地基和基础

该建筑所在区域设防烈度为8度(0.2g)，所处场地较为平整，无泥石流、滑坡、崩塌等不良地质条件，建筑场地地基稳定，无滑动迹象及滑动史，未建于对抗震不利的场地之上。现场检查未发现上部结构构件由地基不均匀沉降等引起的墙体开裂及下陷、倾斜等现象，故该建筑地基基础可评为无严重静载缺陷。综上所述，该建筑的场地、地基基础均满足《建筑抗震鉴定标准》(GB 50023—2009)第4章中的相关规定。

（4）第一级鉴定

① 结构体系及抗震构造措施核查

根据《建筑抗震鉴定标准》(GB 50023—2009)中的相关规定，对该建筑的结构体系及抗震构造措施进行核查，主要包括房屋外观和内在质量、结构体系、结构材料实际强度、层数和高度、构件的尺寸和截面形式、整体性连接构造、易引起局部倒塌的部件的连接构造等方面。该建筑结果体系及抗震构造措施核查结果见表4.4.1-1。

表4.4.1-1　结构体系及抗震措施核查及鉴定结果

核查内容	抗震鉴定标准要求	核查结果	鉴定结果
外观和内在质量	1. 墙体不空鼓、无严重酥碱和明显歪闪； 2. 支承大梁、屋架的墙体无竖向裂缝，承重墙、自承重墙及其交接处无明显裂缝； 3. 混凝土构件及其节点的混凝土仅有少量微小开裂或局部剥落，钢筋无露筋、锈蚀。（详见《建筑抗震鉴定标准》(GB 50023—2009)中第6.1.3条）	墙体无空鼓、酥碱和明显歪闪；承重墙体未发现裂缝，墙体交接处无明显裂缝，梁构件中仅有个别构件表面局部抹灰层的开裂、脱落，无露筋及钢筋的锈蚀情况	满足
层数和高度	最大高度不超过16m； 最大层数不超过五层	该建筑为横墙较少的地上四层砌体结构建筑，建筑总高度为12.75m	满足
横墙最大间距	不超过11m	最大横墙间距6.6m	满足
高宽比 η	不宜大于2.2(有外廊的建筑，此宽度不包括其走廊宽度)且高度不大于底层平面的最长尺寸	该建筑总高度为12.75m，底层平面最长尺寸为26.64m，总宽度为12.24m，高宽比 η=1.04	满足

核查内容	抗震鉴定标准要求	核查结果	鉴定结果
墙体布置	1. 质量和刚度沿高度分布比较规则均匀，立面高度变化不超过一层；同一楼层的楼板标高相差不大于 500mm； 2. 楼层的质心和计算刚心基本重合或接近	质量和刚度沿高度分布比较规则均匀，楼板无错层，楼层的质心和计算刚心基本接近	满足
大梁支座	跨度不小于 6m 的大梁不宜由独立砖柱支承	跨度 6m 的大梁支撑于墙体的砖壁柱上	满足
砖强度	不应低于 MU7.5 且不低于砌筑砂浆强度等级	实测砖强度等级为 MU10	满足
砂浆强度	不宜低于 M1	实测砂浆最低强度为 3.3MPa	满足
房屋整体连接性	1. 墙体布置在平面内应闭合，纵横墙交接处有可靠连接，不应被烟道、通风道等竖向孔道削弱； 2. 纵横墙交接处应咬槎较好；当为马牙槎砌筑或有钢筋混凝土构造柱时，应沿墙高 10 皮砖，或 500mm 应有 2φ6 拉结筋	墙体闭合，纵横墙交接处有可靠连接，墙体与钢筋混凝土构造柱交接处检测到拉结筋	满足
圈梁布置	1. 装配式混凝土屋盖处每层应有圈梁，外墙上应有且内纵横墙上圈梁的水平间距分别不应大于 8m 和 12m； 2. 楼盖处外横墙间距大于 8m 时应每层应有圈梁；内墙同外墙，且圈梁的水平间距不应大于 12m； 3. 圈梁截面高度不宜小于 120mm； 4. 屋盖处的圈梁应现浇；楼盖处的圈梁可为钢筋砖圈梁，其高度不小于 4 皮砖，砌筑砂浆强度等级不低于 M5	楼、屋盖处及内墙顶部均设有钢筋混凝土圈梁	满足
结构构件局部尺寸	1. 在 8 度区承重窗间墙最小宽度不宜小于 1.0m； 2. 在 8 度区承重外墙尽端至门窗洞边的最小距离不宜小于 1.0m； 3. 非承重外墙尽端至门窗洞边的最小距离不宜小于 0.8m； 4. 在 8 度区支撑跨度大于 5m 的大梁的内墙阳角至门窗洞边的最小距离不宜小 1.0m； 5. 楼梯间及门厅跨度不小于 6m 的大梁，在砖墙转角处的支撑长度不宜小于 490mm	承重窗间墙最小宽度小于 2.05m，其他限值该建筑均未涉及到	满足

核查内容	抗震鉴定标准要求	核查结果	鉴定结果
房屋中易引起局部倒塌的部件及其连接	1. 出入口或人流通道处的女儿墙和门脸等装饰物应有锚固； 2. 出屋面小烟囱在出入口或人流通道应有防倒塌措施； 3. 钢筋混凝土挑檐、雨罩等悬挑构件应有足够的稳定性； 4. 楼梯间的墙体、悬挑楼层、通长阳台或房屋尽端局部悬挑阳台、过街楼的支撑墙体，与独立承重砖柱相邻的承重墙体，应提高相关墙体承载能力要求； 5. 无拉结女儿墙和门脸等装饰物，当砌筑砂浆的强度等级不低于 M2.5 且厚度为 240mm 时，其突出屋面的高度，对整体不良或非刚性结构的房屋不应大于 0.5m；对刚性结构房屋的封闭女儿墙不宜大于 0.9m	1. 女儿墙等装饰物有锚固； 2. 没有出屋面小烟囱； 3. 悬挑构件与主体结构连接方式基本正确，具备可靠的连接	满足

② 抗震承载力简化验算

该建筑为地上四层砌体结构，一～三层层高均为 3.00m，四层层高为 3.60m；承重墙体材料采用烧结普通砖砌筑，一层除 2/A-B 轴横墙厚度为 240mm 外，其余横墙厚度均为 370mm，纵墙厚度均为 240mm；二～四层所有内、外墙体厚度均为 240mm；各层层高的 1/2 处门窗洞所占的水平截面面积，对承重横墙不大于总截面面积的 25%、对承重纵墙不大于总截面面积的 50%。上述条件符合《建筑抗震鉴定标准》（GB 50023—2009）第 5.2.9 条中的相关规定，故该建筑的抗震承载力可采用抗震横墙间距和宽度的限值进行简化验算。

该建筑承重横墙间距和房屋宽度的限值可按《建筑抗震鉴定标准》（GB 50023—2009）中表 5.2.9-1 查得，其中一层厚度为 370mm 的横墙的抗震墙体类别修正系数依据《建筑抗震鉴定标准》（GB 50023—2009）中表 5.2.9-2 可取为 1.4。该建筑抗震承载力简化验算结果见如表 4.4.1-2 所示。

（5）第二级鉴定

依据《建筑抗震鉴定标准》（GB 50023—2009）第 5.2.12 条的规定，A 类砌体房屋的楼层平均抗震能力指数、楼层综合抗震能力指数和墙段综合抗震能力指数应按房屋的纵横两个方向分别计算。当最弱楼层平均抗震能力指数、最弱楼层综合抗震能力指数或最弱墙段综合抗震能力指数大于等于 1.0 时，应评定为满足抗震要求；当小于 1.0 时，应要求对房屋采取加固或其他相应办法。

综合第一级鉴定结果，符合《建筑抗震鉴定标准》（GB 50023—2009）中第 5.2.13 条的相关规定，故该建筑应采取楼层平均抗震能力指数方法进行第二级鉴定。该建筑第二级抗震验算整体计算模型如图 4.4.1-5 所示，鉴定结果如表 4.4.1-3 所示，验算结果如图 4.4.1-6~图 4.4.1-9 所示。

表 4.4.1-2　抗震承载力简化验算结果

层数	限值/m		实际检测值/m		鉴定结果	第一级鉴定结论
1	L	6.1	承重横墙最大间距	6.6	不满足要求	
	B	11.1	房屋最大宽度	12.0	不满足要求	
2	L	4.4	承重横墙最大间距	6.6	不满足要求	综合表 4.4.1-1 中的核查结果，综合评定该建筑不满足第一级抗震鉴定要求
	B	11.1	房屋最大宽度	12.0	不满足要求	
3	L	4.8	承重横墙最大间距	6.6	不满足要求	
	B	12.6	房屋最大宽度	12.0	满足要求	
4	L	7.3	承重横墙最大间距	6.6	满足要求	
	B	18.2	房屋最大宽度	12.0	满足要求	

注：L：240mm 厚承重横墙间距限值；
　　B：240mm 厚纵墙承重的房屋宽度限值。

表 4.4.1-3　二级鉴定结果

楼层层高	指数类别		各楼层第二级鉴定结论
	楼层平均抗震能力指数 β_i		
	纵向	横向	
1	1.13	1.29	满足抗震要求
2	1.44	1.02	满足抗震要求
3	1.50	1.08	满足抗震要求
4	2.16	1.85	满足抗震要求
结论	该建筑满足第二级抗震鉴定要求。		

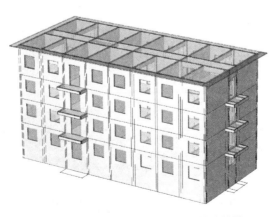

图 4.4.1-5　训练队宿舍楼结构整体计算模型

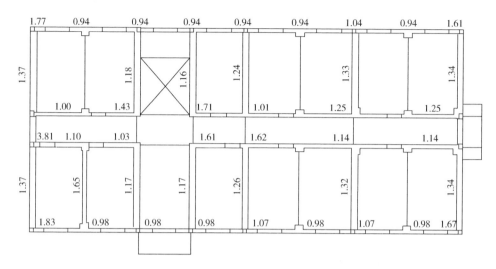

楼层平均抗震能力指数纵向:β_i=1.13 A_i=19.20m² ξ_{oi}=0.0339 A_{bi}=335.27m², λ=1.50
横向:β_i=1.29 A_i=25.44m² ξ_{oi}=0.0394 A_{bi}=335.27m², λ=1.50
楼层综合抗震能力指数 纵向:β_{ci}=1.13 ϕ_1=1.00 ψ_2=1.00 β_i=1.13 横向:β_{ci}=1.29 ϕ_1=1.00 ψ_2=1.00 β_i=1.29

图 4.4.1-6　一层第二级抗震验算结果

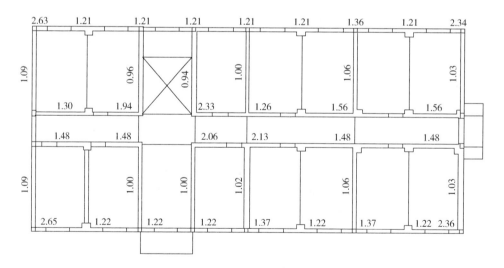

楼层平均抗震能力指数纵向:β_i=1.44 A_i=19.10m² ξ_{oi}=0.0264 A_{bi}=335.27m², λ=1.50
横向:β_i=1.02 A_i=15.53m² ξ_{oi}=0.0302 A_{bi}=335.27m², λ=1.50
楼层综合抗震能力指数 纵向:β_{ci}=1.44 ψ_1=1.00 ψ_2=1.00 β_i=1.44 横向:β_{ci}=1.02 ψ_1=1.00 ψ_2=1.00 β_i=1.02

图 4.4.1-7　二层第二级抗震验算结果

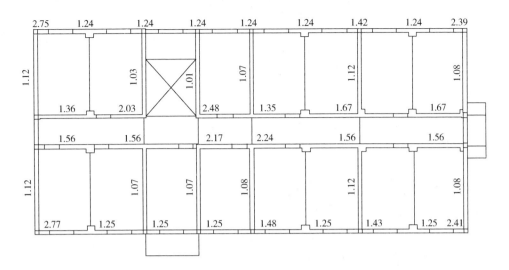

楼层平均抗震能力指数纵向:β_i=1.50 A_i=19.10m² ξ_{oi}=0.0253 A_{bi}=335.27m², λ=1.50
横向:β_i=1.08 A_i=15.53m² ξ_{oi}=0.0286 A_{bi}=335.27m², λ=1.50
楼层综合抗震能力指数 纵向:β_{ci}=1.50 ψ_1=1.00 ψ_2=1.00 β_i=1.50 横向:β_{ci}=1.08 ψ_1=1.00 ψ_2=1.00 β_i=1.08

图 4.4.1-8 三层第二级抗震验算结果

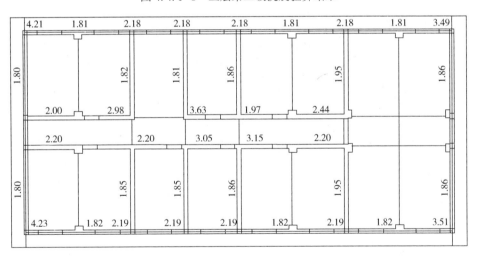

楼层平均抗震能力指数纵向:β_i=2.16 A_i=16.00m² ξ_{oi}=0.0151 A_{bi}=326.07m², λ=1.50
横向:β_i=1.85 A_i=15.42m² ξ_{oi}=0.0170 A_{bi}=326.07m², λ=1.50
楼层综合抗震能力指数 纵向:β_{ci}=2.16 ψ_1=1.00 ψ_2=1.00 β_i=2.16 横向:β_{ci}=1.85 ψ_1=1.00 ψ_2=1.00 β_i=1.85

图 4.4.1-9 四层第二级抗震验算结果

5）抗震鉴定结果

综合以上检查、验算结果，该建筑的整体抗震性能满足《建筑抗震鉴定标准》（GB 50023—2009）中 A 类建筑后续使用年限 30 年的要求。

4.4.2 B类砌体结构抗震鉴定案例分析

1）项目概况

某中学学生宿舍楼，通过查阅资料、现场调查与检测、分析计算等方式，依据《民用建筑可靠性鉴定标准》（GB50292—2015）和《建筑抗震鉴定标准》（GB50023—2009），对该房屋进行抗震鉴定。根据鉴定结果，提出相应的维修、加固、改变用途或更新等处理对策。

2）宿舍楼概况

该房屋南北朝向，建筑面积为938.00m²，平面形状为矩形，长32.40m，宽10.50m，3层(带阁楼)，无地下室，总高度10.65m，层高为3.20m，楼梯间设于房屋中部。该房屋由某市规划建筑设计院设计于1998年，其二、三层平面见图4.4.2-1。基本情况见表4.4.2-1。

表4.4.2-1　结构体系及抗震措施核查及鉴定结果

	名称	某中学学生宿舍楼	原设计单位	某市规划建筑设计院	
工程概况	地点	某市新北区	原施工单位	—	
	用途	学生宿舍	原监理单位	—	
	建造年代、竣工日期	1998年设计	原设防烈度/场地类别	6度/Ⅲ	
建筑	建筑面积	938.00m²	总高度	10.65m	
	平面形式	矩形	女儿墙高度	0.6m	
	地上层数	3层(带阁楼)	底层标高 ±0.000	层高	3.20m
	地下层数	0	基本柱距/开间尺寸	3.60m	
	总长×宽	32.40m×10.50m(轴线)	屋面防水	平瓦	
地基基础	地基土	黏土	基础形式	墙下条基	
	地基处理	—	基础深度	1.50m	
	冻胀类别		地下水		
上部结构	主体结构		砌体	屋盖	混凝土檩条、模板基层、平瓦
	附属结构		—	墙体	黏土砖实心墙
	构件	梁、板	现浇混凝土梁、预应力混凝土多孔板(局部现浇板)	连接	梁-柱、屋架-柱	—
		桁架	—		梁-墙、屋架-墙	梁-墙铰接
		柱、墙	240mm砖墙、现浇混凝土柱		其他连接	—
	结构整体性构造	抗侧力系统	纵横向砖墙	抗震设防情况	丙类设防	
		圈梁	有			

图纸资料	建筑图	有		地址勘察报告	无	
	结构图	有		施工记录	无	
	标准、规范、指南	—		设计变更	无	
	已有调查资料	无		设计计算书	无	
环境	振动	无		设施	屋顶水箱	无
	腐蚀性介质	无			电梯	无
	其他	—			其他	—
历史	用途变更	无				
	改扩建	无		修缮	—	
	使用条件改变	无		灾害	无	
后续使用年限	40 年	抗震鉴定类别	B	抗震设防类别	乙	

3）鉴定依据

《民用建筑可靠性鉴定标准》(GB 50292—2015)；

《建筑抗震鉴定标准》(GB 50023—2009)。

4）现场调查情况

（1）结构概况

该房屋为砌体结构，抗侧力构件由纵墙、横墙组成，黏土实心砖墙及现浇混凝土柱、梁承重，预应力混凝土多孔板(局部为现浇混凝土板)楼(阁)盖，混凝土檩条、木椽条、纤维板基层，平瓦屋面，基础为墙下条形基础及柱下独立基础。

（2）结构体系

① 房屋实际抗震横墙最大间距为 4.40m，高宽比小于 1.68。

② 质量和刚度沿高度分布规则均匀，立面高度无变化，楼层的质心和计算刚心相重合。

③ 楼(阁)盖为预应力混凝土多孔板。

④ 屋盖为混凝土檩条、木椽条、纤维板基层，平瓦屋面。

（3）结构主材

① 该房屋原设计材料强度如下：砖强度等级为 MU7.5；砂浆强度等级为 M5；混凝土强度等级为 C20；钢筋为 Ⅰ、Ⅱ 级。

② 根据现场检测结果，该房屋材料实际强度如下：砖强度等级大于 MU7.5，砂浆抗压强度为 6.1~10.6MPa；混凝土抗压强度为 23.5~27.1MPa。

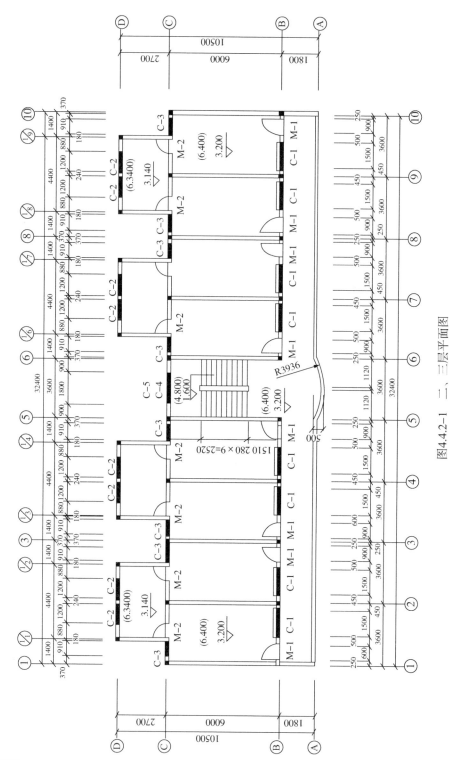

图4.4.2-1 二、三层平面图

208

（4）房屋整体性连接构造

① 外墙、楼梯间四角均设置构造柱。

② 楼、屋（阁）盖处纵横墙均设置圈梁，内横墙圈梁最大间距为 4.40m，截面最小高度为 120mm，配筋最小为 4φ12。

③ 楼（阁）盖、屋盖的连接：预应力混凝土多孔板的支承长度在墙上大于 100mm，在梁上大于 80mm；预制构件底部有坐浆，预应力混凝土多孔版缝间有混凝土填实，板上有水泥砂浆面层。

（5）房屋中易引起局部倒塌的部件及其连接检查

门窗间墙最小宽度为 0.50m，外墙尽端至门洞边的距离为 0.49m。

（6）外观和内在质量

房屋的大部分外观质量尚好，主体结构无明显扭曲、倾斜或歪扭；墙体不空鼓、无严重酥碱和明显歪闪现象；钢筋无露筋、锈蚀现象。

5）抗震鉴定

根据《建筑工程抗震设防分类标准》（GB 50223—2009）第 6.0.8 条规定，该建筑抗震设防类别应不低于重点设防类别（即乙类），该建筑设防烈度为 7 度，按 7 度要求进行抗震验算，按 8 度要求进行抗震措施核查。

该建筑设计于 1998 年，根据《建筑抗震鉴定标准》（GB 50023—2009）第 1.0.4、1.0.5 条规定，该建筑后续使用年限为 40 年，应采用 B 类建筑抗震鉴定方法进行鉴定。

根据现场调查情况及相关检测结果，依据《建筑抗震鉴定标准》（GB 50023—2009）中 B 类建筑的鉴定要求，对该建筑分别进行建筑场地、地基和基础、上部结构的抗震鉴定，得出抗震鉴定结论。

（1）场地、地基和基础

① 场地：本地区抗震设防烈度为 7 度，该建筑现设防类别应按乙类。根据该建筑周边地区场地资料的情况，该建筑所在场地不属于抗震危险地段，建筑场地内无条状突出山嘴、高耸孤立山丘、非岩石和强风化岩石陡坡、河岸和边缘等不利地段，且该场地内无液化土层，故可不进行场地对建筑影响的抗震鉴定。

② 地基和基础：该房屋上部结构构件工作正常，无不均匀沉降裂缝和倾斜，该地基基础可评为无严重静载缺陷，故可不进行地基基础的抗震鉴定。

（2）上部结构

① 抗震措施鉴定核查结果见表 4.4.2-2。

② 通过抗震措施鉴定，该房屋层数、总高度及层高、结构体系、实际材料强度、整体性连接构造（构造柱设置、墙体拉结筋等）满足《建筑抗震鉴定标准》（GB 50023—2009）要求；局部易倒塌部件及连接构造中个别项不满足《建筑抗震鉴定标准》（GB 50023—2009）要求。

表 4.4.2-2　抗震措施鉴定核查结果

鉴定项目			标准规定值		实测结果	是否满足
整体性连接构造	构造柱构造与配筋		最小截面≥240mm×180mm		240mm×240mm	满足
			纵向钢筋，箍筋间距	不大于五层：4φ12，≤250mm	4φ12，箍筋间距200mm	满足
				大于五层：4φ14，≤200mm	—	—
	装配式楼、屋盖圈梁布置和配筋	屋盖	外墙和内纵墙	均应有	有	满足
			内横墙	均应有，屋盖处沿所有横墙，且间距不应大于7m；构造柱对应部位	有圈梁最大间距为4.40m	满足
		楼盖	外墙和内纵墙	每层均应有	有	满足
			内横墙	楼盖处间距不应大于7m；构造柱对应部位	有圈梁最大间距为4.40m	满足
			最小纵筋	4φ10	4φ12	满足
			最大箍筋间距	200mm	200mm	满足
	圈梁构造		圈梁应闭合，遇有洞口应上下搭接。圈梁宜与预制板设在一标高处或紧靠板底。圈梁截面高度≥120mm		圈梁闭合，高度≥120mm	满足
	预制构件		预制构件应有坐浆，板缝有混凝土填实，板上应有砂浆面层		有	满足
	楼、屋盖构件支承长度		现浇混凝土板≥120mm		墙上≥100mm，梁上≥80mm	满足
			装配式混凝土板，墙上≥100mm，梁上≥80mm			
局部构件连接构造	承重的门窗间墙最小宽度		1.2m		0.50m	不满足
	承重外墙尽端至门窗洞边的距离		1.5m		0.49m	不满足
	非承重外墙尽端至门窗洞边的最小距离		1.0m		—	—

鉴定项目		标准规定值	实测结果	是否满足
局部构件连接构造	内墙阳角至门窗洞边的最小距离	1.5m	—	—
局部构件连接构造	无锚固女儿墙最大高度	0.5m	女儿墙有锚固	满足
	隔墙连接	隔墙与两侧墙体或柱应有拉结，每隔500mm有2 6钢筋拉结，伸入墙内≥500mm；隔墙长度大于5.1m，墙顶与梁板应有连接	—	—
	挑檐、雨篷	钢筋混凝土挑檐、雨篷等悬梁构件有稳定，锚固措施	有锚固措施	满足
	门窗洞口过梁支承高度	≥240mm	≥240mm	满足
	楼梯间及门厅	楼梯间及门厅内阳角处的大梁支承长度≥500mm，并应于圈梁连接	支承于混凝土构造柱	满足
	出屋面楼梯间	突出屋面的楼、电梯间构造柱到顶，并与顶部圈梁连接，内外墙交接处每500mm高设2 6拉结筋，且伸入墙体不小于1m	无出屋面楼梯间	满足
	梯段、拦板	装配式楼梯段应与平台梁可靠连接，不应有踏步在墙中悬挑或插入，不应有无筋拦板	现浇混凝土楼梯	满足
外观和内在质量		墙体不空鼓，无严重酥碱和明显歪闪	墙体不空鼓，无严重酥碱和明显歪闪	满足
		支承大梁、屋架的墙体无竖向裂缝，承重墙、自承重墙及其交接部位无明显裂缝	无明显裂缝	满足
		混凝土梁柱及其节点仅有少量微小开裂或局部剥落，钢筋无露筋，锈蚀	无露筋、锈蚀现象	满足
		主体结构混凝土构件无明显变形、倾斜和歪扭	无明显变形、倾斜和歪扭	满足

（3）抗震承载力验算

按《建筑抗震鉴定标准》（GB 50023—2009）规定，该建筑可采用底部剪力方法进行抗震分析，并按《建筑抗震设计规范》(GB 50011—2010)规定进行抗震承载力验算。

根据抗震措施鉴定结果，验算应综合考虑构造整体影响和局部影响。查《建筑抗震鉴定标准》(GB 50023—2009)表 5.2.14-1 及相关规定，确定体系影响系数 φ_1 和局部影响系数 φ_2，体系影响系数 $\varphi_1 = 1.0$，有支承悬挑结构构件的承重墙体，局部影响系数 $\varphi_2 = 0.80$（一、二、三层）。

经验算：该房屋一层最弱墙段综合抗震能力指数为 0.82<1.0，二层最弱墙段综合抗震能力指数为 0.92<1.0，三层最弱墙段综合抗震能力指数为 2.4>1.0。因此该房屋一、二层墙体抗震承载力不满足鉴定标准要求。

（4）综合抗震能力评定

该房屋为黏土实心墙承重的砌体结构，根据《建筑工程抗震设防分类标准》(GB 50223—2009)第 6.0.8 条规定，该房屋为乙类设防。根据 B 类砌体房屋抗震鉴定的相关要求，综合抗震措施鉴定和抗震承载力验算结果，经鉴定，该房屋综合抗震能力不满足 B 类建筑抗震鉴定要求。

6）处理意见

根据鉴定结果对该房屋进行抗震加固处理，加固内容应包括以下方面：

① 对房屋局部易倒塌部位及其连接构造不满足要求的，应采取加固措施。

② 墙体抗震承载力不满足要求的，应采取措施提高墙体抗震承载力。

4.4.3 A 类内框架砌体结构的抗震鉴定案例分析

1）项目概况

某机关办公楼建于 1959 年，建筑面积为 5919m²，变形缝将建筑分为 I 段和 II 段，I 段为六层双排柱内框架结构，II 段为五层单排柱内框架结构；一层层高为 5.3m，二~四层层高均为 3.6m，五层层高为 4.2m，六层层高为 6.7m，室内外高差为 0.45m。I 段总高为 26.7m，II 段总高为 19.8m。建筑物外立面现状如图 4.4.3-1 所示。一层结构平面布置面如图 4.4.3-2 所示。标准层结构平面布置如图 4.4.3-3 所示。

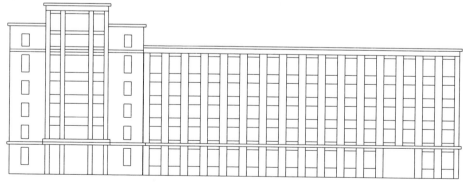

图 4.4.3-1　建筑物外立面现状

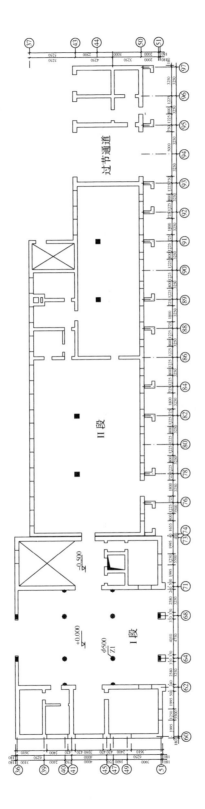

图4.4.3-2　一层结构平布置面图

过节通道

Ⅱ段

Ⅰ段

−0.500

+0.000

φ500
Z1

213

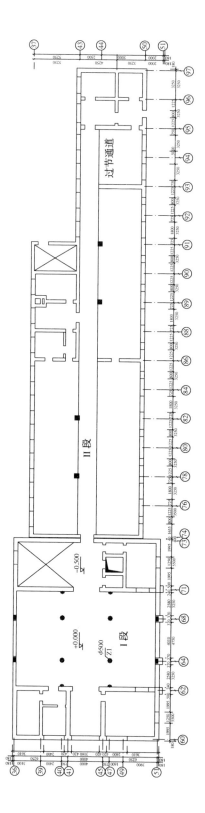

图4.4.3-3 标准层结构平面布置图

各层材料设计强度：砖均为100号，Ⅰ段砂浆：一、二层为50号，三、四层为25号，五、六层为10号；Ⅱ段砂浆：一层外墙为100号，内墙为50号，二层外墙为100号，内墙为25号，三层外墙为50号，内墙为25号，四层外墙为50号，内墙为10号，五层外墙为25号，内墙为10号；部分隔墙为空心砖墙，用25号砂浆砌筑，并且与实心墙用钢筋拉结；地下室为现浇混凝土墙，地下室顶板厚300mm，混凝土设计强度为200号，底板厚120mm，混凝土设计强度为150号；楼、屋面板均为现浇混凝土板，各层内框架梁、板、柱混凝土设计强度均为150号。

依据现行标准，对砌筑用砖、砂浆、混凝土强度进行了检测，混凝土实测强度推定值为16MPa；砌筑用砖实测强度推定值为MU10；Ⅰ段砌筑砂浆回弹强度平均值一、二层为4.40MPa，三、四层为2.38MPa，五、六层为2.16MPa；Ⅱ段内墙砌筑砂浆回弹强度平均值一层为5.13MPa，二、三层为2.46MPa，四、五层为1.30MPa；Ⅱ段外墙砌筑砂浆回弹强度平均值一、二层为5.76MPa，三、四层为4.43MPa，五层为1.65MPa。

2）抗震鉴定

对该建筑(A类)的鉴定主要从房屋外观和内在质量、结构体系、房屋整体性连接、局部易损易倒部位的构造及砖墙和框架的抗震承载力等五个方面，在现场调查、检测的基础上，按8度抗震设防的鉴定要求对整栋房屋的综合抗震能力进行两级鉴定。

(1) 一级鉴定

① 砖墙部分

内在和外观质量：顶层墙体有裂缝，经分析为温度变化所致，底层墙体碱蚀，其他未见有明显裂缝情况。

结构体系：Ⅰ段总高度为26.7m，大于其长边尺寸22.25m，不符合要求；纵向窗间墙的最小宽度为1.0m，不符合要求；Ⅰ段（多排柱内框架砖房）最大高度为26.7m，大于15m，层数为六层，属于超高超层建筑。Ⅱ段抗震横墙最大间距19.5m，大于15m，不符合要求；纵向窗间墙的最小宽度为0.825m，不符合要求；房屋楼层质心和计算刚心存在偏心和扭转现象；Ⅱ段（单排柱内框架砖房）最大高度为19.5m，大于12m，层数为五层，也属于超高超层建筑。

墙体材料：实际砌筑用砖实测强度推定值为MU10，符合《建筑抗震鉴定标准》要求；实际砌筑砂浆实测强度推定值：Ⅰ段1~2层为M5，3~6层为M2.5，不符合一级鉴定要求；Ⅱ段内墙：1层为M5，2~3层为M2.5，4~5层为M1；Ⅱ段外墙：1~4层为M5，5层为M1，不符合一级鉴定要求。

整体性连接构造：该建筑为现浇钢筋混凝土楼、屋盖，且1、3、5、6层设有圈梁，符合要求；楼屋盖大梁的最小支撑长度为250mm，符合要求；但是该建筑未设置构造柱，纵横墙交接处等部位也无拉结钢筋，不符合要求。

局部易损易倒部位的构造：实际承重门窗间墙最小宽度，I段为0.96m，II段为0.825m，均小于8度抗震要求的最小尺寸1.0m，不符合要求；两段空心砖墙与两侧墙体或柱均有2ϕ6@1000钢筋拉结，但墙顶与梁板无连接；女儿墙的砂浆强度为M1，小于M2.5；无锚固女儿墙突出屋面的高度为1.2m，大于0.5m，不符合要求。

② 框架部分

外观和内在质量：梁柱及其节点的混凝土有少量微小裂缝和局部剥落，地下室顶板钢筋有较严重的露筋、锈蚀现象；主体结构构件无明显变形、倾斜或歪扭。

结构体系：抗震横墙平均间距（五层）为13.1m，大于12m，不符合要求。

材料强度：梁柱实际达到的混凝土强度等级为C16，低于C18，不符合要求。

构件配筋：I段柱的纵向钢筋总配筋率，Z2的四～六层为0.5%，Z1的四、五层为0.37%，小于0.6%，不符合要求；两段柱的箍筋均不符合要求；梁的箍筋为ϕ6@250～ϕ8@400，无加密区，不符合要求。

整体性连接：两段隔墙与柱有2ϕ6@1000钢筋拉结，小于2ϕ6@600，伸入墙内的长度为500mm，小于700mm，不符合要求；墙内无连系梁与柱相连，空心砖墙顶部与梁无连接，不符合要求。地下室顶板钢筋有较严重的露筋、锈蚀现象。

③ 第一级鉴定结论

通过第一级鉴定，发现该建筑存在的主要问题是超高、超层；I段高宽比较大；II段抗震横墙间距过大；砌筑砂浆强度偏低，未设置构造柱，纵横墙交接处也无拉结钢筋，整体性较差；承重的门窗间墙和外墙尽端至门窗洞边的距离较小，存在局部薄弱环节；空心砖隔墙较高、较长，但与梁板无连接，而且女儿墙高度较大，砌筑砂浆强度偏低，地震时均易倒塌；内框架梁柱混凝土强度偏低，部分柱的纵筋和全部梁柱的箍筋配置量偏低，抗震能力不足；隔墙与柱拉结钢筋配置量偏少，拉筋埋入墙内的长度较小，整体性连接较差。综合评定该建筑不满足第一级抗震鉴定要求。

（2）第二级鉴定部分

① 砖墙部分

根据墙体面积和实际砂浆强度等级并考虑构造影响，二级鉴定采用楼层综合抗震能力指数在纵横两个方向分段进行，计算结果表明砌筑砂浆强度偏低，楼层综合抗震能力指数小于1，砖墙抗剪能力不足。

② 框架部分

根据《建筑抗震鉴定标准》第7.3.1条之规定：8度时，多排柱内框架房屋层数超过四层，或单排柱内框架房屋层数超过三层时，应按《建筑抗震鉴定标准》第3.0.5条的规定，采用现行国家规范《建筑抗震设计规范》的方法验算其抗震承载力，并可按照规定计入构造影响因素，进行综合评定。

多层内框架砖房各柱的地震剪力设计值，按下式确定：

$$V_c \geqslant \frac{\psi_c}{n_b n_s}(\zeta_1 + \zeta_2 \lambda) V$$

根据上述方法，按照实测混凝土强度等级，计算了框架梁柱的配筋，并与实际配筋比较，计算结果表明内框架梁柱混凝土强度偏低，纵筋和箍筋配置量偏低，抗弯、抗剪能力不足。

③ 第二级鉴定结论

经鉴定，该房屋综合抗震能力不满足 A 类建筑抗震鉴定要求。

4.4.4 B 类底部框架砌体结构的抗震鉴定案例分析

1）项目概况

某市某底框商住楼建于 1996 年，为底部一层框架、上部五层砖混的底层框架砖房，一层为商场，上部为住宅，总建筑面积约为 5539m²。建筑总平面呈矩形，由一道变形缝将结构分为东、西两段（基本对称）。建筑室内外高差为 0.3m，一层层高为 3.9m，二~五层层高为 2.7m，六层层高为 2.8m，建筑总高为 17.8m，女儿墙高度为 0.5m。本工程抗震设防烈度为 8 度，框架抗震等级为二级。

在使用过程中发现一层墙体出现竖向裂缝、顶层墙体出现斜裂缝、顶板出现裂缝、楼板地砖开裂等情况。一层结构平面布置如图 4.4.4-1 所示。二~六层结构平面布置如图 4.4.4-2 所示。

一层剪力墙厚度为 250mm，二~六层砖墙厚度为 240mm；各层主体结构材料设计强度等级：现浇混凝土梁、柱、墙、板均为 C30，构造柱和圈梁为 C20，一~五层砖为 MU10，六层砖为 MU7.5；一~三层砂浆为 M10 混合砂浆，四~五层砂浆为 M7.5 混合砂浆，六层砂浆为 M5 混合砂浆；一层剪力墙配筋为 φ12@200 双排双向。一层顶板为 150mm 厚现浇混凝土板，其余各层楼面和屋面为预制板。

楼梯间四角、横墙（轴线）与外纵墙交接处、内纵墙与山墙交接处以及部分洞口边均设置了构造柱；二层构造柱配筋与一层柱相同，并深入一层柱内 40d，三~六层构造柱配筋相同；框架柱与后砌隔墙内设置 φ10@500mm 拉结筋；层层设置圈梁。女儿墙设构造柱予以拉结，构造柱间距 3m，并锚入屋面圈梁内。非承重墙采用陶粒空心砖，与主体结构采用钢筋拉结，剪力墙外贴砌 120mm 厚砖墙，并与混凝土墙面采用钢筋拉结。

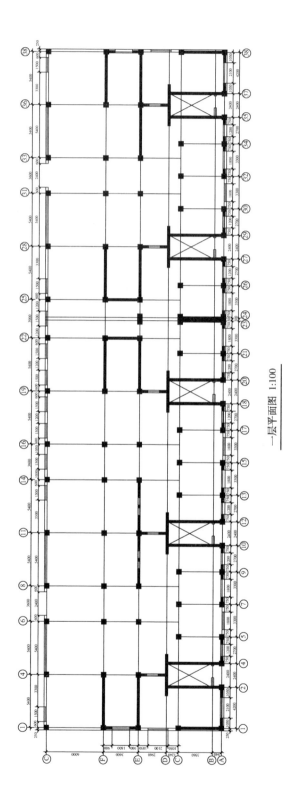

一层平面图 1:100

图4.4.4-1 一层结构平面布置图

218

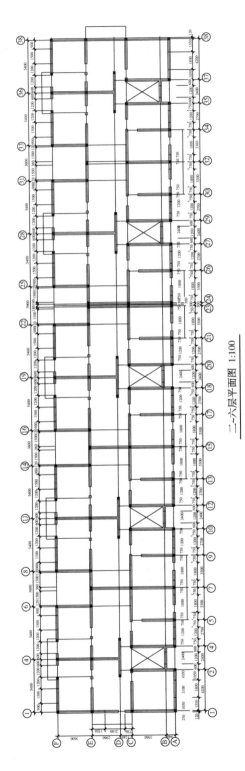

二~六层平面图 1:100

图4.4.4-2 二~六层结构平面布置图

219

2）抗震鉴定

在现场调查、检测的基础上，按房屋高度和层数、混合承重结构体系的合理性、墙体材料的实际强度、结构构件之间整体性连接构造的可靠性、局部易损易倒部位构件自身及其与主体结构连接构造的可靠性以及墙体和框架抗震承载力的综合分析，对整幢房屋的抗震能力进行鉴定。

（1）抗震鉴定措施

① 总高度和总层数

本工程属于 B 类建筑，总高度为 17.8m，总层数为六层，属于超高建造建筑，不满足要求，应予以特别加强。

② 抗震横墙最大间距

底层抗震横墙最大间距为 12m，上部各层（装配式楼盖）的抗震横墙的最大间距为 5.4m，满足要求。

③ 底层楼盖类型及第二层与底层的侧移刚度比

底层楼盖为现浇混凝土梁板，满足要求；在纵横两个方向均应有一定数量的抗震墙，且底层抗震墙为钢筋混凝土墙，满足要求；但底层平面墙体布置沿纵向偏于一侧，每个方向第二层与底层侧移刚度比均小于 1（分别为 0.22 和 0.27），不满足要求。

④ 底层框架柱轴压比

底层框架为多跨框架，框架柱截面尺寸为 500mm，最大轴压比为 0.43，满足要求。

⑤ 材料强度

底层框架砖房的砖抗震墙厚度为 240mm，砖实际达到的强度等级为 MU7.5；砌筑砂浆实际达到的强度等级为 M10；框架梁、柱实际达到的强度等级为 C25，满足要求。

⑥ 结构体系

质量和刚度沿高度分布比较规则均匀，上部楼层质心和计算刚心基本重合；纵横墙的布置基本均匀对称，沿平面内对齐，同一轴线上的窗间墙均匀，满足要求。

⑦ 过渡层设计

第二层（过渡层）的墙体除少部分墙体外，基本与底层的框架梁对齐，且在底层框架柱对应部位设有构造柱，二层构造柱配筋（8φ22 或 8φ20）与一层柱相同，并深入一层柱内 40d，三~六层构造柱配筋相同，实测砂浆强度等级与第三层相同，基本满足要求。

⑧ 局部尺寸限值

承重窗间墙的最小宽度、承重外墙尽端至门窗洞边的最小距离和非承重外墙尽端至门窗洞边的最小距离，及内墙阳角至门窗洞边的最小距离小于上述限值，但由于这些部位设置了构造柱，因此基本满足要求。

⑨ 整体性连接构造

构造柱的设置符合鉴定标准要求；该建筑为装配式钢筋混凝土楼、屋盖，为纵横墙混合承重，层层设置圈梁，圈梁最大间距为5.4m，满足要求。

⑩ 楼梯间的要求

顶层楼梯间横墙和外墙未沿墙高设置2φ6@500通长钢筋，不满足要求；楼梯间大梁的支承长度为370mm，但与圈梁和构造柱相连，基本满足要求。

a. 外观和内在质量

顶层墙体和屋面板有裂缝，为温度应力引起，不满足要求。

b. 防震缝的宽度

防震缝宽度为80mm，缝的两侧均设置墙体，基本满足要求。

本工程总高度和总层数均超过《建筑抗震鉴定标准》（GB 50023—2009）B 类建筑的规定，但没有超过现行设计规范的规定。根据《建筑抗震设计规范》（GB 50011—2010）规定，纵横墙内构造柱间距应符合下列要求：横墙内的构造柱间距不宜大于层高的二倍，下部1/3楼层的构造柱间距适当减少；当外纵墙开间大于3.9m时，应另设加强措施。内纵墙的构造柱间距不宜大于4.2m。

本工程横墙内的构造柱间距均小于层高的二倍（5.4m），外纵墙开间大于3.9m时，除个别墙体外采取了增设构造柱的加强措施，基本满足要求；内纵墙的构造柱间距基本大于4.2m，不满足要求。

（2）抗震承载力验算

利用盈建科软件，根据材料实测强度值计算，同时计入沿纵向的扭转效应影响，上部各层墙体抗震承载力与地震剪力之比基本大于1.0，抗震承载力验算满足《建筑抗震设计规范》要求。

（3）鉴定结论

① 房屋高度和层数超过规定限值，属于超高超限建筑，应予以特别加强。上部楼层内纵墙的构造柱间距不满足要求。

② 第二层与底层的侧移刚度比超限，造成薄弱层的转移。

③ 顶层楼梯间墙体的设计不满足要求。

④ 外观质量存在一定缺陷。

⑤ 上部各层墙体抗震承载力验算基本满足要求。

⑥ 底层框架梁、柱的承载力满足要求。

经鉴定，该房屋综合抗震能力不满足 B 类建筑抗震鉴定要求。

第5章 危险房屋鉴定

房屋承载着人们的生产和生活，是人类生存的物质载体，居住安全是每个人最基本的生活需要。而房屋在使用过程中因地质环境变化，大气侵蚀材料老化。房屋存在质量缺陷等多种原因，质量问题就暴露出来，其表现形式一般有：基础下沉、梁板开裂、墙体楼板漏水、房屋整体或局部倾斜等多种形式，人们通常的说法就是构成了危房。经济水平日益发展的今天，城市危旧房屋的改造也在如火如荼地进行着，不少地区还存在着 20 世纪 50、60 年代甚至新中国成立前建造的砖木或简易结构房屋，这些房屋经过几十年的风雨侵蚀和自然与人为的损坏，绝大部分已经沦为危险房屋。通过对这些房屋进行管理与鉴定，可以尽早地发现安全隐患，及时采取排险解险措施，保证人员和财产的安全。因此危房的检测与鉴定关系到人民财产的核心利益。本章便结合《危险房屋鉴定标准》(JGJ 125—2016) 及《民用建筑可靠性鉴定标准》(GB 50292—2015) 对房屋的危险性鉴定进行讨论分析。

5.1 危房鉴定的基本原则

5.1.1 危房鉴定与可靠性鉴定的区别

随着国民经济建设高速、快速发展，我国在不同时期，按不同建设标准，修建了大量的建筑物，已建或正在建设的建筑物由于建设单位、勘察单位、设计单位、监理单位、施工单位、业主单位(或个人)及自然环境等因素的影响，已投入使用的建筑物均可能存在各种安全或使用问题。如何鉴定既有建筑物的可靠性及危险性，关系到全社会的经济发展、稳定问题，因此，这也引起了全民的高度关注。部分使用中的建筑物倒塌事故引起了全社会的极大反响，其财产、生命损失也引起了全民关注和广泛讨论。

建筑物中的既有房屋建筑可靠性及危险性的鉴定关系到千家万户的切身利益。近年来随着人民群众生活水平、法律意识和维权意识的提高，各类既有房屋建筑的安全性及危险性鉴定案件增多，司法鉴定案件明显增加，对社会稳定带来不利影响。我国出台了不同类型房屋建筑的可靠性或危险性鉴定标准，如《民用建筑可靠性鉴定标准》(GB 50292)、《工业建筑可靠性鉴定标准》(GB 50144)、《危险房屋鉴定标准》(JGJ 125) 等技术标准，各标准适用范围、特点及存在的潜在问题各不相同。故本节依据现行国家技术标准对房屋建筑的可靠性及危险性的概念差异进行了讨论，分析可靠性及危险性鉴定的差别，指出房屋建筑的可靠性和危险性鉴定是对房屋建筑不同安全程度的表达方式，二者存在巨大差异，不应将房屋建筑可靠性鉴定和房屋危险性鉴定等同看待，此观点可供使用国家现行技术标准及国家建筑行业现行相关技术标准的编制人员参考。

房屋可靠性鉴定和房屋危险性鉴定两本规范宏观上的相同点和不同点：

房屋可靠性鉴定分为安全性鉴定和正常使用性鉴定。安全性鉴定分为 A_{su}、B_{su}、C_{su}、D_{su} 四类。正常使用性鉴定分为 A_{ss}、B_{ss}、C_{ss} 三类。根据上述评级结果，房屋可靠性等级评定为Ⅰ、Ⅱ、Ⅲ、Ⅳ四个等级。

对房屋的危险性鉴定结果可分为四类，分别是：A 级，无危险构件，房屋结构能满足安全使用要求；B 级，个别结构构件评定为危险构件，但不影响主体结构安全，基本能满足安全使用要求；C 级，部分承重结构不能满足安全使用要求，房屋局部处于危险状态，构成局部危房；D 级，承重结构已不能满足安全使用要求，房屋整体处于危险状态，构成整栋危房。

1）主要相同之处

两个标准的工作程序一致；对房屋检测内容基本相同；对房屋计算分析一致。

2）主要差异之处

（1）用途不同：《民用建筑可靠性鉴定标准》是房屋修建处理的依据，《危险房屋鉴定标准》是房屋拆除重建的依据。

（2）目的不同：《民用建筑可靠性鉴定标准》是鉴定房屋的可靠性，《危险房屋鉴定标准》是鉴定房屋的危险性。

（3）评级方法不同：《民用建筑可靠性鉴定标准》是主要根据构件安全等级及其数量进行评级，《危险房屋鉴定标准》是根据危险构件占整体构件的比例进行评级。

（4）评级结果的危险程度不同：按《民用建筑可靠性鉴定标准》评定为 D_{su} 级的房屋危险性可能远低于按《危险房屋鉴定标准》评定为 D 级的房屋。

（5）适用范围不同：《危险房屋鉴定标准》（JGJ 125—2016）适用于高度不超过 100m 的既有房屋的危险性鉴定。（既有房屋：建成两年以上且投入使用的房屋）；《民用建筑可靠性鉴定标准》（GB 50292—2015）适用于以混凝土结构、钢结构、砌体结构、木结构为承重结构的民用建筑及其附属构筑物的可靠性鉴定。（民用建筑：已建成可以验收的和已投入使用的非生产性的居住建筑和公共建筑。）；《农村住房危险性鉴定标准》（JGJ/T 363—2014）适用于农村地区自建的既有一层和二层住房结构的危险性鉴定。本标准不适用处于高温、高湿、强震、腐蚀等特殊环境的农村住房的鉴定以及构筑物的鉴定。

根据以上规范的定义可知，《民用建筑可靠性鉴定标准》(GB 50292—2015)的适用范围大于《危险房屋鉴定标准》(JGJ 125—2016)，同时两本规范所适用的范围存在交集；《农村危房鉴定标准》(JGJ/T 363—2014)的适用范围小于《危险房屋鉴定标准》(JGJ 125—2016)，其所适用的范围存在交集。

5.1.2　危房鉴定的程序和方法

1）危房鉴定的程序

(1) 房屋危险性鉴定应根据委托要求确定鉴定范围和内容。

(2) 鉴定实施前应调查、收集和分析房屋原始资料，并应进行现场查勘，制定检测鉴定方案。

(3) 应根据检测鉴定方案对房屋现状进行现场检测，必要时应采用仪器测试、结构分析和验算。

(4) 房屋危险性等级评定应在对调查、查勘、检测、验算的数据资料进行全面分析的基础上进行综合评定。

(5) 出具鉴定报告，提出原则性的处理建议。

2）危房鉴定的方法

(1) 依据《危险房屋鉴定标准》(JGJ 125—2016)，房屋危险性鉴定应根据地基危险性状态和基础及上部结构的危险性等级按下列两阶段进行综合评定：

第一阶段为地基危险性鉴定，评定房屋地基的危险性状态；

第二阶段为基础及上部结构危险性鉴定，综合评定房屋的危险性等级。

基础及上部结构危险性鉴定应按下列三层次进行：

第一层次为构件危险性鉴定，其等级评定为危险构件和非危险构件两类。

第二层次为楼层危险性鉴定，其等级评定为 A_u、B_u、C_u、D_u 四个等级。

第三层次为房屋危险性鉴定，其等级评定为 A、B、C、D 四个等级。

(2) 依据《农村住房危险性鉴定》(JGJ/T 363—2014)，农村住房的危险性鉴定结果应以住房的地基基础和结构构件的危检程度鉴定结果为基础，并结合历史、环境影响以及发展趋势，根据下列因素进行全面分析，综合判断。

① 各构件的破损程度；

② 危险构件在整幢住房结构中的重要性；

③ 危险构件在整幢住房结构中所占数量和比例；

④ 危险构件的适修性。

(3) 在地基基础或结构构件危险性判定时，应根据其危险性的相关性与否，按下列情况处理：

① 当构件危险性对结构系统影响相对独立时，独立判断构件的危险程度；

② 当构件危险性相关时，应联系结构系统的危险性判定其危险程度。

224

（4）场地危险性鉴定应按住房所处场地范围进行评定。

（5）住房危险性鉴定应先对住房所在场地进行鉴定，当住房所在场地鉴定为非危险场地时，再根据住房损害情况进行统合评定；且应优先采用定性鉴定，对定性鉴定结果等级为 C、D 的住房，存在争议时应采用定量鉴定进行复核；住房危险性鉴定宜通过量测结构或结构构件的位移、变形、裂缝等参数，在综合分析的基础上进行评估。

5.2 砌体结构房屋的危险性鉴定

5.2.1 地基基础的危险性鉴定

1）地基的危险性鉴定

地基的危险性鉴定包括地基承载能力、地基沉降、土体位移等内容。需对地基进行承载力验算时，应通过地质勘察报告等资料来确定地基土层分布及各土层的力学特性，同时宜根据建造时间确定地基承载力提高的影响，地基承载力提高系数可按《建筑抗震鉴定标准》（GB 50023）相应规定取值。

（1）地基危险性状态鉴定应符合下列规定：

① 可通过分析房屋近期沉降、倾斜观测资料和其上部结构因不均匀沉降引起的反应的检查结果进行判定；

② 必要时宜通过地质勘察报告等资料对地基的状态进行分析和判断，缺乏地质勘察资料时，宜补充地质勘察。

（2）当单层或多层房屋地基出现下列现象之一时，应评定为危险状态：

① 当房屋处于自然状态时，地基沉降速率连续两个月大于 4mm/月，且短期内无收敛趋势；当房屋处于相邻地下工程施工影响时，地基沉降速率大于 2mm/天，且短期内无收敛趋势。

② 因地基变形引起砌体结构房屋承重墙体产生单条宽度大于 10mm 的沉降裂缝，或产生最大裂缝宽度大于 5mm 的多条平行沉降裂缝，且房屋整体倾斜率大于 1%。倾斜率限值如表 5.2.1-1 所示。

表 5.2.1-1 高层房屋整体倾斜率限值   m

房屋高度	$24 < H_g \leqslant 60$	$60 < H_g \leqslant 100$
倾斜率限值	0.7%	0.5%

注：H_g 为自室外地面起算的建筑物高度

2）基础构件的危险性鉴定

基础构件的危险性鉴定应包括基础构件的承载能力、构造与连接、裂缝和变形等内容。基础构件的危险性鉴定应符合下列规定：

（1）可通过分析房屋近期沉降、倾斜观测资料和其因不均匀沉降引起上部结构反应的检查结果进行判定。判定时，应检查基础与承重砖墙连接处的水平、竖向和斜向阶梯形裂缝状况，基础与框架柱根部连接处的水平裂缝状况，房屋的倾斜位移状况，地基滑坡、稳定、特殊土质变形和开裂等状况。

（2）必要时，宜结合开挖方式对基础构件进行检测，通过验算承载力进行判定。当房屋基础构件有下列现象之一者，应评定为危险点：

① 基础构件承载能力与其作用效应的比值不满足下式的要求：

$$\frac{R}{\gamma_0 S} \geqslant 0.90 \qquad (5.2.1-1)$$

式中　R——结构构件抗力；

　　　S——结构构件作用效应；

　　　γ_0——结构构件重要性系数。

② 因基础老化、腐蚀、酥碎、折断导致上部结构出现明显倾斜、位移、裂缝、扭曲等，或基础与上部结构承重构件连接处产生水平、竖向或阶梯形裂缝，且最大裂缝宽度大于 10mm。

③ 基础已有滑动，水平位移速度连续两个月大于 2mm/月，且在短期内无收敛趋势。

5.2.2　砌体结构构件的危险性鉴定

1）砌体结构构件的危险性鉴定

应包括承载能力、构造与连接、裂缝和变形等内容。砌体结构构件检查应包括下列主要内容：

（1）查明不同类型构件的构造连接部位状况；

（2）查明纵横墙交接处的斜向或竖向裂缝状况；

（3）查明承重墙体的变形、裂缝和拆改状况；

（4）查明拱脚裂缝和位移状况，以及圈梁和构造柱的完损情况；

（5）确定裂缝宽度、长度、深度、走向、数量及分布，并应观测裂缝的发展趋势。

2）砌体结构构件有下列现象之一者，应评定为危险点

（1）砌体构件承载力与其作用效应的比值，主要构件不满足式（5.2.2-1）的要求，一般构件不满足式（5.2.2-2）的要求。

$$\phi \frac{R}{\gamma_0 S} \geqslant 0.90 \qquad (5.2.2-1)$$

$$\phi \frac{R}{\gamma_0 S} \geqslant 0.85 \qquad (5.2.2-2)$$

式中　ϕ——结构构件抗力与效应之比调整系数，按表 5.2.2-1 取值。

226

表 5.2.2-1　结构构件抗力与效应之比调整系数(ϕ)

构件类型 房屋类型	砌体构件	混凝土构件	木构件	钢构件
Ⅰ	1.15(1.10)	1.15(1.10)	1.15(1.10)	1.00
Ⅱ	1.05(1.00)	1.10(1.05)	1.05(1.00)	1.00
Ⅲ	1.00	1.00	1.00	1.00

（2）承重墙或柱因受压产生缝宽大于 1.0mm、缝长超过层高 1/2 的竖向裂缝，或产生缝长超过层高 1/3 的多条竖向裂缝。

（3）承重墙或柱表面风化、剥落、砂浆粉化等，有效截面削弱达 15% 以上。

（4）支承梁或屋架端部的墙体或柱截面因局部受压产生多条竖向裂缝，或裂缝宽度已超过 1.0mm。

（5）墙或柱因偏心受压产生水平裂缝。

（6）单片墙或柱产生相对于房屋整体的局部倾斜变形大于 7‰，或相邻构件连接处断裂成通缝。

（7）墙或柱出现因刚度不足引起挠曲鼓闪等侧弯变形现象，侧弯变形矢高大于 $h/150$，或在挠曲部位出现水平或交叉裂缝。

（8）砖过梁中部产生明显竖向裂缝或端部产生明显斜裂缝，或产生明显的弯曲、下挠变形，或支承过梁的墙体产生受力裂缝。

（9）砖筒拱、扁壳、波形筒拱的拱顶沿母线产生裂缝，或拱曲面明显变形，或拱脚明显位移，或拱体拉杆锈蚀严重，或拉杆体系失效。

（10）墙体高厚比超过《砌体结构设计规范》（GB 50003）允许高厚比的 1.2 倍。

5.2.3　砌体结构房屋的危险性鉴定

1）一般规定

（1）房屋危险性鉴定应根据被鉴定房屋的结构形式和构造特点，按其危险程度和影响范围进行鉴定。

（2）房屋危险性鉴定应以幢为鉴定单位。

（3）房屋基础及楼层危险性鉴定，应按下列等级划分：

① A_u 级：无危险点；

② B_u 级：有危险点；

③ C_u 级：局部危险；

④ D_u 级：整体危险。

（4）房屋危险性鉴定，应根据房屋的危险程度按下列等级划分：

①A级：无危险构件，房屋结构能满足安全使用要求；

②B级：个别结构构件评定为危险构件，但不影响主体结构安全，基本能满足安全使用要求；

③C级：部分承重结构不能满足安全使用要求，房屋局部处于危险状态，构成局部危房；

④D级：承重结构已不能满足安全使用要求，房屋整体处于危险状态，构成整幢危房。

2）综合评定原则

（1）房屋危险性鉴定应以房屋的地基、基础及上部结构构件的危险性程度判定为基础，结合下列因素进行全面分析和综合判断：

① 各危险构件的损伤程度；

② 危险构件在整幢房屋中的重要性、数量和比例；

③ 危险构件相互间的关联作用及对房屋整体稳定性的影响；

④ 周围环境、使用情况和人为因素对房屋结构整体的影响；

⑤ 房屋结构的可修复性。

（2）在地基、基础、上部结构构件危险性呈关联状态时，应联系结构的关联性判定其影响范围。

① 房屋危险性等级鉴定应符合下列规定：

在第一阶段地基危险性鉴定中，当地基评定为危险状态时，应将房屋评定为D级；

当地基评定为非危险状态时，应在第二阶段鉴定中，综合评定房屋基础及上部结构（含地下室）的状况后作出判断。

② 对传力体系简单的两层及两层以下房屋，可根据危险构件影响范围直接评定其危险性等级。

3）综合评定方法

（1）基础危险构件综合比例应按下式确定：

$$R_f = n_{df}/n_f$$

式中　R_f——基础危险构件综合比例，%；

　　　n_{df}——基础危险构件数量；

　　　n_f——基础构件数量。

（2）基础层危险性等级判定准则应符合下列规定：

① 当$R_f = 0$时，基础层危险性等级评定为A_u级；

② 当$0 < R_f < 5\%$时，基础层危险性等级评定为B_u级；

③ 当$5\% \leq R_f < 25\%$时，基础层危险性等级评定为C_u级；

④ 当$R_f \geq 25\%$时，基础层危险性等级评定为D_u级。

（3）上部结构（含地下室）各楼层的危险构件综合比例应按下式确定，当本层下任一楼层中竖向承重构件（含基础）评定为危险构件时，本层与该危险构件上下对应位置的竖向构件不论其是否评定为危险构件，均应计入危险构件数量：

$$R_{si} = (3.5n_{dpci} + 2.7n_{dsci} + 1.8n_{dcci} + 2.7n_{dwi} + 1.9n_{drti} + 1.9n_{dpmbi} + 1.4n_{dsmbi} + n_{dsbi} + n_{dsi} + n_{dsmi}) / (3.5n_{pci} + 2.7n_{sci} + 1.8n_{cci} + 2.7n_{wi} + 1.9n_{rti} + 1.9n_{pmbi} + 1.4n_{smbi} + n_{sbi} + n_{si} + n_{msi})$$

式中　　　　　R_{si}——第 i 层危险构件综合比例，%；

n_{dpci}、n_{dsci}、n_{dcci}、n_{dwi}——第 i 层中柱、边柱、角柱及墙体危险构件数量；

n_{pci}、n_{sci}、n_{cci}、n_{wi}——第 i 层中柱、边柱、角柱及墙体构件数量；

n_{drti}、n_{dpmbi}、n_{dsmbi}——第 i 层屋架、中梁、边梁危险构件数量；

n_{rti}、n_{pmbi}、n_{smbi}——第 i 层屋架、中梁、边梁构件数量；

n_{dsbi}、n_{dsi}——第 i 层次梁、楼（屋）面板危险构件数量；

n_{sbi}、n_{si}——第 i 层次梁、楼（屋）面板构件数量；

n_{dsmi}——第 i 层围护结构危险构件数量；

n_{smi}——第 i 层围护结构构件数量。

（4）上部结构（含地下室）楼层危险性等级判定应符合下列规定：

① 当 $R_{si} = 0$ 时，楼层危险性等级应评定为 A_u 级；

② 当 $0 < R_{si} < 5\%$ 时，楼层危险性等级应为 B_u 级；

③ 当 $5\% \leqslant R_{si} < 25\%$ 时，楼层危险性等级应评定为 C_u 级；

④ 当 $R_{si} \geqslant 25\%$ 时，楼层危险性等级应评定为 D_u 级。

（5）整体结构（含基础、地下室）危险构件综合比例应按下式确定：

$$R = (3.5n_{df} + 3.5\sum_{i=1}^{F+B} n_{dpci} + 2.7\sum_{i=1}^{F+B} n_{dsci} + 1.8\sum_{i=1}^{F+B} n_{dcci} + 2.7\sum_{i=1}^{F+B} n_{dwi} + 1.9\sum_{i=1}^{F+B} n_{drti} +$$

$$1.9\sum_{i=1}^{F+B} n_{dpmbi} + 1.4\sum_{i=1}^{F+B} n_{dsmbi} + \sum_{i=1}^{F+B} n_{dsbi} + \sum_{i=1}^{F+B} n_{dsi} + \sum_{i=1}^{F+B} n_{dsmi}) /$$

$$(3.5n_f + 3.5\sum_{i=1}^{F+B} n_{pci} + 2.7\sum_{i=1}^{F+B} n_{sci} + 1.8\sum_{i=1}^{F+B} n_{cci} + 2.7\sum_{i=1}^{F+B} n_{wi} +$$

$$1.9\sum_{i=1}^{F+B} n_{rti} + 1.9\sum_{i=1}^{F+B} n_{pmbi} + 1.4\sum_{i=1}^{F+B} n_{smbi} + \sum_{i=1}^{F+B} n_{sbi} + \sum_{i=1}^{F+B} n_{si} + \sum_{i=1}^{F+B} n_{smi})$$

式中　R——整体结构危险构件综合比例；

　　　F——上部结构层数；

　　　B——地下室结构层数。

（6）房屋危险性等级判定准则应符合下列规定：

① 当 $R = 0$，应评定为 A 级；

② 当 $0 < R < 5\%$，若基础及上部结构各楼层（含地下室）危险性等级不含 D_u 级

时，应评定为 B 级，否则应为 C 级；

③ 当 $5\% \leqslant R < 25\%$，若基础及上部结构各楼层（含地下室）危险性等级中 D_u 级的层数不超过 $(F+B+f)/3$ 时，应评定为 C 级，否则应为 D 级；

④ 当 $R \geqslant 25\%$ 时，应评定为 D 级。

5.3 农村砌体结构住房的危险性鉴定

5.3.1 基本规定

1）等级划分

（1）对农村住房进行危险性鉴定时，可将其划分为地基基础、上部承重结构两个组成部分进行鉴定。

（2）对农村房构件的危险性进行鉴定时，可将其划分为有危险点的危险构件（T_d）和无危险点的非危险构件（F_d）。

（3）农村住房地基基础和上部承重结构组成部分的危险性等级应根据其存在的危险点和危险程度进行划分，并应符合表 5.3.1-1 的规定。

表 5.3.1-1　农村住房组成部分的危险性等级

等级	危险点和危险程度	等级	危险点和危险程度
A 级	无危险点	C 级	局部危险
B 级	有危险点	D 级	整体危险

（4）农村住房的危险性等级，应根据其存在的危险点和危险程度进行划分，并应符合表 5.3.1-2 的规定。

表 5.3.1-2　农村住房的危险性等级

等级	危险点和危险程度
A 级	结构能满足安全使用要求，未发现危险点，住房结构安全
B 级	结构基本满足安全使用要求，个别非承重结构构件处于危险状态，但不影响主体结构安全
C 级	部分承重结构不能满足安全使用要求，局部出现险情，构成局部危房
D 级	承重结构已不能满足安全使用要求，住房整体出现险情，构成整幢危房

2）评定原则与方法

（1）农村住房的危险性鉴定结果应以住房的地基基础和结构构件的危险程度鉴定结果为基础，并结合历史、环境影响以及发展趋势，根据下列因素进行全面分析，综合判断：

　　① 各构件的破损程度；

　　② 危险构件在整幢住房结构中的重要性；

　　③ 危险构件在整幢住房结构中所占数量和比例；

　　④ 危险构件的适修性。

　　（2）在地基基础或结构构件危险性判定时，应根据其危险性的相关性与否，按下列情况处理：

　　① 当构件危险性对结构系统影响相对独立时，独立判断构件的危险程度；

　　② 当构件危险性相关时，应联系结构系统的危险性判定其危险程度。

　　（3）场地危险性鉴定应按住房所处场地范围进行评定。

　　（4）住房危险性鉴定应先对住房所在场地进行鉴定，当住房所在场地鉴定为非危险场地时，再根据住房损害情况进行综合评定。

　　（5）住房危险性鉴定时，应优先采用定性鉴定；对定性鉴定结果等级为 C、D 的住房，存在争议时应采用定量鉴定进行复核。

　　（6）住房危险性鉴定宜通过量测结构或结构构件的位移、变形、裂缝等参数，在综合分析的基础上进行评估。

　　3）鉴定程序

　　住房危险性鉴定应按下列程序进行（见图 5.3.1-1）：

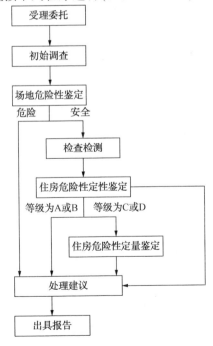

图 5.3.1-1　住房危险性鉴定程序

（1）受理委托：根据委托人要求，确定住房危险性鉴定内容和范围；

（2）初始调查：收集调查和分析住房原始资料，并进行现场查勘；

（3）场地危险性鉴定：收集调查和分析住房所处场地地质情况，进行危险性鉴定；

（4）检查检测：对住房现状进行现场检查，并应根据需要采用相应的仪器进行量测和结构验算；

（5）鉴定评级：对调查、查勘、检测、验算的数据资料进行全面分析，综合评定，根据定性鉴定结果，确定其危险等级，如对结果有异议，可采用定量鉴定校核；

（6）处理建议：对被鉴定的住房，提出处理建议；

（7）出具报告：报告式样应符合《农村住房危险性鉴定标准》(JGJ/T 363—2014)附录 A 和附录 B 的规定。

5.3.2　农村砌体结构住房危险性定性鉴定

1）一般规定

当对农村住房的危险性进行定性鉴定时，检查工作宜按先整体后局部的顺序进行。

（1）农村住房的整体检查宜包括下列内容：

① 住房的结构类型、结构平面布置及其高度、宽度和层数；

② 住房的倾斜、变形情况；

③ 地基基础的变形情况；

④ 住房外观损坏情况；

⑤ 住房附属物的设置情况及其损坏现状；

⑥ 住房局部坍塌情况及其相邻部分已外露的结构、构件损坏情况。

（2）农村住房的局部检查宜包括下列内容：

① 承重墙、柱、梁、楼板、屋盖及其连接构造；

② 非承重墙和容易倒塌的附属构件，且检查时应区分抹灰层等装饰层的损坏与结构的损坏。

2）住房危险性评定

（1）满足下列条件的农村住房，其危险性可定性鉴定为 A 级：

① 地基基础：地基基础保持稳定，无明显不均匀沉降；

② 墙体：承重墙体完好，无明显受力裂缝和变形；墙体转角处和纵、横墙交接处无松动、脱闪现象；

③ 梁、柱：梁、柱完好，无明显受力裂缝和变形，梁、柱节点无破损，无裂缝；

④楼、屋盖：楼、屋盖板无明显受力裂缝和变形，板与梁搭接处无松动和裂缝；

⑤次要构件：非承重墙体、出屋面楼梯间墙体完好或有轻微裂缝。

（2）满足下列条件的农村住房，其危险性可定性鉴定为 B 级：

①地基基础：地基基础保持稳定，无明显不均匀沉降；

②墙体：承重墙体基本完好，无明显受力裂缝和变形；墙体转角处和纵、横墙交接处无松动、脱闪现象；

③梁、柱：梁、柱有轻微裂缝；梁、柱节点无破损、无裂缝；

④楼、屋盖：楼、屋盖有轻微裂缝，但无明显变形；板与墙、梁搭接处有松动和轻微裂缝；屋架无倾斜，屋架与柱连接处无明显位移；

⑤次要构件：非承重墙体、出屋面楼梯间墙体等有轻微裂缝；抹灰层等饰面层可有裂缝或局部散落；个别构件处于危险状态。

（3）满足下列条件的农村住房，其危险性可定性鉴定为 C 级：

①地基基础：地基保持稳定，基础出现少量损坏，有较明显的不均匀沉降；

②墙体：承重的墙体多数裂缝，部分承重墙体明显位移和歪闪；

③梁、柱：梁、柱出现裂缝，但未完全丧失承载能力；个别梁柱节点破损和开裂明显；

④楼、屋盖：楼、屋盖有明显开裂；楼、屋盖板与墙、梁搭接处有松动和明显裂缝，个别屋面板塌落；

⑤次要构件：非承重墙体普遍明显裂缝；部分山墙转角处和纵、横墙交接处有明显松动、脱闪现象。

（4）满足下列条件的农村住房，其危险性可定性鉴定为 D 级：

①地基基础：地基基本失去稳定，基础出现局部或整体坍塌；

②墙体：承重墙有明显歪闪、局部酥碎或倒塌；墙角处和纵、横墙交接处普遍松动和开裂；

③梁、柱：梁、柱节点损坏严重；梁、柱普遍开裂；梁、柱有明显变形和位移；部分柱基座滑移严重，有歪闪和局部倒塌；

④楼、屋盖：楼、屋盖板普遍开裂，且部分严重开裂；楼、屋盖板与墙、梁搭接处有松动和严重裂缝，部分屋面板塌落；屋架歪闪，部分屋盖塌落；

⑤次要构件：非承重墙、女儿墙局部倒塌或严重开裂。

5.3.3 农村砌体结构住房危险性定量鉴定

1）一般规定

（1）农村住房危险性的定量鉴定应采用综合评定的方法，并应按下列三个层次进行：

① 第一层次为构件危险性鉴定；

② 第二层次为住房组成部分危险性鉴定；

③ 第三层次为住房危险性鉴定。

（2）农村住房结构构件的危险性鉴定应包括构造与连接、裂缝和变形等。单个构件的划分应符合下列规定：

① 基础应按下列情况划分：

对独立柱基，应以一根柱的单个基础为一构件；

对条形基础，应以一个自然间一轴线长度为一构件。

② 对墙体，应以一个计算高度、一个自然间的一片为一构件；

③ 对柱，应以一个计算高度、一根为一构件；

④ 对梁、檩条、搁栅等，应以一个跨度、一根为一构件；

⑤ 对板，应以一个自然间面积为一构件；预制板以一块为一构件；

⑥ 对屋架、桁架等，应以一榀为一构件。

（3）对农村住房组成部分危险性定量鉴定时，应根据各住房组成部分，按层确定构件的总量及其危险构件的数量。

2）地基基础危险性鉴定

（1）地基基础的危险性鉴定应包括地基和基础两部分。

（2）当对地基基础的危险性进行定量鉴定时，应检查基础与承重构件连接处的斜向阶梯形裂缝、水平裂缝、竖向裂缝状况，住房的倾斜位移状况，地基稳定状况，湿陷性黄土、膨胀土等特殊土质变形和开裂等状况。

（3）当地基出现下列现象之一时，应评定为危险点：

① 地基产生过大不均匀沉降，使上部墙体产生裂缝宽度大于 10mm，且住房倾斜率大于 1%；

② 地基不稳定产生滑移，水平位移量大于 10mm，并对上部结构有显著影响；

③ 地基沉降速度连续 2 个月大于 4mm/月，且短期内无收敛趋势。

（4）当基础出现下列现象之一时，应评定为危险点：

① 基础破坏，导致结构明显倾斜、位移、裂缝、扭曲等；

② 基础已产生贯通裂缝且最大裂缝宽度大于 10mm，上部墙体多处出现裂缝且最大裂缝宽度达 10mm 以上；

③ 基础已有滑动．水平位移速度连续 2 个月大于 2mm/月，并在短期内无终止趋向。

3）砌体结构构件危险性鉴定

当对砌体结构构件的危险性进行定量鉴定时，应检查砌体的构造连接部位、纵横墙交接处的斜向或竖向裂缝状况、砌体承重墙体的变形和裂缝状况以及拱脚的裂缝和位移状况，并应量测其裂缝宽度、长度、深度、走向、数量及其分布，观测其发展趋势。当砌体结构构件出现下列现象之一时，应评定为危险点：

（1）受压墙沿竖向产生缝宽大于 2mm、缝长超过层高 1/2 的裂缝，或产生缝长超过层高 1/3 的多条竖向裂缝，受压柱产生宽度大于 2mm 的竖向裂缝；

（2）承重墙、柱表面风化、剥落，砂浆粉化，有效截面削弱达 1/4 以上；

（3）支承梁或屋架端部的墙体或柱截而因局部受压产生多条竖向裂缝，或最大裂缝宽度已超过 1mm；

（4）墙、柱因偏心受压产生水平裂缝，最大裂缝宽度大于 0.5mm；

（5）墙、柱产生倾斜，其倾斜率大于 0.7%，或相邻承重墙体连接处断裂成通缝，且裂缝宽度达 2mm 以上时；

（6）墙、柱出现挠曲鼓闪，且在挠曲部位出现水平或交叉裂缝；

（7）砖过梁中部产生的竖向裂缝宽度达 2mm 以上，或端部产生斜裂缝，最大裂缝宽度达 1mm 以上且缝长裂到窗间墙的 2/3 部位，或支承过梁的墙体产生水平裂缝，或产生明显的弯曲、下沉变形；

（8）砖筒拱、扁壳、波形筒拱、拱顶沿母线通裂或沿母线裂缝宽度大于 2mm 或缝长超过总长 1/2，或拱曲面明显变形，或拱脚明显位移，或拱体拉杆锈蚀严重，且拉杆体系失效。

4）定量综合评定方法

（1）地基基础危险构件的百分数应按下式计算：

$$p_{fdm} = n_d / n \times 100\%$$

式中　p_{fdm}——地基基础危险构件的（危险点）百分数；

　　　　n_d——危险构件数；

　　　　n——构件数。

（2）上部承重结构危险构件的百分数应按下式计算：

$$p_{sdm} = \frac{2.4 n_{dc} + 2.4 n_{dw} + 1.9 (n_{dmb} + n_{drt}) + 1.4 n_{dsb} + n_{ds}}{2.4 n_c + 2.4 n_w + 1.9 (n_{mb} + n_{rt}) + 1.4 n_{sb} + n_s} \times 100\%$$

式中　p_{sdm}——承重结构中危险构件（危险点）百分数；

　　　　n_{dc}——危险柱数；

　　　　n_{dw}——危险墙段数；

　　　　n_{dmb}——危险主梁数；

　　　　n_{drt}——危险屋架构件榀数；

　　　　n_{dsb}——危险次梁数；

　　　　n_{ds}——危险板数；

　　　　n_c——柱数；

　　　　n_w——墙段数；

n_{mb}——主梁数；

n_{rt}——屋架檩数；

n_{sb}——次梁数；

n_s——板数。

（3）围护结构危险构件的百分数应按下式计算：

$$p_{esdm} = n_d/n \times 100\%$$

式中　p_{esdm}——围护结构中危险构件（危险点）百分数；

　　　n_d——危险构件数；

　　　N——构件数。

（4）住房组成部分危险性 a 级的隶属函数应按下式计算：

$$\mu_a = \begin{cases} 1\,(p=0\%) \\ 0\,(p\neq0\%) \end{cases}$$

式中　μ_a——住房组成部分危险性 a 级的隶属度；

　　　p——危险构件（危险点）百分数，包括 p_{fdm}、p_{sdm}、p_{esdm}。

（5）住房组成部分危险性 b 级的隶属函数应按下式计算：

$$\mu_b = \begin{cases} 1 & (0\%<p\leqslant5\%) \\ (30\%-p)/25\% & (5\%<p<30\%) \\ 0 & (30\%\leqslant p\leqslant100\%) \end{cases}$$

式中　μ_b——住房组成部分危险性 b 级的隶属度；

　　　p——危险构件（危险点）百分数。

（6）住房组成部分危险性 c 级的隶属函数应按下式计算：

$$\mu_c = \begin{cases} 0 & (p\leqslant5\%) \\ (p-5\%)/25\% & (5\%<p<30\%) \\ (100\%-p)/70\% & (30\%\leqslant p\leqslant100\%) \end{cases}$$

式中　μ_c——住房组成部分危险性 c 级的隶属度；

　　　p——危险构件（危险点）百分数。

（7）住房组成部分危险性 d 级的隶属函数应按下式计算：

$$\mu_d = \begin{cases} 0 & (p\leqslant30\%) \\ (p-30\%)/70\% & (30\%<p<100\%) \\ 1 & (p=100\%) \end{cases}$$

式中　μ_d——住房组成部分危险性 d 级的隶属度；

　　　p——危险构件（危险点）百分数。

（8）住房危险性 A 级的隶属函数应按下式计算：

$$\mu_A = \max\left[\min(0.3,\ \mu_{af}),\ \min(0.6,\ \mu_{as}),\ \min(0.1,\ \mu_{aes})\right]$$

式中　μ_A——住房危险性 A 级的隶属度；

μ_{af}——地基基础危险性 a 级隶属度；

μ_{as}——上部承重结构危险性 a 级的隶属度；

μ_{aes}——围护结构危险性 a 级的隶属度。

（9）住房危险性 B 级的隶属函数应按下式计算：

$$\mu_B = \max\left[\min(0.3, \mu_{bf}), \min(0.6, \mu_{bs}), \min(0.1, \mu_{bes})\right]$$

式中 μ_B——住房危险性 B 级的隶属度；

μ_{bf}——地基基础危险性 b 级隶属度；

μ_{bs}——上部承重结构危险性 b 级的隶属度；

μ_{bes}——围护结构危险性 b 级的隶属度。

（10）住房危险性 C 级的隶属函数应按下式计算：

$$\mu_C = \max\left[\min(0.3, \mu_{cf}), \min(0.6, \mu_{cs}), \min(0.1, \mu_{ces})\right]$$

式中 μ_C——住房危险性 C 级的隶属度；

μ_{cf}——地基基础危险性 c 级隶属度；

μ_{cs}——上部承重结构危险性 c 级的隶属度；

μ_{ces}——围护结构危险性 c 级的隶属度。

（11）住房危险性 D 级的隶属函数应按下式计算：

$$\mu_D = \max\left[\min(0.3, \mu_{df}), \min(0.6, \mu_{ds}), \min(0.1, \mu_{des})\right]$$

式中：μ_D——住房危险性 D 级的隶属度；

μ_{df}——地基基础危险性 d 级隶属度；

μ_{ds}——上部承重结构危险性 d 级的隶属度；

μ_{des}——围护结构危险性 d 级的隶属度。

（12）住房的危险性等级应根据隶属度的大小，按下列情况判断：

① $\mu_{df} \geq 0.75$，应为 D 级（整幢危房）；

② $\mu_{ds} \geq 0.75$，应为 D 级（整幢危房）；

③ $\max(\mu_A, \mu_B, \mu_C, \mu_D) = \mu_A$，综合判断结果应为 A 级（非危房）；

④ $\max(\mu_A, \mu_B, \mu_C, \mu_D) = \mu_B$，综合判断结果应为 B 级（危险点房）；

⑤ $\max(\mu_A, \mu_B, \mu_C, \mu_D) = \mu_C$，综合判断结果应为 C 级（局部危房）；

⑥ $\max(\mu_A, \mu_B, \mu_C, \mu_D) = \mu_D$，综合判断结果应为 D 级（整幢危房）。

5.4 危房鉴定中遇到的问题及处理

1）关于房屋各危险等级定义的问题

（1）《危险房屋鉴定标准》（JGJ 125—2016）对房屋的危险性鉴定，根据房屋的危险程度按下述四个等级划分：

A 级——无危险构件，房屋结构能满足安全使用要求；

B级——个别结构构件评定为危险构件，但不影响主体结构安全，基本能满足安全使用要求；

C级——部分承重结构不能满足安全使用要求，房屋局部处于危险状态，构成局部危房；

D级——承重结构已不能满足安全使用要求，房屋整体处于危险状态，构成整幢危房。

（2）由以上对房屋危险程度四个划分等级的定义可以看出，该标准未严格区分"危险"和"不安全"的概念，是出现诸多问题的根源。

一般而言，"危险"和"不安全"是一个概念，即房屋不安全就表示房屋危险，然而这个概念的成立必须有一个前提条件，即存在同一个极限状态，超过这个极限状态即为危险，未超过这个极限状态即为安全。而在《危险房屋鉴定标准》（JGJ 125—2016）中，结构构件承载力极限状态与国家标准《建筑结构可靠度设计统一标准》（GB 50068—2018）（以下简称《统一标准》）和《民用建筑可靠性鉴定标准》（GB 50292—2015）（以下简称《鉴定标准》）中构件承载力极限状态并不统一，结构构件安全的承载力判断标准均为 $R/(\gamma_0 S)\geq 1.0$，而《危险房屋鉴定标准》（JGJ 125—2016）提出结构构件危险的承载力判断标准为：主要构件不满足 $\phi R/(\gamma_0 S)\geq 0.9$，一般构件不满足 $\phi R/(\gamma_0 S)\geq 0.85$。很显然，判断结构构件安全与危险的承载力标准并不一致，因此由该标准的承载力判断标准得出房屋无危险构件，并不能推出房屋结构能满足安全使用要求。

2）房屋危险性鉴定综合评定方法的缺陷

《危险房屋鉴定标准》（JGJ 125—2016）在结构构件承载力验算时，根据不同建造年代的房屋，提出了抗力与效应之比的调整系数，其值在 1.00~1.20。根据其条文说明的讲法，提出该调整系数的原因在于我国每一期规范的结构可靠度有明显逐步提高的趋势，当某幢房屋在满足当初设计规范的情况下，按现行规范评估，会出现大量构件危险的情况，因此基于"满足当初建造时的设计规范要求即为安全"的原则，提出了相应的调整系数。笔者认为，该调整系数的物理意义不明确。

《危险房屋鉴定标准》（JGJ 125—2016）提出的承载力极限状态是最低标准，低于这个标准就是危险的，无法接受的，所以其判断标准应统一，而不能仅仅由于建造年代不同区分危险程度。事实上，出现该问题的症结还是在于标准中混淆了"危险"和"不安全"的概念。虽然由于经济不断发展，有关规范也不断修订，其对建筑结构安全性的要求也是越来越高的，但结构危险的标准是否也应随之发生变化呢？如前所述，结构安全与结构危险之间是存在一定缓冲地带的，并不是非此即彼的关系。既然标准认为"满足当初建造时的设计规范要求即为安全"（实际应是"不满足当初建造时的设计规范要求一定程度后即为危险"），那就是认为只有低于我国历次规范中规定的最低要求一定程度后才是危险的，而不是对不同年代建造的房屋提出不同的判断标准。

3）关于房屋危险性鉴定中综合评定方法缺陷原因的分析

（1）危房鉴定标准

在最近一次修订过程中关注到了原标准中"数构件"定各组成部分危险构件比例的方法的缺陷，并采取了增加基础及上部结构楼层危险性等级判定，以整体结构危险构件综合比例和基础及上部结构的楼层危险性等级双指标作为房屋的危险性等级评价指标、对柱和梁根据位置不同进行了进一步细分，分别赋予中柱、边柱、角柱、中梁及边梁不同的权重系数等改进方法，但由于其基本继承了原标准"数构件"的基本思路，因此并未摆脱"数构件"这种方法固有的缺点。

（2）"数构件"法主要的缺点表现在如下几个方面

① 在"数构件"法中，不同类型的构件，如中柱、中梁等，一旦确定其构件类型，则其权重就是确定的、不变的，而在实际结构中，同一类型的构件在传力体系中的作用是不断变化的，其权重也在不断变化。比如结构转换层中的梁和桁架，其权重远远大于其他位置处的中梁；砌体结构中的承重墙与自承重墙、跨度大的梁与跨度小的梁其权重也不一样；位于房屋底层的竖向承重构件其权重也应大于位于房屋顶层的竖向承重构件，而"数构件"法用确定的、不变的量去衡量一个变化的量，其结果一定是僵化的和机械的，也是不能适应实际结构评定要求的。

② 当同样数量的危险构件集中在一起造成局部危房的可能性要远远大于这些危险构件分散在各处的可能性，然而通过"数构件"法却无法进行有效的区分。危房鉴定标准在本次修订中以整体结构危险构件综合比例和基础及上部结构的楼层危险性等级双指标作为房屋的危险性等级评价指标，部分解决了危险构件集中在某层造成的误判问题，但并未解决危险构件集中出现在各层的同一部位造成的误判问题。

③ "数构件"法最大的问题是完全没有考虑结构整体性对房屋危险程度的影响。根据系统科学的基本概念，一个复杂系统的功能主要取决于该系统的整体性。系统的整体性是系统方法的核心和目标，整体性可以简单地表述为"整体不等于部分之和"。对于建筑结构系统来说，由于系统组成的复杂性，结构系统的整体功能取决于构件的组成方式和构件之间的相互作用。采用同样结构构件但按不同方式组成的结构系统，其整体性可能表现为截然不同的结果。有的结构构件之间的组合会弱化结构系统的整体功能，从而表现为易损性，而有的结构构件之间的组合会加强结构系统的整体功能，从而表现出较好的整体性，其抗倒塌的能力也相对较强。试想一幢砖混房屋存在相同危险构件的情况下，在有圈梁构造柱和现浇板、无圈梁构造柱和预制板两种情况下，哪个房屋的危险性更大？同理，当一幢框架结构房屋存在相同危险构件的情况下，整体现浇式与预制装配式，哪个房屋的危险性更大？答案是不言自明的。"数构件"法仅仅通过构件的数量来确定房屋的危险程度，陷入了"只见树木不见森林"的窠臼之中，是完全无法解

决结构整体性对房屋危险性的影响问题的。

4）解决问题的方法

要解决上述问题，首先要搞清楚危房鉴定标准的目的不是判定房屋的安全性能，而是判定房屋的危险程度，只有解决了规范的目的和使用范围，才可以有对症下药的方法，否则必然导致顾此失彼的结果。其次要彻底改变"数构件"的评估方法，将其转变到以评估结构"整体稳固性"为出发点的评估方法上来，从而建立与统一标准相适应的，与其他安全性鉴定标准相区别的有效、合理的评估方法。

《工程结构可靠性设计统一标准》（GB50153—2008）第一次提出了整体稳固性的概念，指出了"整体稳固性就是当发生火灾、爆炸、撞击或人为错误等偶然事件时，结构整体能保持稳固且不出现与起因不相称的破坏后果的能力"。标准同时提出了对结构整体稳固性的要求："对重要的结构，应采取必要的措施，防止出现结构连续倒塌；对一般的结构，宜采取适当的措施，防止出现结构连续倒塌。"由此可见，结构的整体稳固性是与结构抗倒塌能力密切联系的概念，因此也会与房屋的危险性判定产生密切的联系。由此，笔者建议，对房屋的危险性等级评定的标准可以做如下改进，即房屋的危险性等级可仍按照四个等级评定，但各危险等级的含义有所变化，建议如下：

A级———无危险构件；

B级———少量结构构件为危险构件，这些危险构件自身失效不会引发其他构件连续失效；

C级———房屋局部处于危险状态，构成局部危房，即存在一定数量的危险构件，这些危险构件 的失效会引发局部结构系统失效，但不会引发整 体结构连续倒塌；

D级———房屋整体处于危险状态，构成整幢危房，即房屋存在的危险构件失效会引发连续倒塌，导致房屋整体结构失效。

这样的改变一方面解决了危房鉴定标准将"危险"和"安全"混淆的问题，基本解决了上述例子中结论与实际不符的问题，并由此界定《危险房屋鉴定标准》和其他可靠性鉴定规范各自的适用范围和检测目的，另一方面将危险等级与结构的整体稳固性联系起来，可以较好地解决目前危房鉴定标准中存在的问题。

5.5　工程案例分析

5.5.1　砌体结构房屋的危险性鉴定案例分析

案例

1）工程概况

某办公楼为2层砌体结构，位于山坡上，建筑面积约为$220m^2$，始建于2003

年。承重墙下基础采用钢筋混凝土条形基础，除外墙与东西向内纵墙厚为370mm外，其余墙厚均为240mm。各层层高为3.0m。楼（屋）面采用钢筋混凝土现浇板，板厚均为100mm。1、2层平面布置图如图5.5.1-1所示。

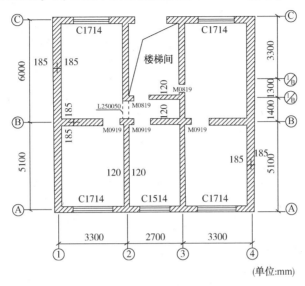

(单位:mm)

图5.5.1-1 1、2层平面布置图

2）检验的目的和范围

经过一定时间的使用，该楼部分梁与墙体出现裂缝或损伤。为了解房屋的危险程度，陕西中立检测鉴定有限公司受委托，拟对该办公楼进行房屋危险性鉴定。

本次委托检验范围为该2层砌体结构办公楼。

3）检验标准及依据

《危险房屋鉴定标准》（JGJ 125—2016）。

4）检验项目及内容

根据现场采集的该办公楼构件裂缝、变形、损伤及承载力验算情况等，依据《危险房屋鉴定标准》（JGJ 125—2016）（以下简称为《标准》）对检验房屋的危险性进行评定，并出具检验报告。主要检验内容和方法如下：

（1）地基危险性鉴定

通过分析房屋近期沉降、倾斜观测资料和其上部结构因不均匀沉降引起的反应的检查结果进行地基危险性鉴定。

（2）构件危险性鉴定

通过构件承载力验算，构造与连接、裂缝和变形调查情况，对构件危险性进行鉴定。

241

（3）楼层危险性鉴定

将房屋划分成基础、上部结构（含地下室）两个组成部分，并对各组成部分进行危险性鉴定，评为A_u、B_u、C_u、D_u四个级别。

（4）房屋危险性鉴定

以房屋各楼层危险性鉴定为基础，对房屋进行危险性鉴定，评为A、B、C、D四个级别。

5）检验结果

（1）地基危险性鉴定

因地基变形引起1层1/A-B轴墙存在1条斜裂缝，裂缝宽为2.50mm。根据《标准》第4.2.1条中第2款进行判定，该地基为非危险状态。

（2）构件危险性鉴定

① 基础构件

A/2-3轴基础承载力与其作用效应之比为0.88，根据《标准》第5.2.3条中第1款，该基础构件为危险点；其余基础的承载力均大于作用效应，为非危险点。

② 上部结构各楼层构件

a. 1层危险构件

根据《标准》第5.4.3条中第1款，构件的承载力均大于作用效应，均为非危险点。

根据《标准》第5.3.3条中第2款，1层1/A-B轴墙有1条裂缝宽0.50mm的竖向裂缝，为非危险点。

根据《标准》第5.3.3条中第7款，1层4/A-B轴墙有侧弯变形，中间最大变形量19mm，小于3000/150＝20mm，为非危险点；根据《标准》第5.3.3条中第3款，1层A/2-3轴墙风化和剥落现象，削弱后的墙厚为300mm，有限截面削弱为19%＞15%，为危险点。

因1层A/2-3轴墙与基础危险构件位置重合，故1层危险承重墙数1个。

b. 2层危险构件

因1层A/2-3轴墙为危险构件，故2层相应轴线墙为竖向关联危险构件，故2层危险承重墙数1个。

（3）楼层危险性鉴定

① 依据《标准》第6.3.1条计算，基础危险构件数1个，危险构件综合比例由公式6.3.1可知为5.3%，依据《标准》第6.3.2条，基础层危险性等级评定为Cu级。

② 上部结构危险构件综合比例依据《标准》第6.3.3条计算，

1层危险承重墙数1个，计算第1层危险构件综合比例为：

242

$$R_{s1}=\frac{3.5n_{dpci}+2.7n_{dsci}+1.8n_{dcci}+2.7n_{dwi}+1.9n_{drti}+1.9n_{dpmbi}+1.4n_{dsmbi}+n_{dsbi}+n_{dsi}+n_{dsmi}}{3.5n_{pci}+2.7n_{sci}+1.8n_{cci}+2.7n_{wi}+1.9n_{rti}+1.9n_{pmbi}+1.4n_{smbi}+n_{sbi}+n_{si}+n_{smi}}$$

$$=\frac{2.7\times1}{2.7\times19+1\times1.9+6}=4.6\%$$

依据《标准》第 6.3.4 条，上部结构 1 层危险性等级评定为 B_u 级。

2 层危险承重墙数 1 个，计算第 2 层危险构件综合比例为：

$$R_{s2}=\frac{3.5n_{dpci}+2.7n_{dsci}+1.8n_{dcci}+2.7n_{dwi}+1.9n_{drti}+1.9n_{dpmbi}+1.4n_{dsmbi}+n_{dsbi}+n_{dsi}+n_{dsmi}}{3.5n_{pci}+2.7n_{sci}+1.8n_{cci}+2.7n_{wi}+1.9n_{rti}+1.9n_{pmbi}+1.4n_{smbi}+n_{sbi}+n_{si}+n_{smi}}$$

$$=\frac{2.7\times1}{2.7\times19+1\times1.9+6}=4.6\%$$

依据《标准》第 6.3.4 条，上部结构 2 层危险性等级评定为 B_u 级。

（4）房屋危险性鉴定

依据《标准》第 6.3.5 条计算整体结构（含基础、地下室）危险构件综合比例为：

$$R_{s1}=\frac{\begin{aligned}3.5n_{df}+3.5\sum_{i=1}^{F+B}n_{dpci}+2.7\sum_{i=1}^{F+B}n_{dsci}+1.8\sum_{i=1}^{F+B}n_{dcci}+2.7\sum_{i=1}^{F+B}n_{dwi}+1.9\sum_{i=1}^{F+B}n_{drti}\\+1.9\sum_{i=1}^{F+B}n_{dpmbi}+1.4\sum_{i=1}^{F+B}n_{dsmbi}+\sum_{i=1}^{F+B}n_{dsbi}+\sum_{i=1}^{F+B}n_{dsi}+\sum_{i=1}^{F+B}n_{dsmi}\end{aligned}}{\begin{aligned}3.5n_{f}+3.5\sum_{i=1}^{F+B}n_{pci}+2.7\sum_{i=1}^{F+B}n_{sci}+1.8\sum_{i=1}^{F+B}n_{cci}+2.7\sum_{i=1}^{F+B}n_{wi}+1.9\sum_{i=1}^{F+B}n_{rti}\\+1.9\sum_{i=1}^{F+B}n_{pmbi}+1.4\sum_{i=1}^{F+B}n_{smbi}+\sum_{i=1}^{F+B}n_{sbi}+\sum_{i=1}^{F+B}n_{si}+\sum_{i=1}^{F+B}n_{smi}\end{aligned}}$$

$$=\frac{3.5\times1+2.7\times2}{3.5\times19+2.7\times38+2\times1.9+12}=4.8\%$$

依据《标准》第 6.3.6 条中第 3 款，该房屋危险性等级评定为 B 级。

6）结论

依据《危险房屋鉴定标准》（JGJ 125—2016），经对该办公楼进行房屋危险性鉴定，得出结论如下：

经检验，该办公楼房屋危险性等级综合评定为 B 级，即个别结构构件评定为危险构件，但不影响主体结构安全，基本能满足安全使用要求。

5.5.2 农村砌体结构住房危险性定性鉴定案例分析

案例 1

1）项目概况

某住房为地上一层砌体结构，主体结构呈矩形，建成于 1995 年，建筑面积约为 137m²。使用过程中未遭受爆炸、火灾等灾害作用，也未进行过加固改造及使用用途的变更，由于在使用过程中该房屋墙体出现裂缝，为了解该住房目前的安全性能，对该房屋进行危险性鉴定。现场检查典型照片如图 5.5.2-1 所示。

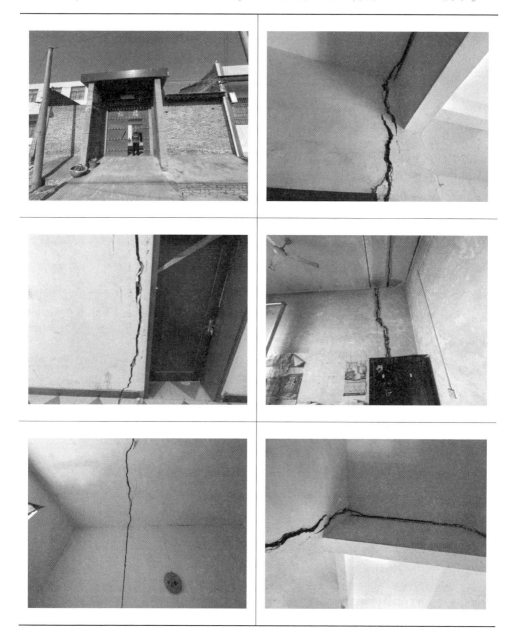

图 5.5.2-1　现场检查典型照片

2）检验标准及依据

《农村住房危险性鉴定标准》（JGJ/T 363—2014）。

3）检查、检测结果

（1）场地检查结果

该建筑场地不存在以下任一情况：

① 建于可能发生滑坡、崩塌、地陷、地裂等。

② 洪水主流区、山洪、泥石流易发地段。

③ 岩溶、土洞强烈发育地段。

④ 已出现明显变形下陷趋势的采空区。

因此该建筑处于非危险场地。

（2）地基基础检查结果

现场检查发现室内外地面与主体结构之间出现明显的相对位移，上部结构中出现因地基不均匀沉降所引起的变形、裂缝等缺陷。该建筑地基基础出现不均匀沉降。

（3）上部承重结构检查结果

该建筑多数承重墙因不均匀沉降出现明显裂缝和变形，墙体转角处和纵、横墙交接处出现松动、开裂现象；梁墙节点损坏严重，梁有明显变形；屋盖有轻微裂缝，但无明显变形；非承重墙体普遍明显裂缝。

4）危险性鉴定结果

综上所述，该房屋危险性可定性鉴定为 D 级，承重结构已不能满足安全使用要求，住房整体出现险情，构成整幢危房。

案例 2

1）项目概况

某住房为地上一层砌体结构，主体结构呈矩形，建成于 2018 年，建筑面积约为 85m²。使用过程中未遭受爆炸、火灾等灾害作用，也未进行过加固改造及使用用途的变更，为了解该住房目前的安全性能，对该房屋进行危险性鉴定。其现场检查典型照片如图 5.5.2-2 所示。

图 5.5.2-2　现场检查典型照片

图 5.5.2-2　现场检查典型照片(续)

图 5.5.2-2　现场检查典型照片(续)

2）检验标准及依据

《农村住房危险性鉴定标准》（JGJ/T 363—2014）。

3）检查、检测结果

（1）场地检查结果

该建筑场地不存在以下任一情况：

① 建于可能发生滑坡、崩塌、地陷、地裂等。

② 洪水主流区、山洪、泥石流易发地段。

③ 岩溶、土洞强烈发育地段。

④ 已出现明显变形下陷趋势的采空区。

因此该建筑处于非危险场地。

（2）地基基础检查结果

现场检查未发现室内外地面与主体结构之间出现明显的相对位移，上部结构中未发现因地基不均匀沉降所引起的倾斜、变形、裂缝等缺陷。该建筑地基基础保持稳定，无明显不均匀沉降。

（3）上部承重结构检查结果

① 该建筑承重墙基本完好、无明显受力裂缝和变形，墙体转角处和纵、横墙交接处无松动、脱闪现象。个别墙体表面装饰抹灰部分脱落，未设置圈梁及构造柱。

② 屋面为双坡瓦屋面，屋盖无明显受力裂缝和变形。屋盖板与墙搭接处无松动和裂缝。

③ 部分非承重构件有轻微裂缝，无处于危险状态的构件。

4）危险性鉴定结果

综上所述，该房屋危险性可定性鉴定为 A 级，结构能满足安全使用要求，未发现危险点，住房结构安全。

5.5.3　农村砌体结构住房危险性定量鉴定案例分析

案例 1

1）项目概况

某住房为砌体窑洞结构，主体结构呈矩形，建于 20 世纪 90 年代。使用过程中未遭受爆炸、火灾等灾害作用，也未进行过加固改造及使用用途的变更，由于靖神铁路修建过程中对沿线居民住房产生一定影响及破坏，为掌握沿线居民住房目前的安全性能，对该房屋进行危险性鉴定评级。其平面布置图如图 5.5.3－1 所示。

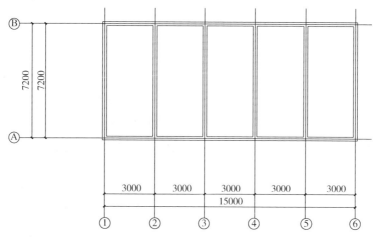

图 5.5.3-1　平面布置图

上部结构构件危险点判定表如表 5.5.3-1 所示。

表 5.5.3-1　上部结构构件危险点判定表

序号	构件位置	构件类型	检查结果	照片
1	1/A-B	墙	墙体出现多条竖向通长裂缝，最大缝宽 10.7mm。判定为危险点	

序号	构件位置	构件类型	检查结果	照片
2	1-2/A-B	拱券	拱顶沿母线出现通长裂缝，最大缝宽5.79mm。判定为危险点	
3	2/A-B	墙	墙体出现多条竖向通长贯通裂缝，最大缝宽2.72mm。判定为危险点	

序号	构件位置	构件类型	检查结果	照片
4	2-3/B	墙	墙体整体坍塌。判定为危险点	
5	3/A-B	墙	墙体局部坍塌，并出现竖向通长裂缝，最大缝宽3.17mm。判定为危险点	

序号	构件位置	构件类型	检查结果	照片
6	3-4/B	墙	墙体局部坍塌，并出现多条纵横向裂缝，最大缝宽2.17mm。判定为危险点	
7	6/A-B	墙	墙体出现多条竖向裂缝，且砌筑块材开裂，最大缝宽7.8mm。判定为危险点	
8	5/A-B	墙	墙体出现多条竖向裂缝，且砌筑块材开裂，最大缝宽5.2mm。判定为危险点	

2）检查、检测结果

（1）地基基础危险性鉴定：

现场检查未发现由于地基产生过大不均匀沉降而使上部墙体产生裂缝宽度大于 10mm，且住房倾斜大于 1% 的情况，地基稳定未产生滑移，室内、外地面未出现明显塌陷、开裂等现象，未出现基础破坏所导致上部结构出现明显倾斜、位移、裂缝、扭曲等现象，故地基基础无危险点。

地基基础危险构件的百分数应按下式计算：

$$P_{\text{fdm}} = \frac{n_{\text{d}}}{n} \times 100\% = 0\%$$

则将危险构件数及构件数代入公式可得 $P_{\text{fdm}} = 0\%$，地基基础危险构件（危险点）的百分数为 0%。

（2）上部承重结构危险性鉴定：

对该房屋上部结构构件进行了检查，上部承重结构中危险墙数 5 个，危险板数 1 个，危险构件数 6 个。

上部承重结构危险构件百分数应按下式计算：

$$p_{\text{sdm}} = \frac{2.4n_{\text{dc}} + 2.4n_{\text{dw}} + 1.9(n_{\text{dmb}} + n_{\text{drt}}) + 1.4n_{\text{dsb}} + n_{\text{ds}}}{2.4n_{\text{c}} + 2.4n_{\text{w}} + 1.9(n_{\text{mb}} + n_{\text{rt}}) + 1.4n_{\text{sb}} + n_{\text{s}}} \times 100\%$$

$$= \frac{2.4 \times 5 + 1}{2.4 \times 6 + 5} \times 100\% = 67\%$$

经计算上部承重结构危险构件百分数为 67%。

（3）上部围护结构构件危险性鉴定：对该房屋上部结构构件进行了检查，上部围护结构危险构件数 2 个。

上部围护结构危险构件百分数应按下式计算：

$$P_{\text{esdm}} = \frac{n_{\text{d}}}{n} \times 100\% = \frac{2}{10} \times 100\% = 20\%$$

经计算上部围护结构危险构件百分数为 20%

（4）住房组成部分危险性鉴定：

① 依据《农村住房危险性鉴定标准》（JGJ/T 363—2014）第 5.9.4 条，住房组成部分危险性 a 级的隶属函数应按下式计算：

$$\mu_{\text{a}} = \begin{cases} 1 \ (p = 0\%) \\ 0 \ (p \neq 0\%) \end{cases}$$

经计算，地基基础危险性 a 级的隶属度为 1，上部承重结构危险性 a 级的隶属度为 0，上部围护结构危险性 a 级的隶属度为 0。

② 依据《农村住房危险性鉴定标准》（JGJ/T 363—2014）第 5.9.5 条，住房组成部分危险性 b 级的隶属函数应按下式计算：

$$\mu_b = \begin{cases} 1\,(0\% < p \leqslant 5\%) \\ (30\% - p)/25\%\,(5\% < p < 30\%) \\ 0\,(p \geqslant 30\%)) \end{cases}$$

经计算，地基基础危险性 b 级的隶属度为 0，上部承重结构危险性 b 级的隶属度为 0，上部围护结构危险性 b 级的隶属度为 0.4。

③ 依据《农村住房危险性鉴定标准》（JGJ/T 363—2014）第 5.9.6 条，住房组成部分危险性 c 级的隶属函数应按下式计算：

$$\mu_c = \begin{cases} 0\,(p \leqslant 5\%) \\ (p - 5\%)/25\%\,(5\% < p < 30\%) \\ (100\% - p)/70\%\,(30\% \leqslant p \leqslant 100\%) \end{cases}$$

经计算，地基基础危险性 c 级的隶属度为 0，上部承重结构危险性 c 级的隶属度为 0.471，上部围护结构危险性 c 级的隶属度为 0.6。

④ 依据《农村住房危险性鉴定标准》（JGJ/T 363—2014）第 5.9.7 条，住房组成部分危险性 d 级的隶属函数应按下式计算：

$$\mu_d = \begin{cases} 0\,(p \leqslant 30\%) \\ (p - 30\%)/70\%\,(30\% < p < 100\%) \\ 1\,(p = 100\%) \end{cases}$$

经计算，地基基础危险性 d 级的隶属度为 0，上部承重结构危险性 d 级的隶属度为 0.529，上部围护结构危险性 d 级的隶属度为 0。

（5）住房危险性鉴定：

① 依据《农村住房危险性鉴定标准》（JGJ/T 363—2014）第 5.9.8 条，住房危险性 A 级隶属函数应按下式计算：

$$\mu_A = \max\left[\min(0.3, \mu_{af}), \min(0.6, \mu_{as}), \min(0.1, \mu_{aes})\right]$$
$$= \max\left[\min(0.3, 1), \min(0.6, 0), \min(0.1, 0)\right] = 0.3$$

经计算，住房危险性 A 级隶属度为 0.3。

② 依据《农村住房危险性鉴定标准》（JGJ/T 363—2014）第 5.9.9 条，住房危险性 B 级隶属函数应按下式计算：

$$\mu_B = \max\left[\min(0.3, \mu_{bf}), \min(0.6, \mu_{bs}), \min(0.1, \mu_{bes})\right]$$
$$= \max\left[\min(0.3, 0), \min(0.6, 0), \min(0.1, 0.4)\right] = 0.1$$

经计算，住房危险性 B 级隶属度为 0.1。

③ 依据《农村住房危险性鉴定标准》（JGJ/T 363—2014）第 5.9.10 条，住房危险性 C 级隶属函数应按下式计算：

$$\mu_C = \max\left[\min(0.3, \mu_{cf}), \min(0.6, \mu_{cs}), \min(0.1, \mu_{ces})\right]$$
$$= \max\left[\min(0.3, 0), \min(0.6, 0.471), \min(0.1, 0.6)\right] = 0.471$$

经计算，住房危险性 C 级隶属度为 0.471。

④ 依据《农村住房危险性鉴定标准》（JGJ/T 363—2014）第 5.9.11 条，住房危险性 D 级隶属函数应按下式计算：

$$\mu_D = \max\left[\min(0.3, \mu_{df}), \min(0.6, \mu_{ds}), \min(0.1, \mu_{des})\right]$$
$$= \max\left[\min(0.3, 0), \min(0.6, 0.529), \min(0.1, 0)\right] = 0.529$$

经计算，住房危险性 D 级隶属度为 0.529。

⑤ 依据《农村住房危险性鉴定标准》（JGJ/T 363—2014）第 5.9.12 条，住房的危险性等级根据隶属度 $\max(\mu_A, \mu_B, \mu_C, \mu_D) = \mu_D = 0.529$，即该建筑物的房屋危险性等级综合判断结果为 D 级，构成整幢危房。

3）危险性鉴定结论

通过对该住房进行相关检查、检测，根据《农村住房危险性鉴定标准》（JGJ/T 363—2014）的相关规定，该住房砌体窑洞结构危房等级为 D 级，即承重结构已不能满足安全使用要求，住房整体出现险情，构成整幢危房。

案例 2

1）项目概况

某住房为地上一层砌体结构，主体结构呈矩形，建于 2015 年。使用过程中未遭受爆炸、火灾等灾害作用，也未进行过加固改造及使用用途的变更，由于靖神铁路修建过程中对沿线居民住房产生一定影响及破坏，为了掌握沿线居民住房目前的安全性能对该房屋进行危险性鉴定评级。平面布置如图 5.5.3-2 所示。

上部结构构件危险点判定表如表 5.5.3-2 所示。

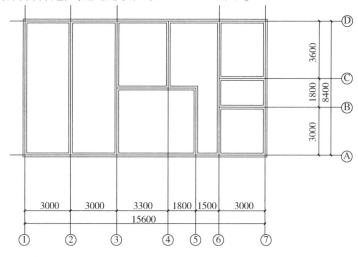

图 5.5.3-2　平面布置图

表 5.5.3-2　上部结构构件危险点判定表

序号	构件位置	构件类型	检查结果	照片
1	1-2/D	墙	墙体窗洞上方出现竖向裂缝，缝长0.7m，最大缝宽1.77mm	
2	2/A-D	墙	墙体出现倾斜，与顶板及相交墙体脱节，产生通长脱节缝，最大缝宽3.17mm。判定为危险点	
3	2-3/D	墙	墙体出现倾斜与顶板脱节，产生通长脱节缝。判定为危险点	

序号	构件位置	构件类型	检查结果	照片
4	3/A-D	墙	墙体出现多条竖向通长贯通裂缝，最大缝宽 3.41mm。判定为危险点	
5	2-3/A-D	顶板	板顶预制板多处脱开，产生全长预制板缝，最大缝宽 4.57mm。判定为危险点	

序号	构件位置	构件类型	检查结果	照片
6	3-5/A	墙	墙体因渗水返潮，抹灰大面积脱落	
7	/	墙体	多处墙体因渗水返潮，抹灰大面积脱落	

258

序号	构件位置	构件类型	检查结果	照片
7	/	墙体	多处墙体因渗水返潮，抹灰大面积脱落	
8	4/C-D	墙体	墙体出现竖向通长贯通裂缝，最大缝宽 3.57mm。判定为危险点	

序号	构件位置	构件类型	检查结果	照片
9	/	室内地面	完好	

2）检查、检测结果

（1）地基基础危险性鉴定：

现场检查未发现由于地基产生过大不均匀沉降而使上部墙体产生裂缝宽度大于 10mm，且住房倾斜大于 1%的情况，地基稳定未产生滑移，室内、外地面未出现明显塌陷、开裂等现象，未出现基础破坏所导致上部结构出现明显倾斜、位移、裂缝、扭曲等现象，故地基基础无危险点。

地基基础危险构件的百分数应按下式计算：

$$P_{\text{fdm}} = \frac{n_{\text{d}}}{n} \times 100\% = 0\%$$

则将危险构件数及构件数代入公式可得 $P_{\text{fdm}} = 0\%$，地基基础危险构件（危险点）的百分数为 0%。

（2）上部承重结构危险性鉴定：

对该房屋上部结构构件进行了检查，上部承重结构中危险墙数 3 个，危险板数 1 个，危险构件数 4 个。

上部承重结构危险构件百分数应按下式计算：

$$p_{\text{sdm}} = \frac{2.4n_{\text{dc}} + 2.4n_{\text{dw}} + 1.9(n_{\text{dmb}} + n_{\text{drt}}) + 1.4n_{\text{dsb}} + n_{\text{ds}}}{2.4n_{\text{c}} + 2.4n_{\text{w}} + 1.9(n_{\text{mb}} + n_{\text{rt}}) + 1.4n_{\text{sb}} + n_{\text{s}}} \times 100\%$$

$$= \frac{2.4 \times 3 + 1}{2.4 \times 12 + 8} \times 100\% = 22.3\%$$

经计算上部承重结构危险构件百分数为 22.3%。

（3）上部围护结构构件危险性鉴定：

对该房屋上部结构构件进行了检查，上部围护结构中危险构件数 1 个。

上部围护结构危险构件百分数应按下式计算：

$$P_{esdm} = \frac{n_d}{n} \times 100\% = \frac{1}{10} \times 100\% = 10\%$$

经计算上部围护结构危险构件百分数为 10%。

（4）住房组成部分危险性鉴定：

① 依据《农村住房危险性鉴定标准》（JGJ/T 363—2014）第 5.9.4 条，住房组成部分危险性 a 级的隶属函数应按下式计算：

$$\mu_a = \begin{cases} 1 & (p=0\%) \\ 0 & (p \neq 0\%) \end{cases}$$

经计算，地基基础危险性 a 级的隶属度为 1，上部承重结构危险性 a 级的隶属度为 0，上部围护结构危险性 a 级的隶属度为 0。

② 依据《农村住房危险性鉴定标准》（JGJ/T 363—2014）第 5.9.5 条，住房组成部分危险性 b 级的隶属函数应按下式计算：

$$\mu_b = \begin{cases} 1 & (0\% < p \leqslant 5\%) \\ (30\%-p)/25\% & (5\% < p < 30\%) \\ 0 & (p \geqslant 30\%) \end{cases}$$

经计算，地基基础危险性 b 级的隶属度为 0，上部承重结构危险性 b 级的隶属度为 0.308，上部围护结构危险性 b 级的隶属度为 0.8。

③ 依据《农村住房危险性鉴定标准》（JGJ/T 363—2014）第 5.9.6 条，住房组成部分危险性 c 级的隶属函数应按下式计算：

$$\mu_c = \begin{cases} 0 & (p \leqslant 5\%) \\ (p-5\%)/25\% & (5\% < p < 30\%) \\ (100\%-p)/70\% & (30\% \leqslant p \leqslant 100\%) \end{cases}$$

经计算，地基基础危险性 c 级的隶属度为 0，上部承重结构危险性 c 级的隶属度为 0.692，上部围护结构危险性 c 级的隶属度为 0.2。

④ 依据《农村住房危险性鉴定标准》（JGJ/T 363—2014）第 5.9.7 条，住房组成部分危险性 d 级的隶属函数应按下式计算：

$$\mu_d = \begin{cases} 0 & (p \leqslant 30\%) \\ (p-30\%)/70\% & (30\% < p < 100\%) \\ 1 & (p = 100\%) \end{cases}$$

经计算，地基基础危险性 d 级的隶属度为 0，上部承重结构危险性 d 级的隶属度为 0，上部围护结构危险性 d 级的隶属度为 0。

（5）住房危险性鉴定：

① 依据《农村住房危险性鉴定标准》（JGJ/T 363—2014）第 5.9.8 条，住房危险性 A 级隶属函数应按下式计算：

$$\mu_A = \max[\min(0.3, \mu_{af}), \min(0.6, \mu_{as}), \min(0.1, \mu_{aes})]$$

$$= \max[\min(0.3, 1), \min(0.6, 0), \min(0.1, 0)] = 0.3$$

经计算，住房危险性 A 级隶属度为 0.3。

② 依据《农村住房危险性鉴定标准》(JGJ/T 363—2014)第 5.9.9 条，住房危险性 B 级隶属函数应按下式计算：

$$\mu_B = \max\left[\min(0.3,\ \mu_{bf}),\ \min(0.6,\ \mu_{bs}),\ \min(0.1,\ \mu_{bes})\right]$$
$$= \max\left[\min(0.3,\ 0),\ \min(0.6,\ 0.308),\ \min(0.1,\ 0.8)\right] = 0.308$$

经计算，住房危险性 B 级隶属度为 0.308。

③ 依据《农村住房危险性鉴定标准》(JGJ/T 363—2014)第 5.9.10 条，住房危险性 C 级隶属函数应按下式计算：

$$\mu_C = \max\left[\min(0.3,\ \mu_{cf}),\ \min(0.6,\ \mu_{cs}),\ \min(0.1,\ \mu_{ces})\right]$$
$$= \max\left[\min(0.3,\ 0),\ \min(0.6,\ 0.692),\ \min(0.1,\ 0.2)\right] = 0.6$$

经计算，住房危险性 C 级隶属度为 0.6。

④ 依据《农村住房危险性鉴定标准》JGJ/T 363—2014 第 5.9.11 条，住房危险性 D 级隶属函数应按下式计算：

$$\mu_D = \max\left[\min(0.3,\ \mu_{df}),\ \min(0.6,\ \mu_{ds}),\ \min(0.1,\ \mu_{des})\right]$$
$$= \max\left[\min(0.3,\ 0),\ \min(0.6,\ 0),\ \min(0.1,\ 0)\right] = 0$$

经计算，住房危险性 D 级隶属度为 0。

⑤ 依据《农村住房危险性鉴定标准》(JGJ/T 363—2014)第 5.9.12 条，住房的危险性等级根据隶属度 $\max(\mu_A,\ \mu_B,\ \mu_C,\ \mu_D) = \mu_C = 0.6$，即该建筑物的房屋危险性等级被评定为 C 级，构成局部危房。

3）危险性鉴定结论

通过对该住房进行相关检查、检测，根据《农村住房危险性鉴定标准》(JGJ/T 363—2014)的相关规定，该住房砌体结构危房等级为 C 级，即部分承重结构不能满足安全使用要求，局部出现险情，构成局部危房。

第6章 砌体结构火灾后鉴定

火创造了人类文明，推动了社会变革，但火灾也给人类带来了极大的危害，造成巨大的经济损失和人身伤亡，甚至造成严重的政治影响。火灾是包括流动、传热、传质和化学反应及其相互作用的复杂燃烧过程，是自然界中发生频率最高、损失最严重的灾害之一。火灾损失统计表明，发生次数最多、损失最严重者当属建筑火灾。我国每年遭受火灾的建筑物数量巨大。火灾中，发生坍塌破坏的房屋是少数，但绝大多数房屋在受火后都要进行损伤评定和修复。

一般我们认为在工程实际中，火灾后对于坍塌的部分已经没有必要进行结构的检测、鉴定与加固，但是对于遭受火灾后没有彻底的根本性损害的建筑结构，对此类结构要求尽快恢复建筑物的使用功能，就必须科学地判断建筑结构的受损程度，确定合理的加固修复方案，以便对火灾后的建筑物进行诊断与处理。尽管火灾后建筑结构的检测、鉴定的研究工作已取得了一些进步，国内外也已经发布了相关的规范标准，但是由于各种原因，没有获得合理的研究成果，国内外对此研究也缺乏可靠性，特别是火灾后建筑结构的详细检测与鉴定，从而对火灾后建筑结构的详细检测与鉴定的研究是目前至关重要的一项任务，火灾后建筑结构的详细检测与鉴定的研究还刚刚开始，还有许多问题亟待研究解决。

6.1 鉴定的基本原则

6.1.1 鉴定程序和工作内容

（1）工程结构发生火灾后应对结构进行检测鉴定，现场检测应保证检测工作安全。

（2）火灾后工程结构鉴定对象应为工程结构整体或相对独立的结构单元。

（3）火灾后工程结构鉴定应分为初步鉴定和详细鉴定两阶段。初步鉴定应以构件的宏观检查评估为主，详细鉴定应以安全性分析为主。

（4）火灾后工程结构鉴定，宜按规定的鉴定流程(图6.1.1-1)进行，并应符合下列规定：

① 当仅需鉴定火灾影响范围及程度时，可仅做初步鉴定。

② 当需要对火灾后工程结构的安全性或可靠性进行评估时，应进行详细鉴定。

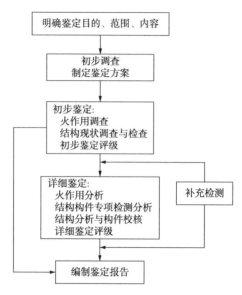

图 6.1.1-1　火灾后工程结构鉴定流程图

（5）初步调查应包括下列工作内容：

① 查阅图纸资料，包括结构设计和竣工资料；调查结构使用及改造历史、实际使用状况。

② 了解火灾过程及火灾影响区域，查阅火灾报告等资料。

③ 现场勘查了解火场残留物状况、荷载变化情况。

④ 观察结构损伤情况，判断主体结构及附属物的整体牢固性、出现垮塌的风险性。

⑤ 制定鉴定方案。

（6）鉴定方案宜包括下列内容：

① 工程概况。

② 检测鉴定的目的、依据和范围。

③ 调查与检测的工作内容、方法和设备。

④ 分析与校核内容。

⑤ 现场检测相关安全保障措施。

（7）初步鉴定应符合下列规定：

① 火作用调查应初步判断结构所受的温度范围和作用时间，包括调查火灾过程、火场残留物状况及火灾影响区域等。

② 结构现状调查与检查应调查结构构件受火灾影响的损伤程度，包括烧灼

及温度损伤状态和特征等。

③ 初步鉴定评级应根据结构构件损伤特征进行结构构件的初步鉴定评级，对于不需要进行详细鉴定的结构，可根据初步鉴定结果直接编制鉴定报告。

（8）详细鉴定应符合下列规定：

① 火作用分析应根据火作用调查与检测结果，进行结构构件过火温度分析。结构构件过火温度分析应包括推定火灾温度过程及温度分布，推断火灾对结构的作用温度及分布范围，判断构件受火温度。

② 结构构件专项检测分析应根据详细鉴定的需要，对受火与未受火结构构件的材质性能、结构变形、节点连接、结构构件承载能力等进行专项检测分析。

③ 结构分析与构件校核应根据受火结构材质特性、几何参数、受力特征和调查与检测结果，进行结构分析计算和构件校核。

④ 详细鉴定评级应根据受火后结构分析计算和构件校核分析结果，按国家现行有关标准规定进行结构整体的安全性鉴定评级或可靠性鉴定评级。

（9）在火灾后工程结构鉴定过程中，当发现调查检测资料不足或不准确时，应进行补充调查检测。

（10）火灾后工程结构鉴定工作完成后应提出鉴定报告。

6.1.2 鉴定评级标准

（1）火灾后工程结构构件的初步鉴定评级，应根据构件的烧灼损伤程度按表 6.1.2-1 的规定评定。

表 6.1.2-1 构件的初步鉴定评级标准

级别	烧灼损伤程度	应对措施
I	未遭受烧灼作用，未发现火灾及高温造成的损伤，构件材料、性能及安全状况未受到火灾影响	不必采取措施
II$_a$	轻微烧灼，未发现火灾及高温造成的损伤，构件材料、性能及安全状况受火灾影响不大	可不采取措施或仅采取提高耐久性的措施
II$_b$	轻度烧灼，构件材料及性能受到轻度影响，火灾尚不明显影响构件安全	应采取提高耐久性或局部处理和外观修复措施
III	中度烧灼，构件材料及性能受到明显影响，火灾明显影响构件安全	应采取加固或局部更换措施
IV	严重烧灼或破坏，结构倒塌或构件塌落，结构构件承载能力丧失或大部分丧失，危及结构安全	应立即进行安全防护，并采取彻底加固、更换或拆除的措施

（2）火灾后工程结构构件的详细鉴定评级，应根据检测、分析和校核结果，按表 6.1.2-2 的规定评定。

表 6.1.2-2　构件的详细鉴定评定标准

级别	分级标准	应对措施
a	未受到火灾影响且符合国家现行标准安全性要求，安全，可正常使用	不必采取措施
b	受火灾影响，或略低于国家现行标准安全性要求，不影响安全，可正常使用	宜采取适当措施
c	不符合国家现行标准安全性要求，影响安全和正常使用	应采取措施
d	极不符合国家现行标准安全性要求，严重影响安全	应立即加固、更换或拆除

6.2　调查、检测及分析

6.2.1　火作用调查与分析

（1）火作用调查与分析，宜包括火作用调查、火场温度分布推断、构件表面温度及结构内部温度推断。

（2）火作用调查应包括下列内容：

① 火灾过程调查，包括起火原因、时间、部位、蔓延路径，燃烧特点、燃烧介质和持续时间，灭火过程及措施等。

② 火灾荷载调查，包括可燃物种类、特性、数量、分布等。

③ 火场环境调查，包括消防措施、燃烧环境、通风条件，受火墙体及楼盖的热传导特性等。

④ 火场残留物状况调查，包括火场残留物种类及烧损状况等。

⑤ 火灾影响区域调查与确定，应根据火灾过程、现场残留物状况及结构外观烧损状况综合判定。

（3）火场温度分布推断，应根据火灾调查、结构表观状况、火灾荷载及火场残留物状况、火灾燃烧时间、通风条件、灭火过程等综合分析推断。

（4）结构构件表面温度及作用范围推断可按下列规定的方法进行：

① 受火灾影响的混凝土构件表面曾经达到的最高温度及作用范围，可按《火灾后工程结构鉴定标准》(T/CECS 252—2019)附录 A 推断。

② 受火灾影响的钢构件表面曾经达到的最高温度及作用范围，可按《火灾后工程结构鉴定标准》(T/CECS 252—2019)附录 B.0.3 条推断。

③ 受火灾影响的砌体构件表面曾经达到的最高温度及作用范围，可按《火灾

后工程结构鉴定标准》(T/CECS 252—2019)附录 C 推断。

④ 受火灾影响的木构件表面曾经达到的最高温度及作用范围,可根据木材表面颜色和炭化情况推断。

⑤ 构件表面曾经达到的最高温度及作用范围可根据火场残留物分布、烧损状况等,可按《火灾后工程结构鉴定标准》(T/CECS 252—2019)附录 B.0.1、B.0.2 条推断。

(5)结构构件内部温度推定可按下列规定执行:

① 混凝土结构构件截面历经最高温度场,可根据当量标准升温间(t_e)可按《火灾后工程结构鉴定标准》(T/CECS 252—2019)附录 D 推断。当量标准升温时间(t_e)可按下列规定取值:

a. 当发生过轰燃时,当量标准升温时间(t_e)可按《火灾后工程结构鉴定标准》(T/CECS 252—2019)附录 E 推断。

b. 当未曾发生轰燃时,当量标准升温时间(t_e)可根据构件表面曾经达到的最高温度按下式推断:

$$t_e = \exp(T_s/204) \tag{6.2.1-1}$$

式中 T_s——构件表面曾达到的最高温度,℃。

c. 对于直接受火的钢筋混凝土楼板,当量标准升温时间(t_e)可根据标准耐火试验中混凝土构件的外观特征按表 6.2.1-1 进行推断。

表 6.2.1-1 标准耐火试验中混凝土构件的外观特征与当量标准升温时间的关系

当量标准升温时间 t_e/min	炉温/℃	外观特征				锤击声音
		颜色	表面裂缝	疏松脱落	露筋	
20	790	浅灰白,略显黄色	有少许细裂缝	无	无	响亮
20~30	790~863	浅灰白,略显浅黄色	有较多细裂缝	表面疏松,棱角处有轻度脱落	无	较响亮
30~45	863~910	灰白,显浅黄色	有较多细裂纹并有少量贯穿裂缝	表面起鼓,棱角处轻度脱落,部分石子石灰化	无	沉闷
45~60	910~944	浅黄色	贯穿裂缝增多	表面起鼓,棱角处脱落较重	无	声哑
60~75	944~972	浅黄色	贯穿裂缝增多	表面起鼓,棱角处严重脱落	露筋	声哑

当量标准升温时间 t_e/min	炉温/℃	外观特征				锤击声音
		颜色	表面裂缝	疏松脱落	露筋	
75~90	972~1001	浅黄,显白色	贯穿裂缝增多	表面严重脱落,棱角处露筋	露筋	声哑
100	1026	浅黄,显白色	贯穿裂缝增多	表面全部脱落,棱角处严重露筋	严重露筋	声哑

② 火灭后发生爆裂的混凝土结构构件截面历经最高温度场可按下列规定进行推断:

a. 火灾后发生爆裂的混凝土,可根据常温下混凝土强度等级按表 6.2.1-2 判断混凝土表面爆裂临界温度,混凝土表面爆裂临界温度应为混凝土发生首次爆裂时对应的温度。

b. 由表 6.2.1-2 确定混凝土爆裂临界温度后,可由实际火灾升温曲线计算确定混凝土发生爆裂的时刻。当缺乏实际火灾升温曲线时,也可按《火灾后工程结构鉴定标准》(T/CECS 252—2019)附录 D 的曲线图推断混凝土发生爆裂的时刻。

c. 以混凝土发生爆裂的时刻为分界线,爆裂前,可按全截面计算温度场;爆裂后,可按爆裂后的剩余截面计算温度场。

表 6.2.1-2　混凝土爆裂临界温度　　　　　　　　　　　　　　℃

混凝土强度等级	爆裂临界温度	混凝土强度等级	爆裂临界温度
C20	510	C55	430
C25	485	C60	425
C30	470	C65	420
C35	460	C70	415
C40	450	C75	410
C45	440	C80	405
C50	435		

③ 火灾后混凝土结构构件截面历经最高温度场,也可根据混凝土材料微观分析结果可按《火灾后工程结构鉴定标准》(T/CECS 252—2019)附录 F 推断。

④ 结构构件截面历经最高温度场,可根据火场温度过程、构件受火状况及构件材料特性按热传导规律推断。

6.2.2 结构构件现状检测

1）结构构件现状检测应包括下列内容

（1）烧灼损伤状况检查。

（2）温度作用损伤检查。

（3）结构材料性能检测。

2）结构构件烧灼损伤状况检查应符合下列规定

（1）对直接暴露于火焰或高温烟气的结构构件，应全数检查烧灼损伤部位。

（2）对于次要构件或连接节点，可采用外观目测、锤击回声、探针、开挖探槽(孔)、超声等方法检查。

（3）对于重要构件或连接，宜通过材料微观分析可按《火灾后工程结构鉴定标准》(T/CECS 252—2019)附录 F 判断。

3）结构构件温度作用损伤检查应符合下列规定

（1）对承受温度应力作用的结构构件及连接节点，应检查结构构件及连接节点的变形、裂损状况。

（2）对于不便观察或仅通过观察难以发现问题的结构构件，可辅以温度应力分析判断。

4）结构材料性能检测应符合下列规定

（1）火灾后结构材料的性能可能发生明显改变时，应通过抽样检验或模拟试验确定材料性能指标。

（2）对于烧灼程度特征明显，材料性能对结构性能影响敏感程度较低，且火灾前材料性能明确，可根据温度场推定结构材料的性能指标，并宜通过取样检验修正。

5）结构构件现状检测

其内容应包括表 6.2.2-1 规定的内容。

表 6.2.2-1 结构构件现状检测内容

类别	检测内容
混凝土结构构件	构件颜色、裂损情况、锤击反应、混凝土脱落及露筋情况、受力钢筋与混凝土黏结状况、变形、混凝土及钢筋材料性能等。预应力混凝土结构构件检测还包括预应力锚具和预应力筋历经温度等
钢结构构件	涂装与防火保护层、构件开裂情况、局部变形、整体变形、连接损伤情况、材料性能等
砌体结构构件	外观损伤情况、构件裂缝情况、结构变形、材料性能等

类别	检测内容
木结构 构件	构件外观损伤、防火保护层、连接板残余变形、螺栓滑移构件变形、剩余有效截面尺寸等
钢-混组合 结构构件	除混凝土结构构件和钢结构构件检测内容外，还包括混凝土与型钢之间的连接情况等

6.2.3 结构分析与构件校核

（1）火灾后的结构分析与构件校核方法应符合国家现行设计标准的规定。

（2）结构分析与构件校核所采用的计算模型应符合火灾后结构的实际受力和构造状况。

（3）火灾后结构分析计算模型应计入下列火灾作用对结构受力性能的不利影响：

① 构件的局部屈曲或扭曲对结构承载力和刚度产生的不利影响。

② 焊缝连接的残余应力、高强螺栓应力损失、螺栓或铆钉松动、连接板变形等对节点连接约束的不利影响。

③ 结构几何形状变化、结构位移、构件的变形等对结构刚度产生的不利影响。

（4）火灾后结构分析可根据结构概念和结构鉴定的需要对计算模型进行合理的简化，并可按下列规定执行：

① 局部火灾未造成整体结构明显变位、损伤及裂缝时，可仅计算局部作用。

② 支座没有明显变位的板、梁、框架等连续结构可不计入支座变位的影响。

（5）结构上的作用取值应符合下列规定：

① 符合《建筑结构荷载规范》（GB 50009）、《公路桥涵设计通用规范》（JTG D60）有关规定取值者，应按标准选用。

② 结构上的作用与 GB 50009、JTG D60 规定取值偏差较大者，应按实际情况确定。

③ GB 50009、JTG D60 未作规定或按实际情况难以直接选用时，可根据《工程结构可靠性设计统一标准》（GB 50153）的有关规定确定。

（6）结构上作用效应的分项系数和组合系数，应按国家现行标准《建筑结构荷载规范》（GB 50009）、《公路桥涵设计通用规范》（JTG D60）的有关规定确定。

（7）火灾后的结构构件材料性能，应根据火灾后结构构件残余状态的材料力学性能实测值或根据构件截面温度场按《火灾后工程结构鉴定标准》(T/CES 252—2019)中第 6 章的规定取值。

（8）火灾后结构或构件的几何参数应取实测值，并应计入火灾后结构实际的变形、偏差以及裂缝、损伤等影响。

（9）火灾后构件的校核，应计入火灾作用对结构材料性能、结构受力性能的不利影响，按国家现行有关标准的规定进行计算分析。

（10）对于烧灼严重、变形明显等损伤严重的结构构件，当需要判断火灾过程中温度应力对结构造成的潜在损伤时，火灾后结构构件的校核应采用更精确的计算模型进行分析。

（11）对于特殊的重要结构构件，火灾后结构构件的抗力宜通过试验检验分析确定。

6.3 火灾后砌体结构构件鉴定评级

6.3.1 初步鉴定评级

1）一般规定

火灾后砌体结构构件的初步鉴定评级应符合下列规定：

① 构件未遭受烧灼作用，未发现火灾及高温造成的损伤，构件材料、性能及安全状况未受到火灾影响，构件初步鉴定等级应评为Ⅰ级。

② 构件火灾后严重破坏，难以加固修复，需要拆除或更换，构件初步鉴定等级应评为Ⅳ级。

③ 对初步鉴定等级为Ⅳ级的结构构件，详细鉴定应直接评为 d 级。

2）评级标准

火灾后砌体结构构件的初步鉴定评级可按表 6.3.1-1 和表 6.3.1-2 的规定进行，并应按各项所评定损伤等级中的最严重级别作为构件初步鉴定等级。对于独立砖柱或截面面积小于 0.3m² 的构件，火灾后鉴定评级宜从严。

表 6.3.1-1　火灾后砌体构件初步鉴定评级标准

评级项目	各损伤等级状态特征		
	Ⅱ$_a$	Ⅱ$_b$	Ⅲ
外观损伤	无损伤、墙面或抹灰层有烟熏	抹灰层有局部脱落，灰缝砂浆无明显烧伤	抹灰层有局部脱落或脱落部位砂浆烧伤在 15mm 以内，块材表面尚未开裂变形

评级项目		各损伤等级状态特征		
		Ⅱₐ	Ⅱᵦ	Ⅲ
变形裂缝	墙、壁柱墙	无裂缝，略有灼烧痕迹	有痕迹显示	有裂缝，最大宽度不小于 0.6mm
	独立柱	无裂缝，略有灼烧痕迹	无裂缝，有灼烧痕迹	有裂痕
受压裂缝	墙、壁柱墙	无裂缝，略有灼烧痕迹	个别块材有裂缝	裂缝贯通 3 层块材
	独立柱	无裂缝，无灼烧痕迹	个别块材有裂缝	有裂缝贯通块材
变形		无明显变形	略有变形	较大变形

备注：表中适用于砖砌体结构，砌块砌体可按《火灾后工程结构鉴定标准》（T/CES 252—2019）第 6.2.1 条评级

表 6.3.1-2 火灾后混凝土构件初步鉴定评级标准

评级项目		各损伤等级状态特征		
		Ⅱₐ	Ⅱᵦ	Ⅲ
油烟和烟灰		局部有	大面积有或局部被烧光	大面积被烧光
混凝土颜色改变		基本未变或被黑色覆盖	粉红	土黄色或灰白色
火灾裂缝		无火灾裂缝	表面轻微或中等裂缝	粗裂缝
锤击反应		声音响亮，混凝土表面不留下痕迹	声音较响或较闷，混凝土表面留下较明显痕迹	声音发闷，混凝土粉碎或塌落
混凝土脱落	实心板	无	不多于 5 处，且每处面积不大于 0.01m²	多于 5 处或单独面积大于 0.01m²，或穿透或全面脱落
	肋形板	无	肋部有，锚固区无；板中个别处有，但脱落面积不大于 20% 且不在跨中	锚固区有，板有贯通，脱落面积大于 20%，或穿过跨中
	梁	无	下表面局部脱落或少量局部露筋	跨中和锚固区单排钢筋保护层脱落，或多排钢筋大面积深度烧伤
	柱	无	局部混凝土脱落	大部分混凝土脱落
	墙	无	脱落面积不大于 0.25m²，且为表面剥落	最大块脱落面积大于 0.25m²，或大面积剥落

评级项目		各损伤等级状态特征		
		Ⅱ_a	Ⅱ_b	Ⅲ
受力钢筋露筋	板	无	有露筋，露筋长度不大于板跨的20%，且锚固区未露筋	大面积露筋，露筋长度大于板跨的20%，或锚固区露筋
	梁	无	受力钢筋外露长度不大于梁计算跨度的30%，单排钢筋不多于1根，多排筋不多于2根	受力钢筋外露长度大于梁计算跨度的30%或单排钢筋多于1根，多排钢筋多于2根
	柱	无	轻微露筋，不多于1根，露筋长度不大于柱高或层高的20%	露筋多于1根，或露筋长度大于柱高或层高的20%
	墙	无	有露筋，露筋长度不大于墙高的10%且锚固区未露筋	大面积露筋，露筋长度大于墙高的10%，或锚固区露筋

6.3.2 详细鉴定评级

1）一般规定

火灾后砌体结构构件的详细鉴定评级应符合下列规定：

① 火灾后砌体结构构件的详细鉴定评级应按承载能力、构造连接两个项目分别评定等级，并应计入火灾后材料的实际性能和结构构造以及火灾造成的变形和损伤的不利影响，取其中较低等级作为构件的详细鉴定等级。

② 火灾后结构构件承载能力、构造连接评级及结构整体的可靠性或安全性鉴定还应计入火灾对结构的不利影响，根据工程结构的类型，按《工业建筑可靠性鉴定标准》（GB 50144—2019）、《民用建筑可靠性鉴定标准》（GB 50292—2015）、《工程结构可靠性设计统一标准》（GB 50153—2008）的规定进行。

③ 火灾后砌体块材和砂浆强度宜现场取样检验。

④ 当现场取样有困难时，火灾后砌体块材和砂浆强度也可以按《砌体工程现场检测技术标准》（GB/T 50315）或《非烧结砖砌体现场检测技术规程》（JGJ/T 371）的有关规定进行现场检测。

⑤ 火灾后砖砌体块材和砂浆强度可根据构件表面温度按《火灾后工程结构鉴定标准》（T/CECS 252—2019）附录 J 推定。当根据温度场推定火灾后材料力学性

能指标时，宜采用抽样试验进行修正。

⑥ 火灾后砖砌体的轴心抗压、抗拉、抗弯与抗剪强度及承载力的计算可按 T/CECS 252—2019 附录 J 进行；也可根据推定的砌体抗压强度按《砌体结构设计规范》（GB50003）的有关规定计算。

⑦ 火灾后砌体结构墙、柱的允许高厚比 $[\beta]$ 应按《砌体结构设计规范》（GB50003）的有关规定取值，砂浆强度等级应以火灾后的评定等级为准。

⑧ 火灾后砌体结构构件的详细鉴定评级，评定为 b 级的重要构件宜采取加固处理措施。

2）评级标准

火灾后砌体结构构件的承载力评定等级可按表 6.3.2-1 的规定进行。

表 6.3.2-1　砌体构件承载能力评定等级

构件种类		$R_f/\gamma_0 S$			
		a	b	c	d
重要构件	工业建筑	≥1.00	<1.00 ≥0.90	<0.90 ≥0.83	<0.83
	民用建筑	≥1.00	<1.00 ≥0.95	<0.95 ≥0.90	<0.90
次要构件	工业建筑	≥1.00	<1.00 ≥0.87	<0.87 ≥0.80	<0.80
	民用建筑	≥1.00	<1.00 ≥0.90	<0.90 ≥0.85	<0.85

备注：表中 R_f 为结构构件火灾后的抗力，S 为作用效应，γ_0 为结构重要性系数

6.4　工程案例分析

1）工程概况

某住宅楼建成于 1994 年，为地上六层砌体结构，楼、屋面板为预制空心板，层高为 2.7m。2019 年 08 月 11 日约 06 时 15 分，该建筑的第四层某户，小孩玩打火机致客厅沙发起火，引发火灾，06 时 30 分左右火势蔓延至该住户其余几间房屋，明火于当日 07 时 05 分左右被扑灭。大火导致该住户卧室、客厅、走廊、卫生间、厨房的砖墙、梁、柱、板结构构件不同程度过火损伤。该户建筑平面布置图见图 6.4-1。

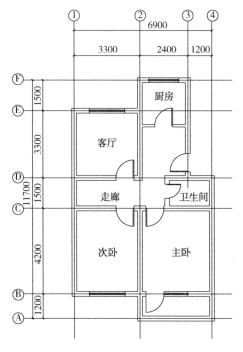

图 6.4-1　建筑平面图

2）检查、检测项目及内容

为了解该户火灾影响范围及程度，为后续处理提供依据，受该住户委托，我公司对该户过火区域进行了检测鉴定，主要内容和方法如下：

（1）火灾基本情况调查

根据现场实际情况及委托方提供的资料，对起火原因、起火时间、持续时间、起火位置及燃烧区域、燃烧介质等情况进行调查。

（2）火场温度分布推定

根据现场残留痕迹，结合规范给出的常见材料变态温度，以及过火区混凝土板构件表面颜色、裂损剥落、锤击反应与温度关系等确定火灾中直接受火灼烧构件表面的火场温度分布。

（3）砌筑块材抗压强度检测

依据《砌体工程现场检测技术标准》（GB/T 50315—2011）的相关规定，采用回弹法对该建筑砌筑用烧结砖抗压强度进行检测。

（4）砌筑砂浆抗压强度检测

依据《贯入法检测砌筑砂浆抗压强度技术规程》（JGJ 136—2017）的相关规定，采用贯入法对该建筑砌筑用砂浆抗压强度进行检测。

（5）火灾后受损构件鉴定评级

依据《火灾后工程结构鉴定标准》（CECS 252：2019）的规定，对火灾后受损结构构件根据烧灼损伤、变形、开裂(或断裂)程度进行火灾后鉴定评级。

3）检查、检测结果

（1）火灾基本情况调查

根据委托方提供的信息，2019年08月11日约09时15分，小孩玩打火机致客厅沙发起火，引发火灾，09时30分左右火势蔓延至该住户其余几间房屋，经消防支队喷水灭火，明火于当日10时05分左右被扑灭，整个建筑过火时间约为50分钟。根据现场残留物发现，现场主要燃烧物为建筑塑料、聚乙烯产品、木质家具、化纤产品、玻璃等。

（2）火场温度分布推定

现场检查结果显示，除主卧无明显明火影响外，其余各房间均受到不同程度火烧影响。现根据现场调查情况推定各区域过火温度如下。

① 客厅：木质材料物品全部被烧；聚乙烯产品部分被烧；墙体粉刷脱落，墙体砖材料酥碎；楼板被烧红，裸露出钢筋石子，窗玻璃碎片变圆，铝塑窗框扭曲变形，陶瓷花盘炸裂，根据以上残留痕迹，该区域火灾温度推定值为800℃。

② 次卧：木质材料物品被烧毁；墙体粉刷脱落；墙体以及天花板抹灰层被熏黑，局部墙体、楼板呈灰白、浅黄色；空调扭曲变形；地面瓷砖破坏、裂开，窗玻璃基本破碎。根据以上残留痕迹，该区域火灾温度推定值为700℃。

③ 主卧：局部墙体和天花板被熏黑；门洞口处的抹灰层脱落；木门被烧毁，内部无明显明火烧灼痕迹。根据以上残留痕迹，该区域火灾温度推定值为270℃。

④ 卫生间：墙体和天花板被熏黑，毛巾呈黑黄色，内部无明显明火烧灼痕迹。根据现场残留痕迹，该区域内部火灾温度推定值为<150℃。

⑤ 走廊：墙体及天花板呈灰白、浅黄色；木质材料物品被烧毁；混凝土梁、天花板及梁局部抹灰层脱落，根据现场残留痕迹，该区域内部火灾温度推定值为270℃。

⑥ 厨房：局部墙体和天花板呈灰白、浅黄色，抹灰层脱落；窗玻璃被熏黑，炸裂成碎片；根据现场残留痕迹，该区域内部火灾温度推定值为<200℃。

（3）砌筑烧结砖抗压强度检测

依据《砌体工程现场检测技术标准》（GB/T 50315—2011）的规定，采用回弹法对砌筑用烧结砖抗压强度进行检测。受火灾影响较严重的客厅烧结砖墙起壳开裂，无法进行检测。其他房间所抽检墙体的烧结砖抗压强度等级为MU10，砌筑烧结砖抗压强度检测结果见表6.4-1。

（4）砌筑砂浆抗压强度的检测

依据《砌体工程现场检测技术标准》（GB/T 50315—2011）和《贯入法检测砌筑砂浆抗压强度技术规程》（JGJ/T 136—2017）等规范的相关规定，采用砂浆贯入仪对墙体的砂浆抗压强度进行检测。受火灾影响较严重的客厅墙体砌筑砂浆部分已粉化、失去黏结能力，无法进行强度检测。其他房间所抽检墙体检测结果见表 6.4-2，检测结果显示，所抽检墙体的砌筑砂浆抗压强度推定值为 2.7MPa。

表 6.4-1　烧结砖抗压强度检测结果

测区编号	构件名称及部位	测区抗压强度平均值 f_i/MPa	抗压强度平均值/MPa	强度标准差 s	强度变异系数 δ	抗压强度标准值/MPa	抗压强度推定等级
1	四层墙体 2-4/D	11.46					
2	四层墙体 2-4/A	10.97					
3	四层墙体 2/B-C	11.26					
4	四层墙体 1/B-C	11.01					
5	四层墙体 3/D-E	10.86	10.95	0.32	0.03	10.37	MU10
6	四层墙体 4/B-D	10.34					
7	四层墙体 1-2/C	11.19					
8	四层墙体 2-4/C	10.86					
9	四层墙体 1-2/B	10.88					
10	四层墙体 2-4/B	10.62					
结论	所抽检烧结砖抗压强度推定等级为 MU10。						

表 6.4-2　贯入法检测砌筑砂浆抗压强度检测结果

检测单元	测区编号	构件名称及部位	测区贯入深度平均值 m_{dj}/mm	测区砂浆强度换算值 $f^c_{2,j}$/MPa	砂浆强度推定值一 $f^c_{2,e1}$/MPa	砂浆强度推定值二 $f^c_{2,e2}$/MPa
1	四层墙体 4/B-C		6.34	3.0		
2	四层墙体 2-4/C		6.06	3.3		
3	四层墙体 2/B-C		6.23	3.1	2.7	3.2	2.7
4	四层墙体 1/B-C		6.56	2.8		
5	四层墙体 3/D-E		6.67	2.7		
6	四层墙体 2-4/B		6.26	3.1		
结论	所抽检砌筑砂浆抗压强度推定值为 2.7MPa。					

4）火灾后结构构件鉴定评级

根据《火灾后工程结构鉴定标准》(T/CECS 252—2019)相关规定，综合火场温度分布推定及受损构件的现场检查结果，对火灾后各过火区域结构构件进行鉴定评级，评级结果如下：

(1) 客厅：墙体抹灰层脱落，烧结砖起壳开裂、局部酥碎，砂浆粉化、失去黏结能力，砌体结构构件的鉴定结果评定为Ⅲ级；预制楼板混凝土表面局部呈土黄色，锤击声音发闷、混凝土表面留下明显痕迹，无明显火灾裂缝，板底钢筋部分裸露，锤击声音较闷，表面留下较明显痕迹，预制楼板构件的鉴定结果评定为Ⅲ级。现场检查典型照片见图6.4-1。

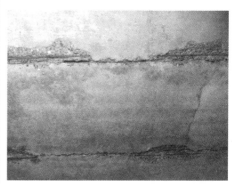

图6.4-1 客厅现场检查典型照片

图 6.4-1　客厅现场检查典型照片(续)

（2）次卧：烧结砖砌体墙呈黑色，抹灰层有局部脱落，灰缝砂浆无明显烧伤，个别砖有受压裂缝，砌体结构构件的鉴定结果评定为II_b级；预制楼板被熏黑，抹灰层有局部脱落，受力钢筋黏结性能略有降低，锤击声音较响，预制楼板构件的鉴定结果评定为II_b级。现场检查典型照片见图 6.4-2。

图 6.4-2　次卧现场检查典型照片

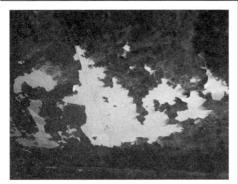

图 6.4-2　次卧现场检查典型照片(续)

（3）主卧：烧结砖砌体墙抹灰层有烟黑，灰缝砂浆无明显烧伤，个别砖有受压裂缝，砌体结构构件的鉴定结果评定为 II_b 级；预制楼板被熏黑，楼板无明显变形，受力钢筋黏结性能略有降低，锤击声音较响，预制楼板构件的鉴定结果评定为 II_b 级。现场检查典型照片见图 6.4-3。

图 6.4-3　主卧现场检查典型照片

图 6.4-3　主卧现场检查典型照片(续)

(4)卫生间及走廊：烧结砖砌体墙抹灰层有烟熏，抹灰层受潮局部脱落，砌体结构构件的鉴定结果评定为 Ⅱ$_a$ 级；预制楼板局部被熏黑，楼板无明显变形，锤击声音响亮，预制楼板构件的鉴定结果评定为 Ⅱ$_a$ 级。现场检查典型照片见图 6.4-4。

图 6.4-4　现场检查典型照片

图 6.4-4　现场检查典型照片(续)

(5)厨房：烧结砖砌体墙抹灰层有烟黑，灰缝砂浆无明显烧伤，抹灰层局部脱落，砌体结构构件的鉴定结果评定为Ⅱ$_a$级；预制楼板被熏黑，楼板无明显变形，锤击声音响亮，预制楼板构件的鉴定结果评定为Ⅱ$_a$级。现场检查典型照片见图 6.4-5。

图 6.4-5　厨房现场检查典型照片

图 6.4-5　厨房现场检查典型照片(续)

5) 结论及建议

(1) 结论

依据《火灾后工程结构鉴定标准》(T/CECS 252—2019)等相关标准、规范,经现场检查、检测及分析,得出鉴定结论如下:

① 客厅:基于外观损伤和裂缝的火灾后砌体结构构件及预制楼板构件评定损伤状态等级均为Ⅲ级,即中度烧灼尚未破坏,显著影响结构材料或结构性能,对结构安全或正常使用产生不利影响。

② 次卧、主卧:火灾后砌体结构构件及预制楼板构件评定损伤状态等级为火灾影响属Ⅱ_b级,即轻度烧灼,未对结构材料或结构性能产生明显影响,尚不影响结构安全。

③ 走廊、卫生间、厨房:火灾后砌体结构构件及预制楼板构件评定损伤状态等级为火灾影响属Ⅱ_a级,即未直接遭受灼烧作用,结构材料及结构性能未受或仅受轻微影响。

（2）建议

为保证该工程整体结构后期正常使用的安全可靠，根据本次火灾的损伤情况及鉴定结果，提出以下处理建议：

① 对客厅过火墙体采用高延性混凝土进行加固处理；

② 对客厅过火顶板须凿除板底疏松的混凝土并采用高强度水泥浆修复后采用碳纤维进行加固处理；

③ 对未受火灾明显影响的次卧、主卧、走廊、卫生间、厨房，进行外观修复处理。

参 考 文 献

[1] 袁海军，姜红主编. 建筑结构检测鉴定与加固手册[M]. 北京：中国建筑工业出版社，2003.

[2] 李延和等编著. 砌体结构房屋抗震鉴定与加固成套技术[M]. 北京：知识产权出版社，2014.12.

[3] 孙雨，徐海涛著. 建（构）筑物检测鉴定技术及案例分析[M]. 北京：冶金工业出版社，2021.2.

[4] 袁海军. 剪压法检测混凝土强度的试验研究[J]. 建筑科学，2000.

[5] 高小旺，邸小坛. 建筑结构工程检测鉴定手册[M]. 北京：中国建筑工业出版社，2008.

[6] 谢惠才等主编. 第五届全国建筑物鉴定与加固改造学术讨论会论文集[C]. 汕头：汕头大学出版社，2000.

[7] 国家建筑工程质量监督检验中心主编. 混凝土无损检测技术[M]. 北京：中国建材工业出版社，1996.

[8] 唐锦春，郭鼎康主编. 简明建筑结构设计手册(第二版)[M]. 北京：中国建筑工业出版社，1992.

[9] 惠云玲，岳清瑞等. 我国工业建筑可靠性鉴定及其发展[N]. 北京建筑大学学报，2016.

[10] 惠云玲主编. 工程结构安全诊治技术与工程实例[M]. 北京：中国建筑工业出版社，2009.

[11] 唐岱新，王凤来主编. 土木工程结构检测鉴定与加固改造新进展及工程实例[N]. 北京：中国建材工业出版社，2006.

[12] 幸坤涛，岳清瑞等. 工业建筑可靠性鉴定可靠指标分级标准研究[J]. 建筑结构，2019.

[13] 信任，姚继涛等. 多层砌体结构墙体典型抗震加固技术和方法[N]. 西安建筑科技大学学报(自然科学版)，2010.